遇／见／暖／光／系／列

发现心智模式

你不可不知的100个实修正悟（上）

心智模式教练 张善疯 著

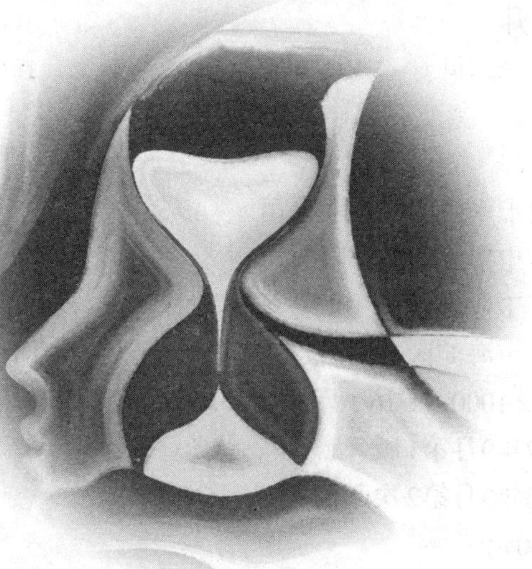

電子工業出版社
Publishing House of Electronics Industry
北京·BEIJING

图书在版编目(CIP)数据

发现心智模式 / 张善疯著.
—北京：电子工业出版社，2017.9
（遇见暖光系列）
ISBN 978-7-121-32681-3

Ⅰ.①发…　Ⅱ.①张…　Ⅲ.①人生哲学—通俗读物　Ⅳ.①B821-49

中国版本图书馆CIP数据核字（2017）第221885号

策划编辑：潘　炜
责任编辑：潘　炜
助理策划编辑：李　贝
责任校对：杜　皎
营销编辑：胡　晔
印　　刷：三河市华成印务有限公司
装　　订：三河市华成印务有限公司
出版发行：电子工业出版社
北京市海淀区万寿路173信箱　邮编：100036
开　　本：720×1000　1/16　印张：25.5　字数：360千字
版　　次：2017年9月第1版
印　　次：2018年3月第2次印刷
定　　价：58.00元

凡所购买电子工业出版社图书有缺损问题，请向购买书店调换。若书店售缺，请与本社发行部联系，联系及邮购电话：（010）88254888，88258888。

质量投诉请发邮件至zlts@phei.com.cn，盗版侵权举报请发邮件至dbqq@phei.com.cn。

本书咨询联系方式：（010）88254210。

目录
Contents

自　序

用生命的感悟来呵护

我的真名叫张伟，现改名叫张善疯，主要有两个原因：

一是叫张伟的人太多，和我同名同姓的全国就有29万多个！

二是觉得张善疯这个名字特别好，跟武当派开山祖师张三丰的名字谐音，既能沾点儿光，又便于记忆。

为什么要用“善”字呢？因为我曾经患过7年抑郁症，随着胸痛病越来越严重，我觉得自己可能随时会死掉，于是乎有了“人之将死，其言也善”的感叹，当时虽担任知名外企的CEO，但还是决定裸辞，去汶川灾区支教。

没想到这一去不但没有死成，反而喜欢上了各种公益活动，最后竟然奇迹般地实现了自我疗愈，完全恢复了身心健康。所以，正是这个“善”字让我涅槃重生。

至于“疯”字嘛，它简直太奇妙了！

在自我疗愈的过程中，我惊讶地发现：原来我们每个人刚刚出生的时候根本就是白纸一张，然后就被父母、老师、书籍和身边的人输入了各种各样的“程序”，这些“程序”就构成了我们内在的逻辑和心智模式，最后主导了我们人生的种种轨迹。

而一旦我们能够适度放下逻辑并突破心智模式，就会变回曾经那个无拘无束、无所畏惧、学啥会啥、极富创造力而且开心喜悦的天真小孩儿。所以，我便毫不犹豫地给自己取了个“疯”字，取其“无逻辑、无拘束”之意。

这就是我的名字张善疯的来历。

为什么要写这本书？

最早的想法就是担心自己会因为抑郁而早逝，特别想给自己的孩子留下一些真实的感悟和指引，让他少走弯路，过得开心幸福。后来自己两位朋友的意外身故又极大地促进了我写书的想法。

2011 年 10 月 18 日，我就职的德国公司本来要在那天给我举办一个欢送晚宴，可是公司助理的老公却突然跳楼自杀了。他是一家台资公司的北京分公司总经理，当年才 41 岁。

2012 年 2 月 4 日，那天是正月十五元宵节。我儿子的干爹，也是我在北京最好的一个哥们儿，突然心脏骤停去世了。他是 1975 年出生的，时年才 37 岁！

他们俩的突然去世对我的冲击简直太大了！我瞬间意识到原来身边的人都有可能同我和这两个死去的兄弟一样！我们会被自己固有的逻辑和心智模式影响或绑架，我们每天都可能会在抑郁的情绪中伪装和演戏，只不过大家的程度不同而已！

最近这几年，在给数千名学员做公益辅导的过程中，我更加真切地感受到了大众的抑郁情绪已经普遍到了比较严重的程度。我便更加迫切地希望把自己的真实经历和感悟整理成书。

虽然我知道自己的经历也是非常有限的，但当我把自己身上的所有伪装都一层一层地、毫无保留地剥掉以后，就一定可以看到人的最真的本性，这就可以帮助到很多的人。

所以，我出书的目的就是让更多的人可以参考学习，从我的真实经历中看到自己的一些影子，得到一些安慰和疗愈，从而远离抑郁情绪，最终过上自主、喜悦、富足的高品质生活！

这本书对读者有什么用？

这本书不仅适用于抑郁症患者，而且适宜所有成年人阅读和实践。

我在公益辅导中发现，由于生活节奏快、工作压力大，几乎每个人都会产生不同程度的抑郁情绪。精神医学认为，如果抑郁情绪不能在两周内得到释放和消除，就会逐渐形成病理性抑郁情绪，从而像以前的我一样患上抑郁症。

据世界卫生组织统计，全球抑郁症发病率约为 11%，全球约有 3.4 亿抑郁症患者。预计到 2020 年，抑郁症可能成为仅次于心脏病的人类第二大疾患。众所周知，中国人喜欢攀比和好面子，不擅长释放真实情绪，更容易引发抑郁情绪。毫不夸张地说，几乎所有普通人都有抑郁症兆。

这本书可以让我们简单直接地发现自己内在的心智模式和大脑里的“病毒程序”，让我们能及时了解抑郁情绪产生的根源和过程，从而快速化解抑郁情绪。

同时，本书还从实际生活中提炼了 100 个实用的实修正悟，这些实修正悟都是 310~500 的高值正能量，不仅能给读者的日常生活带来正向的行为指引，还能有效地帮助我们实现心理疏导和创伤疗愈。

[说明：美国著名的大卫·霍金斯博士（David R. Hawkins）与诺贝尔物理学奖获得者合作，在累积了几千人次和几百万笔数据资料，经过精密的统计分析之后，发现人类各种不同的意识层次都有其相对应的能量振动频率物理学指数。具体指数可参见人形书签上的能量图。]

一句话，本书就是一部人类心智意识的实用操作说明书。

怎么读这本书会最有效果？

为了保证每一位读者都有最大的收获，我在本书的第一章正文开始前，专门增加了一篇本书的阅读指南。我强烈建议读者在阅读本书的正文之前，先认真看完这篇阅读指南，否则您的阅读效果有可能大打折扣，甚至失去通过本书解决您实际问题的机会。

最后，衷心感谢潘炜博士在我写作本书过程中给我的点拨和帮助，才有了我的这本处女作。谢谢赵建华博导、卢俊卿主席、黄学焦董事长和海文颖导师在百忙之中给我的精心指导，并帮我写序。谢谢我的爱人帮我改稿和校稿，并帮我写序。谢谢涂文开导师让我学会了画油画，才有了书里的每一张我亲手绘制的油画配图。谢谢所有的联合出品人，你们给了我巨大的信心和力量！谢谢邬菲、朱去疾、李为、王俊梅、李晶、张若石、汪奉民、张忠宝、赵俊梅、李伟、徐建等好友给我的很多反馈和建议。衷心感谢所有老师、家人和学员给我的支持和鼓励！感恩所有读者的欣赏和抬爱！

衷心祝愿大家都能过上自主、喜悦、富足的高品质生活！

联合出品人名单

张若石

张善疯的铁粉

在善疯沙龙，我看到许多“正常人”（包括我自己）慢慢放下伪装已久的外壳，露出深藏的内心：那里满目疮痍。因为不懂真相和规律，只得在痛苦中煎熬。老师说星星之火可以燎原，这本书就是凝聚了老师智慧的星火之源，衷心希望它落到更多地方，点燃更多人心中正能量的荒野。顶礼赞叹老师的善举。

汪奉民

北京辰远中和电子有限公司商务

张老师的这本书用自身的经历与转变来教大家如何了解自己，以及如何处理周边的各种关系，是一本已被抑郁症缠身或可能患抑郁症的朋友的自救手册。平时学习张老师的《疯说真相》文章，受益很多，既想实现自我转变，也希望帮到周围的朋友。

朱去疾

寿险精英，MDRT（The Million Dollar Round Table，全球寿

险精英的最高盛会）会员，《神探夏洛克：莫里亚蒂》《别让我走》译者，资深供应链管理专家

认识张疯子源于偶然，经友人介绍认识他后，便觉和其“臭味相投”，深交确是必然。

一本书能够深入人类意识，指导人生一切，听着似乎是疯想，仔细阅读后，看官将必有所思。

人心不可测，不可测中又潜藏规律。可以带着疑问、怀疑来读本书，只要思考、回味，必有所得。

世上本无大师，有人醒了、悟了，周围人视其为大师。更近一步，想要用自身所觉所悟教导诸人，让人人有大师之能，这是一个疯子的梦想，一个真正大师的伟大梦想。

付春雨

北京长松咨询营销总裁

与善疯交朋友，与烦恼说拜拜。读他的著作，让你可以洞察一个人行为背后的动机，从此让你觉得世上没有可恨之人；让你知道“发乎情，止乎礼”的真正内涵，从此你也会变成大家眼中可爱之人；让你了解生活中小事不小的本来面目，小中见大，见微知著，从此界定自己的人生方向。人生得意须尽欢，尽欢者，善疯也！

宁春云

北京兆信信息技术股份有限公司电子商务部总监

张伟热情、善良。在这个物欲横流的社会，最难能可贵的是他有一颗“先天下之忧而忧，后天下之乐而乐”的善心！当时我们在一起聊天时，就曾说道：“人来到这个世上的意义究竟是什么？怎样才能让自己有限的生命绽放出无限光彩？怎样才能从根本上帮到更多的人？”正所谓一切从“心”开始，他意识到这一点并付诸行动，他现在做的这件事就是让大家意识到自身觉察的重要性，是能够造福很多家庭，值得大家学习和借鉴的。相信您看后会收获更多。

周丽丽

北京优礼网络科技有限公司副总经理

命运并非天生注定，心理可以改变生活。

相信我们可以改变自己吗？

相信我们可以让生活变得不同吗？

虽然很多事情在我们出生时就已经注定，但我们仍然相信有一些是可以被改变的……

而这正是我们一直努力的目标，不是吗？

别着急，《发现心智模式》终将为你备好所有的答案。

赫　勇

重庆元一企业管理咨询有限公司中心经理

本书作者为人善良，谦和低调。通过多年公益活动以及授课经验，总结提炼出版了这本书。这本书不仅内容精彩、图片精致，且通俗易懂、入情入理，是近来难得一见的精品。本书在夫妻生活、亲子关系、营造和谐家庭氛围等各方面均有独到见解，并附带了大量真实案例，将理论基础与实践结合起来，的确是非常值得推荐给朋友们认真阅读的一本好书！

邹昕伦

湖南省对外经济文化促进会CBO兼品牌经济工作委员会执行主席，湖湘缘养生文化馆CEO

《发现心智模式》是新时代新儒商“和天地立命乐善济用，乐众生安心和合成峰”之杰作，读后会让你心智成熟、正能量提升。正是咱们“大国学堂—悦龙和合—新民习所—湖湘文教—昕伦理悟—清莲生活”之理想工具教材。感恩张善疯老师，和乐济用、和合成峰，功德无量、福生无量！

张年艳

美乐家（中国）环保超市服务商

张善疯老师出书了，我心欢喜！如您所说，本书能让读者拥有掌控自己行为意识的钥匙，不但可以挣脱宿命的摆布，远离抑郁情绪，还可以过上自主、喜悦、富足的高品质生活，这将是利益大众的善事，期待品鉴。

邹跃初

北京汉扬葛瑞营销顾问有限公司广告与数字事业部副总经理

对于善疯老师的了解，源于我们彼此的对话，在于听到所有人带着感恩的赞许，基于看到他真诚释放的纯粹力量，羡慕他和孩子毫无违和感的同欢乐，共成长！于是乎信任其人格纯粹醇正！愿此力量感染惠及更多人！

关天皓

北京中和黄埔教育科技有限公司总裁

张老师是我的挚友，他以“爱”的名义，现身说法，铸就了这本书。本书能够让人们从混乱的思绪中找到事物的核心与本质，进而拥有正向的心智模式，体验内心的丰盈和溢于言表的幸福感，值得大家反复阅读和品味……

赵学文

教育管理咨询、培训师

《发现心智模式》这本书我是当成心理类、教育类书籍来读的，读着读着就沉浸在故事情节里了。这原来是张伟的自传！果然是不按常理出牌的风格！张伟的坦率，简直就是把心扒开给读者看，红彤彤的全是真言！张伟的通透，让人读得笑中带泪，又不禁沉思醒悟。赤裸裸的全是箴言！

李小双

北京沃达伟业能源技术服务有限公司总经理

我和张伟认识十五年有余，两人还同室办公一年左右，并成为挚友。他富有个性，真诚、热情、善良，更具正能量。我相信《发现心智模式》这本书是他内心成长的真实历程。出于多年对他的了解，我义无反顾地成为他的联合出品人。祝愿此书能够畅销，并能翻译成多种语言，为全球人类的心智打开，提供一把钥匙。

王跃文

北京晟德智业文化传播有限公司董事长，国际职业培训师行业协会原副会长

张伟先生的《发现心智模式》无论从文本架构还是字里行间，无不浸润着作者对生命真相的执着探究；是作者有效实现自我疗愈的心智结晶；全书集“魂道法术器”于一体，在实践理论创新的同时，其强烈的生命指导价值构成了全书最大的亮点。我相信，随着作品的热销，本书必将成为一部能够有效协助及引领更多读者发现并走出自身心智困境的生活指南。

感恩作者的大爱与分享；唯有爱才是推动宇宙运转的神奇伟力。

辜韦维

九型人格全球学会 EPTP 认证导师，中国教练师协会认证九型人格导师，GCDF 全球职业生涯规划师，教育部职业核心能力讲师，四川九型人格俱乐部创始人

善疯导师是我个人很钦佩的一位导师，他积极、阳光、智慧。《发现心智模式》是一本关于疗愈的书，关于生命的书，关于真相的书，关于智慧的书，但它又不仅仅是一本书，更是善疯导师用生命体验生命，用智慧诠释真相的历程。阅读本书即为体验生命真相的过程，你可以在书中找到走向内在圆满的答案。

涂文开

开心课堂创始人，艺术与领导力教练，非职业画家，北京开心伙伴国际教育科技有限公司 CEO，中国地质大学（北京）MBA 客座教授

跟张伟相识，源于他找我学油画。在他的油画创作和我们的交流过程中，我感觉到他的睿智、能量和热情。他告诉我正在写一本书，他要亲自为书配插画，所以，他要从零开始跟我学画。此后，他经常赶两小时的路程来我工作室画画，画完之后跟我探讨他的画作和书的内容，这些内容充满了对生活、工作日常的洞察和启迪，触及人性的深处。今天，读到张伟的《发现心智模式》，比我们当初探讨的更深入、系统，还有实战应用的方法指导，是不可多得的将理论、实战、方法、艺术融汇一体的好书。最重要的是，它是实践出来的，我亲眼见到了张伟画画、写书的过程本身，就是其心智模式、行为模式的体现。

张　冬

北京毛毛虫文化传播有限公司总编辑

《哥林多前书》中说“爱，是永不止息”，我化用此句为“成长，是永不止息”。欣赏善疯，非因才华，乃是因为其成长状态，这种状态是向前的，人生面朝大海；这种状态是向上的，心念仰望星辰；这种状态是向内的，思考丝丝成茧；这种状态是向外的，行动彩蝶振翅……

魏 欣

北京市朝阳区呼家楼中心小学朝阳区骨干班主任、语文骨干教师，曾获北京市紫金杯班主任一等奖、全国课堂创新大赛一等奖

可爱的“张善疯”是个与众不同的、“挑剔”的，更让我敬佩的家长，因为他崇尚平等、宽松、和谐、积极的教育方式。有了他的指引与感染，我们的课堂丰富活泼，我们的班级温馨友爱。《发现心智模式》这本书源于他的思想，他的为人。捧起这本书，你会得到智慧的点燃，心灵的启迪。

张亮燕

浩途家庭俱乐部 2017 年总部成长副主席，外贸业务员

2016 年 8 月 18 日，在浩途家庭俱乐部十年峰会举办之时，有幸听到了张伟的演讲《从能量学看什么是接纳力和爱》，当时就被震惊了。在任何关系中，尤其和自己的关系中，每一个细小的回应都可以看到能量层级的变化。最近在追海文颖亲授的《接纳力 2》的课程中，谈到人的心智模式有很多种，而一种心智模式并不能适用到所有的场景里。看了《发现心智模式》这本书稿，感觉真是“及时雨”，有理论和案例指引我们去践行，发现和了解心智模式，并找回自己与生俱来的生命力。在后面和张伟的交往中，越来越感觉到他的真实，可以说他是“裸奔”在这个世界上，这个特质让我深深折服，也点燃了我人性中本真的部分。

韦凯文

苏州长辉管理咨询有限公司首席产品师兼董事长

写书者很多，勇于解剖自己者太少；成功者不少，有情怀、有使命者不多。用生命写书，书可深品，人可深交。

邹阿野

大学生

在这个几乎所有人都想展现成熟的时代，张老师一直是股清流，是个没心没肺的“孩子王”。但谁都知道，抑郁症也曾让他万念俱灰。遍体鳞伤之后，他依旧笑着涅槃重生，持剑凯旋。希望他的这本书，也能像把利剑，撕开捆绑着你的阴郁，让你看见自己童年时纯真的模样。

蒲玉珍

作者的妈妈（74 岁）

我看了你的书，但书上的字小，我眼睛昏花，没全看。我文化有限，理解能力差，但从一开始看就是实事求是。你是我的精神支柱。说实话，你有福气，有个贤惠的妻子。你在汶川那个时候，小孩还小，还要读书，她又上班又照顾小孩，你却留下他们走得那么远。我想那时她心里很委屈吧。你坚强、有智慧，是我们全家的骄傲。要注意身体，少熬夜，多陪陪妻儿。

杜　平

中国工艺集团总会计师党委成员

你是否也在成长过程中有很多烦恼？你是否也被一些苦恼所困扰又不知道向谁去诉说？你是否也是一个人翻来覆去，苦苦寻找答案？张伟这本书可以陪着你，用他以及很多人的亲身经历，拉着你的手，一起走向平静和快乐。

蔡明庭

台湾成功大学企管系、企管研究所、临床心理咨商研究所、EMBA 及博士班教授，台湾地区第一位具国际认证的 NLP、时间线疗法、催眠训练师，2001、2002 年美国 NLPU NLP 高阶执行师、训练师；2002–2003 年 ABH、IMDHA 催眠训练师；2004 年 NLP 创始人 Richard Bandler 的 DHE 认证；2005 年 Richard Bandler 认证、NLP 训练师；TLT Association 时间线疗法（Time Line Therapy）训练师

2016 年，一个偶然的机会，我被邀请进张兄的微信群里，当时就被他的气度给迷住了。然后，听他的《疯说真相》，当时大概是从五十几集开始的。后来我发扬了"追剧"的精神，知道了前面的第一集，真是精彩。当时我就想，这家伙应该是有很深的生命体验。果不其然，看到他的自序我就知道我猜得没错！真诚把此书推荐给所有热爱生命、追求生命解答的你！

梁立刚

中国中铁电气化局集团工会副主席，高级经济师，监事会监事，国家（人保部）认证注册易学文化传承师

人本来就是精神和物质有机结合的一台“精密电脑”。身体是硬件，精神是软件。软件无硬件不显，硬件无软件不存。软件升级必导致硬件更新。您若想软硬件同时升级，张伟先生的《发现心智模式》一书会让您身心受益，升华在即！

李忠和

天九幸福控股集团董事局副主席、总裁，泰国前工业部部长私人顾问，探求生命最高意义的修行者

人一出生，剧本就已写好，导演和演员都是自己，如何导，如何演，如何演绎出精彩人生，全凭自己的心智模式。张伟先生的《发现心智模式》一书，以自己的亲身经历和凤凰涅槃般的重生与蜕变，教会我们一套全面、系统、科学的发现心智模式，改变心智模式的理论、方法和工具，从而实现离苦得乐的既有趣又有意义的幸福人生！

李　晶

两个孩子的妈妈，有梦想的“70后”，梦想成为一名成就自己，同时也能成就他人的心灵导师

说实话，张老师对我的帮助太大，应该是我感谢他才对，联合出品人的身份让我有点受之有愧。就在写下这段文字的前一刻，我刚刚和老公进行了一次深谈。如果是以前遇到这样的情况，我可能要和老公冷战几天，如今我却能够敞开心扉和老公说说自己的想法。是的，因为张老师的指点，我的生活发生了很大的变化，在朝着自主、喜悦、富足的方向前进。我是个不善言辞的人，一直以来，对老师表达感谢的时候只会说，我会用自己的行动、自己的变化来作为对老师的感谢。我是这么说的，也是这么做的。

如今，老师的书要出版了，我也在不断的精进中迅速成长，衷心祝愿未来有更多的朋友像我一样，活出自己的精彩。

冷海龙

北京张善疯文化传播有限公司总经理助理，“90后”梦想家，梦想成为中国一线大导演

张总教会了我很多东西，比如，以身作则的负责任态度，各种心灵成长的知识，为人处世的方法，还有餐饮礼节等。张总带给我的太多太多，最重要的是帮我树立了梦想。以前我都是随遇而安，现在有了梦想，觉得自己就有了目标，只要有机会学习，我都不会放过。张总的为人之道很值得称赞，绝对可以称其为大爱。他对每个人都可以无私奉献，每次沙龙活动上，都是眉飞色舞，神采奕奕，可结束后也会呈现出疲惫的状态。《发现心智模式》是张总依据个人的经历所著，所有的实修正悟看似深奥，其实都非常接地气，而且能够反映当下很多人遇到的问题。如果你认真地看了，你就会从中发现自己的影子。最难懂的是人，那么你就需要一本人的“使用说明书”，本书正好满足了你的需求。

刘文举

北京长松致远企业管理顾问有限公司副董事长

一口气拜读了《发现心智模式》书稿，仍觉意犹未尽，忍不住推荐给追求生命价值的读者们。在第一次接触张伟老师前，就知道他过去的成绩，内心很期待与他认识。第一次见面是因为工作，谦卑、专注、柔和是他给我留下的印象。

我时刻关注着他的行动，还有他的公益活动，他用自己的亲身体悟给身边的人能量，并传播善，这是我们的福气。

对我来说，张伟老师是友，是师，是同行，更是灯塔，指引着生命道路，照亮我前行的路。人生是体验，更是探索。

张忠宝

作者大学同学、兄弟

此书为作者根据亲身情感经历所写，感人至深。作者所用的“能量”一说，也让人耳目一新，易于接受。同时该书具有很强的适用性，用之自身，确有收益。愿此书能给更多读者带来“自主、喜悦、富足”的生活。

朱彦昆

北京坤巍防水科技有限公司董事长

每个人都有情绪波动的时候，有时候还会产生莫名其妙的忧郁情绪。《发现心智模式》这本书就是人类思想的使用说明书，让您避开拥堵道路，走上一条适合自己的高速公路。愤怒是源于对未知的恐惧，我们如果知晓了病毒程序，就知道该如何防治。让人人都过上自主、喜悦、富足的高品质生活！

李 伟

"80后"创业者

《发现心智模式》这本书是张伟老师从他亲身经历中提炼出来，并以师长般的教导分享给我们的智慧、希望和力量。 这本书有你所需要知道的关于生活的一切，也告诉你怎样合理安排自己的生活和工作。这本书从心智模式进行解析，非常独特和了不起，适合每一个人。

胡 凯

出版人

在加速嬗变的时代背景下，个人和家庭必将经历风雨，浮躁、迷茫、焦虑成为当代人的通病。

善疯坚信"上善若水"，坚持"知行合一"，《发现心智模式》不但是他的"修己"之功，更是度人之作：他通过极为坦诚的叙事，以自己的经历为起点，把发现心智的模式从顿悟升华为系统的方法，能够帮助读者摆脱困境，走向智慧。

打开本书，善疯将和你携手穿越人生迷雾。

钟宏彬

作者的大学同学、人生挚友

善疯，我的大学同学，"疯才济济，善导循循"。二十四年前我想不到他今天可以书写故事，二十四年后他想不到我今天会对他有所关注。知道并参与了他的部分故事，知道并学习他的为人处世。在其佳作出版之时，为之金蝉蜕变凝炼人生而欣喜，为之不忘初心总结人生而动容。

书者真实践行，历练人生，升华心灵；真情实感，修身悟道，普及众人。真心诚作，实战成功，拭目品读。不是每一种真情实感都能称为心灵鸡汤，不是每个人生经历都可系统成书。“疯说真相”为你呈上《发现心智模式》，以飨读者，让我们在工作学习、家庭生活中管理好情绪，处理妥当各种关系，从而快步走向快乐幸福的生活。

张美平

北京维尔口腔医院甘露园店美加 MEGA 贴面授权医师，口腔美容修复资深医师，维尔口腔种植修复医师

我与张老师相识于 2016 年 7 月，从普通的医患关系到我们成为朋友，到现在他已成为我的人生导师。张老师对生活无比热爱，时刻散发着正能量。阅读张老师的新作《发现心智模式》，对于无论身处顺境还是逆境的你，都有启迪作用，还能帮助我们智慧地去处理各种人际关系。这本书值得我们认真拜读、学习与珍藏。以进德为本，学会做人，以适应为本，学会生存，希望张老师的新书可以帮助到更多的人。

刘 腾

中国工艺集团高级经理

还记得跟张老师聊天的那个下午，我不知不觉地忘记了时间！很多人走路带风，而张老师自带光和能量，是可以给你照亮方向、带给你能量的光，是可以让你不自觉“赤裸裸”坦诚相待、勇敢面对真我的能量！当我们适度放下现实逻辑并突破固有心智模式时，或许在世俗的眼光中我们有点“疯”，但那又怎样呢？那是最接近真我的状态，反而只有在那种状态下，你才能更好地知道怎么去处理生活中那些复杂问题……在认识真我的过程中，你或许会有兴奋、了然、恼羞和疼痛等种种复杂的感受，但这是通往深处、走向洒脱的必经之路……就让张老师带着我们，一路做减法，扒开我们重重的壳，一步一步地往上爬……

李 颖

管理学博士，全国优秀教科研工作者，沈阳市家庭教育专业委员会副理事长，国家二级心理咨询师，辽宁电视台《一起成长》栏目特约心理专家

与张伟的相识是在 2016 年 12 月 31 日浩途家庭俱乐部接纳力孵化导师的工作坊中，他以“疯趣”、纯真、澄明、善良的样子呈现在我面前。直到跨年夜时我们一起小酌深谈，我才知道他灵魂深处经历过那么沉痛的悲伤。张伟把这份悲伤转换成能量完成了一次生的轮回，且在不断地用这份能量助力更多人成长，他是我生命中难得的可以点亮我的人！《发现心智模式》是张伟生命的陈酿，这是一本难得的心灵成长工具书。读它，如同完成一场生命的旅行，能帮助我们找到一条通往自己心灵的路！看见自己！活出自己！

喻明忠

北京三一工程机械有限公司董事长

我与张伟相识已经将近十二个年头了！近些年，他潜心于心智模式的研究，让我深切感到他是一个活出了真我的人，热情、率真、善良，所到之处都传播着满满的爱！我想，这本《发现心智模式》就是让我们达到从内心深处认知自我、重启人生、走向幸福的多功能工具书。

彭文华

营口中储物流有限公司总经理

读《发现心智模式》，了解人生真相，认清自我，发掘自我，战胜自我，重塑自我，实现幸福生活、幸福工作。此书同时也是企业培养人才，打造团队，实现人尽其能，帮助客户和员工实现愿景的实用指南！

袁方媛

业务经理

张老师是我的亲人，我可以敞开心扉地和他畅聊，他会从各种维度帮我分析和解读问题，使我元气满满。这本书会走入您的心灵深处，让您找到真正的自己……

我们不仅是上下级关系，张老师还是我的人生导师。在工作中，我一直运用张老师的教练模式和工具，这些正是让我保持自驱动的来源……阅读此书并分享给朋友，让我们可以帮助到更多的人。

黄海红

广仁书院院长，广仁堂中医研究院院长，中国文化遗产与可持续发展基金副秘书长

法天贵真之“善”，不拘于格之“疯”。

“善疯”者，人间之彩虹也！遇见此书，与凝聚舍得有关；定心相看，随手拈来皆生机；如是，《发现心智模式》当下剩下的只是技术问题了。

懂你的“你懂的那篇”已守候多时了！

江礼坤

知名网络营销专家推一把网创始人，北大、清华总裁班特约讲师

现代人的物质生活越来越丰富，但身上背负的包袱也越来越多，很多人在心理上都有不同程度的抑郁情绪。如何让自己保持良好的心理状态，如何轻松开心地面对每一天，成为摆在很多人面前的难题！本书用通俗易懂、深入浅出的文字给你实用的答案。

赵 强

作物科学协会（中国）执行总监

初识善疯老师是在2013年，我对他一见“倾心”，在他身上感受到了我自己期盼多年却无力达成的火热情怀和生命张力。2016年某日，他告知我改名为善疯，要让尽量多的人一起“善”与“疯”。我深深敬服他的发心与力行！今日有幸成为他新作的联合出品人，荣幸之余，更期待能更多地参与到他的善举中。

夏寿兵

午虎精工机械有限公司董事长兼总经理

张伟是我的初中同学，我是他的忠实粉丝。读了这本书，我觉得对很多事情找到了科学的解释，豁然开朗，不再迷惑和彷徨……

徐　健

蜜克拉健康美妆工作室

久闻张老师大名，有机会参加了他的沙龙，立刻被他的“疯说”所吸引，而且他真的很“善疯”。在我心中，他由张老师上升为张大师。书中讲的人生真相简单好理解，很容易让人记住。而且，每次张大师的指导都特别落地，能够有效地解决我们的困扰。所以，我支持张大师出书，这样才能帮助更多的人拥有真正爱人的能力，从而协调好自己与自己、自己与他人的关系。

李育森

四川大学华西临床医学院学生会主席

初识张伟叔叔是在随母亲参加的 2008 年中国人民大学 EMBA 山东移动课堂上。那时我还是一个刚刚小学毕业的孩子，并不知道叔叔存在心理问题。只记得他同其他几位叔叔阿姨对生活总是充满热情，在那个时候就深深地影响着我。如今已过去九年了，叔叔已经从自己的心理问题中走出来，而我也成为一名临床医学学生。作为医学生的我们总在讲健康所系性命相托，在现今“社会—心理—生理”的医学模式中，社会和心理模式已经同生理模式一样重要了。在当今社会中，心理问题已经是大家普遍存在的问题，其对人的影响不容忽视，对于作为医学生的我们来说，体会就更加深刻了。叔叔的作品所吸引我的，是他以不同的视角来看待问题，用自己和周围人的经历作为案例，易懂而又不失严谨。善疯善疯，疯在洒脱，疯在对事物的正确思考。我很荣幸参与到书籍的出版工作中，希望这位影响了我成长的“善疯”可以帮助到更多的人。

朱文川

博士，管理培训师

一口气读完了这本充满人生智慧的书，才知道人生原本就是一场爱的旅行。

人要想过上自主、喜悦、富足的高品质生活，就必须发现人最真的本性，就要学会掌握用爱的心智模式来看待自己和他人。

人的一生注定会经历艰难险阻，注定会经历浮浮沉沉，也注定会品尝苦涩与无奈，经历挫折与失意。

如何面对不可能完美的人生？张伟先生告诉我们，要学会克服自身的抑郁情绪，学会用爱将这些痛苦的情绪、不愉快的记忆擦拭掉，才能告别烦乱。

如果感觉到个人的觉悟和修行不够，推荐大家阅读张伟先生的这本书，接受书中正向的行为指引，学会快速化解抑郁情绪，学会用爱来修行一生，快乐和幸福的高品质生活才会回到我们的身边。

李　为

某空调公司总经理

我和张老师已认识多年，参加了多期“疯说真相”沙龙，并从中受益良多。如今浓缩了“疯说真相”精华的新书即将面世，相信会有更多的读者受益于此，我向大家推荐此书。

李熠辰

小学六年级毕业生

我今年12周岁，该上初一了，是善疯叔叔儿子的同学。我喜欢每周参加一次“疯说真相”沙龙，因为我喜欢“疯”，我还喜欢在会上发言，发表我的独到见解。

武　坚

北京市中伦文德律师事务所高级合伙人

我是张伟的邻居、朋友，以前觉得他非常高大上，特潇洒，后来接触多了，才知道他有那么多故事。难得的是，他不仅自己总结、升华，还愿意和大家分享、沟通，而且毫无保留。这本书的特点之一是真实，真实到作为律师的我初次看到书稿时，曾向张伟建议对书中的一些细节进行技术处理。张伟的真材实料，是大家的精神食粮，相信大家会着迷的。

张　伟（刀哥）

独立出版人，每日微光创始人

真诚是路。

善疯从自己的人生故事开始，老老实实，逐步深入，或痛或喜，或疯或静，把完整的自己认回来，也就把世界认了回来。

洪雅华

康正商务会展公司

这是一本心智意识的实用操作说明书。张老师是一位很好的带路人，他引领我们突破固有的心智模式，从而实现自己的美丽人生。能有缘拜读到这本书，我感到非常幸运！

师北宸

前凤凰网科技频道主编

谢谢张伟，让我在疗愈的过程中碰到了这本书。治愈张伟的力量是“爱”，但爱是有“真爱”与“爱欲”之分的，搞不清这二者的差别，生活就会一团糟。很庆幸我在疗愈过程中碰到了这本书。

莫　问

中国人寿保险（集团）公司高级经理

他是凶猛职场上的霸道 CEO，也是现实生活中的抑郁症患者。他经历奇特，摆脱抑郁症阴影后又涅槃重生。这本书既有他对感情、家庭、职场的深刻洞见，也有便于读者理解和接受的实操工具。我们每个人心里都有一个“疯子”，通过认识它，我们就可以回到本心、找回真我。

廖勇强

广东思绿环保工程有限公司总经理

这本书角度新颖、视野广阔，作者张伟老师敢于直面自己曾经成功而又惨淡的人生，将自己在跌宕起伏的成长经历中感受到的一个又一个人生真相，深入浅出地向我们娓娓道来。开启心智模式，你我都值得去尝试和实践。

特别致谢

谨以此书感恩我生命中的每一位贵人，特别是如下的200位。

我的家人和亲友（25人，排序：按长幼）

张兴禄　张马氏　浦明顺　马秀珍　保达生　张明华　蒲玉珍　李金根
王国竹　何文忠　保芝君　张潇月　王满全　曾宪俊　张发春　姚会群
张晓霞　邹献松　李　莉　李　娟　张兴虎　王　欢　张　尧　邹镇浓
张宇轩

幼儿园至大学（22人，排序：按在我生命中出现的先后顺序）

郑　华　刘秀芬　李治中　杨忠平　杨志和　徐清平　邓少卿　李发武
范华君　王　琦　曹　容　罗小军　冯　晓　田世珠　崔冠芝　李　威
刘裕民　周宜君　钟宏彬　王　灏　王俊梅　张胜海

1995-2011年工作期间（56人，排序：按在我生命中出现的先后顺序）

朱淑玲　颜雪萍　赵维励　周维均　侯玉庆　朱一斌　王挺军　张兆昌
张志宇　王　刚　David/Frendin　杨向平　王东升　郝凤领　王洪臣

顾佳文　段建勇　鲁忠阳　夏卫红　张　军　武　坚　欧　蓬　孟自力

Gerhard/Schaeffer　周华强　张晶杰　Jochen/Oesterlink　袁　亮　薛俊华

苏传荣　赵东风　徐碧良　王　岫　冯炳坤　宋远方　毛基业　宋　华

梁小民　王雪娜　迟景涛　赵寿平　周志立　张忠山　郭乃杰　王　云

喻明忠　李万义　罗金财　王亮行　黄林峻　王向东　杨　军　王　江

王醒兰　李孟东　胡　凯

2011年至今（97人，排序：按在我生命中出现的先后顺序）

安　娜　海文颖　李俊逸　苏小妹　张　冬　林　巨　贾海珍　黄海红

云莉雅　蔡敏莉　邹春蕾　赵学文　辜韦维　孔伟良　MarWin Sandy Karen

宁　阳　王　玺　李　菱　舒耀宣　张　波　刘锦信　杨宗灵　尹　娜

郭　旭　卢俊卿　赫　勇　赵　强　王跃文　温亚其　徐嫣娜　骆杰中

梁　健　魏真正　刁红艳　王　皓　张　新　周宏光　衍杰法师　李毅多

帕奥禅师　齐　文　陈　晖　何德文　严绍云　周金旺　肖建军　黄学焦

江礼坤　郭吉军　朱文川　杨宏伟　蔡明庭　苗裕源　刘一秒　付春雨

贾长松　李金翔　关天皓　张年艳　刘文举　韦凯文　刘国东　李忠和

彭文华　孙　建　春晋京　杜　平　朱炳仁　朱军珉　寸发标　金　文

唐克美　刘嘉峰　胡　勇　覃永京　朱　红　江　楠　黄淑钦　索达吉堪布

刘　选　魏　欣　马　骏　柯　维　张泇萌　涂文开　陈明亮　胡　蝶

姜　丰　李　颖　邹昕伦　雷春昭　潘　炜　赵智光　林蔚虹　赵建华

推荐序一

用“新”诠释经典，用“心”传递启示

赵建华

我是 2017 年 5 月在北京参加学生蔡维伟的婚礼时认识善疯的，他是一个很特别、很有思想的年轻人。我们一见如故，相聊甚欢。当时，我带了一本我新出的书给蔡维伟的母亲，善疯翻看了这本新书后，非常感兴趣。他说自己刚好也写完一本书，希望我能帮他写个序。我觉得跟他有缘，他也非常诚恳，就欣然答应了。

在看到善疯的书稿后，我有些惊讶，他写得很不错，大大出乎我的意料。简单概括如下：

第一，这本书的内容很饱满，形式很新颖。

本书内容蕴含了西方的脑科学、逻辑学、心理学、哲学、能量学、教练技术和东方的儒释道等智慧，能把这些东西融会贯通，使它们浑然一体，并用浅显的语言表达出来，确属不易，值得称道。在形式上，本书集操作指南、测评体系、疗愈小说、意识哲学、智慧绘本、清理流程和实用工具于一体，层次分明，可供不同的读者阅读和体验。这种创新独一无二，可喜可嘉。

第二，这本书的选题非常经典。

全书从诠释什么是真爱开始，揭开了人类诸多问题的来源。我们知道爱分为五种——血缘爱、抚爱、敬爱、情爱和友爱，并有五个层次——无私的爱、替代的爱、偶合的爱、占有的爱和性欲的爱。善疯用“真爱是建立在懂得各种规律、规则基础之上的，使人、事、物良性发展的一种正能量意识”来总结和定义爱，我觉得比较客观和准确。

除此之外，本书还对人类的本性、性和爱情等永恒话题进行了剖析和阐述。关于人的本性，善疯结合自己的感悟提出了“悦己”“恶己”的概念，并用“全我”进行了融合统一。这就跟很多名家对“孟子的性善论”和“荀子的性恶论”进行的分析和统一类似。宫玉振在《大道至拙》中总结曾国藩一生历三变，分别是从“儒”到“法”，再从“法”到“道”。其实，善疯的这个从“悦己”到“恶己”，再到“全我”的蜕变，也就是从“儒”到“法”，再从“法”到“道”的过程。善疯说性的本质是一种最深层次的心理需求，这就和弗洛伊德的泛性论很相似。善疯说真爱情是可以超越性和身体的，是一种寻找“全我”的过程，这就跟柏拉图《会饮篇》中的观点比较相似。由此可见，善疯的感悟已经到了很深、很高的一种境界，代表了“70 后”实用学者和教练的顶尖水平，真的后生可畏。

第三，本书的实用性很强。

我们知道心理学主要研究的就是“知、情、意、行”：“知”指的是认知和观念；“情”指的是情绪和情感；“意”指的是意志和意识；“行”指的是行为。普通人的“知、情、意、行”很容易形成一个固定的循环，就像著名的巴甫洛夫条件反射理论中小狗的行为一样。这就涉及我们常说的心智模式。人的心智模式一旦出现了问题和偏差，就很容易导致抑郁情绪和精神疾病的出现，并严重影响我们正常的工作生活和身心健康。1986 年，我在山东大学建立了国内第一个心理咨询室，并帮助数百人完成了疗愈。

在本书中，善疯用自己的亲身经历对各种心理问题的形成原因和疗愈过程进行了讲述和区分，发现各种心智模式，并提炼出了100个实修正悟。这些实修正悟可以极大地提升人们的认知水平，化解抑郁情绪，并引导人们形成正向的积极行为。根据我的经验，我觉得善疯的这本书是一本实用性很强、很高效的疗愈手册，非常值得推广和使用。

同时，整本书（上中下三册）根据人的年龄和经历，把人的一生分成了10个阶段，并通过真实的故事进行阐述和分析，这就跟卢梭的《爱弥儿》非常相似。不同的主要有两点：一是《爱弥儿》只写到了爱情和婚姻，而本书一直写到人的退休和养老，所以更加全面和完善。二是《爱弥儿》主张对儿童进行适应自然发展过程的自然教育，因而有些理想化；本书主张"爱教"，遵从各种规律，包括自然和人文规律，所以更加实用和接地气，适合所有人阅读和参考使用。

最后，我很佩服善疯的勇气，他在本书中结合自己的真实经历，对自己进行全面深刻的剖析，让自己变成了一个没有隐私的透明人，这就像卢梭在《一个孤独漫步者的遐想》中对自己的剖析一样。不过，正是这样，这本书才因此具备极高的参考价值和对读者的疗愈能力。

综上所述，本书内容丰富，设计新颖，既有极高的理论高度，又有极强的实用指导、疗愈价值，是一本不可多得的好书。

（赵建华：教授、博士研究生导师，国美电器总顾问，清华大学领导力中心重要主讲人，"中共十八大"宣讲团成员，"中国博士后科学研究基金"评委，"国家十五规划职业定位课题"负责人，"国家十二五规划基于大数据的情商培育路径研究课题"项目负责人。）

推荐序二

一本“幸福生活”工具书

卢俊卿

2011 年，我在《第四次浪潮——绿色文明》一书中说人类在经历了农业文明（黄色文明）、工业文明（黑色文明）和信息文明（蓝色文明）三次浪潮之后，将迎来第四次文明浪潮——绿色文明。而第四次浪潮更替的核心就是“人”的转型。“人”是推动社会发展方式转变的幕后推手，只有“人”实现了转型，“物”（包括科技、资源、环境等）的转型才能真正地付诸实现。所以了解“人”的问题就变得空前重要，否则我们就会因为自己的贪欲而面临资源枯竭和自我毁灭。

同年，富士康发生了轰动全国的多名员工跳楼自杀的“16 连跳”事件。还是 2011 年，《每日经济新闻》报道说，“在 2010 年 1 月至 2011 年 7 月之间，知名的上市公司或者企业中，离世的总经理或董事长级别的高管多达 19 名”。这则“19 个月 19 连死”的报道让我的内心非常震撼，因为这些逝去的人中，很多我都认识，而且还和他们有交情。

这些突发的社会现象更加激起了我多年的思考，没错！那就是中国的企业正面临着幸福危机！于是，我便结合多年的真切感悟和实践，写了《幸福企业才是最好的企业》这本书。这本书出版后在企业管理学界产生了热烈的反响，后来整个中国也随着央视的一句“你幸福吗”，掀起了一场全面探讨“幸福”的热潮。后来，我又出版了一本书《幸福的城市才是最好的城市》。我们现在欣喜地看到，党和国家已经将民生和幸福作为核心执政目标在贯彻落实。我坚信紧随着第四次浪潮绿色文明，第五次浪潮幸福文明必将席卷而来。

而我们要想幸福，就必须了解人性和人心。张伟先生的这本《发现心智模式》正好出现在了最合适，也是最需要的时候。在这本书中，他结合自己的亲身经历和感悟，对人性和人心做出了精妙的分析和阐述。他形象地把现代迷失方向的人的大脑比喻成中病毒或者系统瘫痪的电脑，并给出了如何进行系统恢复、病毒排查和重获高效运行的实用指南。我很喜欢他这种源自生活的感悟和总结，就跟我提倡的“幸福企业”的践行是一样的。实践出真知，源自生活的东西是最可贵的，也是最接地气和最有效果的。

说实话，当我看到这本书的时候，心里既遗憾又欣喜。遗憾的是，如果这样的书能早几年出版，可能这些“16连跳”和“19连死”的悲剧就可以减少或者彻底避免。欣喜的是，这本书的出现，将为企业、家庭和社会的幸福实践提供一份可靠的参考和指导，真的是一本值得每个企业、家庭都拥有和使用的“幸福生活”工具书。

（卢俊卿：天九幸福控股集团董事局主席，中非希望工程主席，全球公益慈善联盟金质勋章获得者，中国文化传播业新坐标人物，全球商会联盟执行主席，社会活动家，国际慈善家，企业管理专家。）

推荐序三

开启智慧之心

黄学焦

拿起书稿，我就被心智模式的字样所吸引，这正是我颇感兴趣和喜欢研究的领域。再浏览一下前几章，读着作者充满亲身体验和智慧的日常所思、所想、所用的小段故事，如同身边有一个好朋友在和你谈论内心深处常人不曾涉及的话题，便有些爱不释手的感觉了。

史蒂芬·柯维在其誉满全球的《高效能人士的七个习惯》书中提到：人与其他动物的本质区别在于人类有选择权。各类动物在被刺激后会直接做出反应，如你踢一条狗，它就会跑得远远的；而人类在被刺激后却可以根据人类的智慧，即自我意识、独立意志、良知和想象力等综合因素做出反应，这就有了韩信受胯下之辱后出人头地的故事。人的这种“刺激—选择—反应”模式，我们就将其称为“心智模式”。每个人的成长环境不同，造就了每个人的心智模式不同。这就是为什么同样一件事情，大家却有不同的看法和对应之策。其实人们成长和成熟的修炼过程，就是不断学习、了解和调整心智模式的过程。

从个人的经历而言，我在2000年世纪之交时放弃舒适的机关工作，下海创业，学习和推广教练技术，也是不断认识和改造自我的“心智模式”，让自己更加幸福快乐的过程。但在现实生活中，至今仍时不时会遇到内心负面“魔鬼”模式的骚扰。记得2016年秋季，我对公司的业务和人员进行了一次大的调整，一时间老业务停滞不前，新业务毫无起色，员工们都人心惶惶、士气涣散。我当时身心俱疲，毫无希望的感觉如影随形地在脑海中翻滚盘旋，就像要被吸入一个无底的黑洞一般恐惧。幸好我还能稳住自己，一方面反思自己的心智模式，发现这种感觉来自于自己对公司和业务失去控制的内在安全感的缺失，所以通过自我对话，把负向的焦虑变成积极改变的行动；另外一方面，我还加强了和朋友们的交流，集思广益，一步一步解决公司存在的问题，这才让自己从“黑洞”的边缘挣扎出来，公司业绩也开始突飞猛进。但我知道，这个“黑洞”就是抑郁的深渊。即使像我这样长期接受心灵成长课程的浸润，不断反思修炼自我的人，还不时在类似抑郁等负能量的悬崖边上走一遭，更何况社会上的芸芸众生?！由此看来，觉察心智模式，追求幸福快乐，是人们一生的修行。

当下，人们的生活节奏越来越快，压力越来越大，焦虑越来越多，抑郁、高血压等慢性疾病人群的数量逐年上升，在这种情况下，本书的出版恰逢其时。学会把握你我的心智模式，对个人而言是对自己内在智慧的发掘和提升；对他人而言开启了彼此沟通、接纳和信任的大门。其重要性不言而喻。

本书有几个亮点值得一提：一是本书专注于如何在生活的方方面面发现和应用心智模式，作者从自我的经验中娓娓道来，故事中蕴含着大道理，可读性很强；二是本书每章节开始有小测试让大家比照反思，便于大家阅读时集中注意力，结尾又有小提示总结全篇内容，画龙点睛，非常实用；三是全书图文并茂，读者读起来会感到非常生动有趣，凸显了作者认真负责的良苦用心。

从作者的传奇经历中，我们既感受到了他敬老爱幼并积极投身公益事业的拳拳“善”心，也触摸到他坚持不懈、“立言”造福你我的热情“疯”心。读者如有同感，就从读这本书作为起点，觉察自我心智模式，一同开启追求成功快乐的智慧之心吧！

[黄学焦：埃里克森（北京）管理顾问有限公司董事长，国际教练联合会（ICF）北京分会前主席。]

推荐序四

活出自己的升级版

海文颖

读一本书，如同读一个人。

在这本书里，我读到了一个愿意彻底诚实的人，张伟在书中把自己及每个相关人都交代得清清楚楚，一丝不苟。读这本书，如同与一个真诚而敞开的灵魂在交谈，酣畅淋漓，不时地会引发心中的共鸣，瞥见真实自己的身影。呵呵，我说的是真的，我是被真实地点名道姓地在书中引用了。还好，我也是一个彻底诚实做自己的人，对真实有着深深的悦纳。

更为有价值的是，张伟以我们熟知的电脑操作来类比人类意识的工作原理，用了系统还原、系统漏洞检测、应用软件安装、应用软件调试、联网兼容性测试、使用者匹配，轻松解构了发现心智模式并重塑心智模式的过程。从这里可以看出他的学习能力，并能学以致用，从各处得来的知识被他消化、吸收、整合后，内化为从他心中生发出来的一套体系。

心智模式是苏格兰心理学家肯尼思·克雷克（Kenneth Craik）在1943年首次提出的。心智模式的形成是先由信息刺激，然后经由个人运用或观察得到进一步的信息回馈，若自己主观认为是好的回馈，就会保留下来成为心智模式，不好的回馈就会放弃。心智模式是可以强化或者修正的。每个人都一样，都有心智模式，每时每刻都受心智模式的影响。

只是，在未觉察状态时，就好比一个电脑被不断使用，未查杀病毒也未升级应用软件，意识陷入僵化，系统面临崩溃而不自知；而觉察状态，就好比你主动清理硬盘、升级应用软件，发现和修正一些心智模式，重启自己的人生，向着生命的完整和绽放行进。

张伟不屈不挠地探究和学习，这些年完成了从“自以为是”的未觉察状态向“也许我并不知道”的觉察状态转化，经由驯顺蜕变，抵达自成体系，活出他的升级版。难得的是，他愿意将此转化发生的路径、方法和体验经由此书传递给大家。让大家参照他，活出各自的新生。

所以，如果你觉得自己早就已经把人生都看透了，如果你发现自己哪儿哪儿都不顺，周围遇见的都是“垃圾人”，如果你觉得自己孤傲，有一览众山小、孤独求败之感，那么，说明你的生命在呼求升级。而张伟是一个很好的带路人，请你珍惜。

（海文颖：浩途家庭俱乐部创始人，首创接纳力实证理论体系，其著作《接纳力》入选国家级2016年度“大众喜爱的50种图书”。）

推荐序五

正悟与教化的品质

王亮行

张伟是我在中国人民大学时的同班同学。

毕业后的前几年，同学之间的联系比较多，后来就逐渐减少。到了2012年，我几乎没有关于张伟的消息了，后来才知道他辞去外企高管的职务，去了汶川。他在灾区做公益，一做就是几年。再到后来，听说他把名字也改了，还留起了小胡子。当时我下意识地想，张伟一定遇到了自己过不去的坎。

在我的印象中，张伟一直是我们班里善良开朗、乐于助人的同学，富有正能量。在中国人民大学一起读书时，他对我们外地来的同学有求必应，给大家提供了很多方便。他曾策划组织了许多班级活动，还亲自担任主持人，是我们0606班不可缺少的活跃分子。后来得知张伟患抑郁症的消息，我简直不敢相信，但这却是事实。

在刚刚过去的六七年时间里，张伟接受了极大的考验。事业的变故，好朋友的突然离去，让他措手不及，后来才知道自己患了“外向型孤独症”。命运往往如此，在我们没有任何准备的时候，猝不及防地给我们来一记重拳。

这七年中，张伟选择了放下，选择了努力改变。从彻底领悟的那一刻起，他认为“向善”“感恩”“简单”是治疗自己的良药。于是，他放弃了自己的事业，毅然决然地奔赴灾区一线做公益，帮人助人。

这七年中，他涅槃重生。2017 年春节前北京的同学聚会，还是由张伟发起并组织的。大家都发现张伟变了，他的眼神中透着真诚与坚定，整个人充满了成熟与智慧。张伟说，这几年他就像做了一个梦，收获最大的是，在“悟道”的过程中对“人生”的理解越来越清晰，越来越深刻。

心智模式，是深植在我们心中关于自己、别人、组织及周围世界每个层面的假设、形象和故事，是我们认识事物的方法和习惯。目前关于心智模式研究的书籍并不多，而在“发现心智模式”这方面的研究更是少之又少。

本书作者从发现心智模式的角度，以自己的切身体会和感悟，用朴素的语言，通过对“真情”“慧能”“责任”“压能”“教化”“全我”等深入浅出的分析，总结并提炼了人的 100 个“实修正悟”，以求还原其真，放松自我，快乐生活。我想，正是张伟真实的经历、深刻的感受以及重生后对生活的乐观态度，形成了这本书。这些对于我们认识自我、重塑生活，有积极的帮助和指导作用。

你可以把这本书看成一个情绪测评，也可以看成一部自传小说。当然，你也可以把它看作一种关于意识哲学的书，等等。无论你认为它是哪种形式，或者它符合哪种形式，都不会影响这本书想要表达的思想和传达的精神。是时候放空自己，来一场另一种思想层面的心灵之旅了。我相信，这本书一定会对我们启迪人生大有益处。

张伟同学的经历带有一定的传奇色彩，我敬佩他，也祝贺他。

（王亮行：商务部市场流通专家，中国人民大学商学院 MBA 企业导师，

山东世纪泰华集团党委书记、总裁，中国书法家协会会员，西泠印社社友，山东书协理事，山东印社副秘书长，潍坊书法家协会副主席，山左金石研究会会长。）

推荐序六

幸福的开启方式

Stella

这本书稿我是反复看了好多遍的，却仍然每次都会有新的感触。从“爱到没有自己”到“谢谢你爱我”；从“往事不堪回首都是你的错”到“你懂我，我也真心支持你”……婚姻幸福于我来说就是：我先懂得爱自己，然后懂得如何去爱你，彼此付出才觉得没有委屈，并且珍惜我们在一起的每一刻。

张伟是我深爱的人，更是我的人生伴侣！一路走来虽然并不容易，但所幸的是，现在的我们收获了想要的幸福。毫不夸张地说，他是我的生活导师！

这本书记录了他所有的真实故事和心路历程，凝聚了他最有价值的思考与实践。最令我讶异的是，他从实践中品悟出的观点和想法居然与诸多思想大家或名家的观点有惊人的相似之处，而他在此之前全然没有接触过他们的作品。在这本书中，他以一种平实易懂的方式以及真实而直接的例子来阐明自己的观点。实话说，书中无以比拟的真实描述中有我所在意的部分，但我是明了他的，看到过他在人生起伏中的挣扎、纠结与无助，也看到他每一步的变化，直到今日的坦荡、包容和完整，我也比任何人理解这些真实是多么难能可贵。读过这本书的人或许能感受到他不一般的特质：天生的导师，在给予别人引导、帮助的过程中，既给别人补充能量，也给自己补充能量，在疗愈他人的同时也疗愈自己。当然，在这个过程中他提升自我的执着和疗愈他人付出的心血，以及发自内心的慈悲和大爱也是我佩服和心疼的，也是最终这本书能正式面世的原因。

也许你在书中看到了自己的影子，会有诸多共鸣，那真的非常好；也许你看到某些章节会感觉到无趣或者枯燥，那不妨跳过去，或是先把书放一放，过一段时间再来看。你可以选着看，也可以跳着看。如果在某个时间，书中的某段分享、某句话或者某个词对你有了触动，让你对生活有了不一样的认知，从而让你有了新的视角，那么这些真实的故事写进这本书里就有了它真正的意义。就像书中说的一样，每个人都有自己的智慧。当你读懂这本书，就会开启自己的慧能，在迷茫中找到方向，在困惑时找到正确而合适的方法……很多时候伤痛来自于不懂，不懂自己，不懂对方，不懂规律，接着就会有无数个无奈而愤懑的“为什么”。在学习和提升自己的过程中，我的收获是自己、家人和朋友都能真切感受到的。

十五年结婚纪念日，我写下这样一段话：十五朵红玫瑰是相伴的十五个年头，玫瑰枝上的刺是磨合中的磕磕绊绊，剪下的残叶是不值得留的记忆。修枝剪叶并悉心经营，才能见着一片锦绣，有幸收获像花儿一样的幸福。

祝愿正在打开这本书的你也能收获锦绣花儿一般的幸福人生！

（Stella：苏伊士水务专业经理，作者的爱妻。）

推荐序七

打开自己，爱就会流淌

邬　菲

二十几年前，我一进大学，就和 stella 一见如故，成为形影不离的闺蜜和死党。第一次见张伟，是 stella 想让我看看她的初恋对象。接着，他俩恋爱，结婚，生子。时间一晃而过，如今他们结婚都 15 周年了。他俩的事，至少感情上的大事，我那时都从 stella 口中有所知晓；当然最近 5 年，和他们夫妻俩都走得很近，会和他们一起讨论很多真人真事。

第一次拿到书稿，我就被张伟的坦诚和勇气震惊到了。我震惊是因为它的点点滴滴都很真实，真姓名、真时间、真地点、真事情、真感受、真观点，能有勇气把自己如此赤裸地呈现，这实在是我在这个世上没有看到过的。如此真实地呈现，即使张善疯心里能过这个坎，周边涉及的人未必能，于是我又见证了他是怎样在尊重自己，也尊重他人后所做的调整，他是如何求同存异。

在张善疯赤裸展现自我的背后，其实是帮助他人的慈悲心。他刻苦忘我地探究这些规律近十年，用最通俗的语言，不惜以自己为教具，帮助大家理解这些规律。

我是因为育儿开始接触心灵成长的。十年走来，我曾崇洋媚外，只相信大师，甚至只相信海外高龄大师，也曾对身边人的摸索嗤之以鼻。走了一圈下来，我不禁感叹，规律见与不见都在，张善疯悟到的和大师讲的一样，都是规律。我们对大师是仰视，而张善疯在我面前呈现的是“说”；他就是我们身边的普通人，他是“做”，做不到的，他不说。

真实和普通人，之所以可贵，能打动我，就是因为在他身上发生的，在我身上也会发生；他有的，我也可能有。只要我们去理解并用好这些规律，发现和调整自己的心智模式，我们的幸福就会来临，无论关乎事业还是家庭。张老师用身教告诉我：自己能够做到，也许只会让你自负而不是自信，而自己做到的同时还能够帮助别人做到，带给别人价值和意义，那么你会瞬间有了伫立山顶的感觉。那时的你，已经获得了真正的自信、自在与自由。

张老师身边每天遇到的事，每天遇到的人，让我看到每个人都有自己独有的见解和方法，每个来到我们身边的人都协助我们成为最好的自己。原来我们一直在一个互助的大体系中，只要你打开，别人也会打开，爱就会流淌。一个人可以走很快，一群人可以走很远。这也是张老师出书的理由。所以我也下了决心，从此时此刻开始，不再小心翼翼地包裹自己，要学习打开自己，拥抱自我和他人。如果别人因为遇到我而生命变得美妙，那我将何等幸福！那你的启示又是什么呢？赶快翻开书，开始阅读和实践吧！让我们都能成为自己！

（邬菲：作者爱人的闺蜜，作者夫妻15年蜕变的见证人。）

本书阅读指南

在阅读本书正文之前，我强烈建议读者一定要先认真看完本篇阅读指南。

第一，本书是一部很特别的多功能工具书。

首先，仅从每篇的标题和每篇第三部分的实际指导来看，本书是一部解决实际问题的实操指南；仅从每篇的小测试来看，是一套全面的情绪管理测评体系；仅从书中的故事来看，是一部叙事性疗愈自传小说；仅从实修正悟来看，是一部现代人类的意识哲学；仅从油画和配文来看，是一本浅显易懂的智慧绘本；还有，从每章的章序及附件的对比表来看，是人脑清理的科学流程和指南；最后，从特色书签来看，是人的意识能量评估和提升训练的实用工具。所以，每一个读者都可以用自己喜欢的方式及口味来选择阅读。

同时，这本书的架构设计也非常精妙。书中的每一篇既适合挑出来独立阅读，解决一些相对单一的实际问题，也可以整体通读，获取全面系统的解决方案。

这本书的信息量非常大，囊括了源自西方的脑科学、逻辑学、心理学、哲学、能量学、教练和东方自有的儒释道经典国学之精华，越有深度和广度的读者就越能体会到这一点。

第二，阅读时要把自己清空。

我们的头脑非常喜欢评判和区分对错。所以，阅读本书的最好方式就是清空自己的头脑，不要评判和区分对错。

如果读到了自己不理解或不认同的地方，最好的方式就是先闭上眼睛，让大脑停止思索，把手放在胸前做三个深呼吸，然后再去感悟。如果还是不理解，就先放一放，过几天再来读，或者干脆等碰到类似的问题再来读。

第二，可以参照电脑的操作说明书来类比理解和应用。

人的精神压力增大并抑郁成疾，就像电脑的软件出了问题并导致硬件损坏一样。为了便于读者理解，我把心智意识的操作说明和电脑的操作说明做了类比，大家在阅读中可以随时参阅，详见书后的附录。

需要说明的是：本书分为上、中、下三册，1~6 章为上册，2017 年 9 月出版；7~13 章为中册，13~20 章为下册，将分别在 2018 年出版。

第三，要一边读，一边多实践。

再好的经验和方法，如果读者不去亲自实践，或者仅仅浅尝辄止，都不会有明显的效果。正所谓，知道做不到，等于不知道。最有效的学习方式就是学以致用。

为了便于大家应用本书的内容和解决实际的问题，本书中的每一篇我都是按照“是什么”“为什么”和“怎么做”三部分来编写的。“是什么”，是从自己曾经面临的真实问题开始（没有时间顺序），一层一层地剥开并发现背后的心智模式，总结出一个高能量的实修正悟；“为什么”，是用我真实的自我疗愈过程来验证说明（有时间顺序）；“怎么做”，则是给读者一些实用的建议和提示（主要结合了写书过程中即时发生的真实案例）。

所以，大家最好带着自己的实际问题来阅读，读完立刻进行实践和应用最有效果。

第四，用好本书的特制书签。

为了便于大家阅读和理解，我专门给读者设计了一个人形的书签。书签的正面是上册中 30 个实修正悟的汇总，它们排列和组合的顺序很有深意，大家可以一边阅读一边自己琢磨。同时，在每一个正悟下面有五个小方框，读者可以对自己的理解和践行的程度进行评分。

书签的背面是个人能量管理的日常指导。小人胳膊上的提示是吸收正能量（进）的方式，小人腿上的提示是释放负能量（销）的方式，小人脚上的提示是能量提升（存）的方式。小人的身体上是人类意识的能量等级图，既可以随时用来对照理解书中关于能量的解释，也可以用来随时对自己的能量状态进行评估和管理，让每个人都可以做自己的“能量宝宝”。

除此之外，如果有疑问，还可以随时扫描书签人头上的二维码，关注我的微信公众号“善疯助你排忧解难”，并通过测试和留言进行互动和交流，这样学习和实践的效果就更好了。可以说，这个特制书签就是一把打开智慧、排除烦恼的金钥匙，所以大家一定要用好。

最后，为了更有实效，我建议最好的方式就是您多买几本书，然后邀请您的家人和朋友一起经常阅读，并反复实践和分享。这种互助共修的形式不仅效果显著，而且也是当下最时尚、健康和有趣的生活方式了。

第一章
如梦初醒：系统还原

2010年元旦，我写下了生平第一首诗，一首饱含郁郁不得志和厌世情绪的诗。

轮　回

懵懂涉世妄轻狂，
励志出川却思乡。
梦醒时分欲念佛，
华衣褪却见旧裳。

其实，我深深地知道，我已经病了很久，而且还病得不轻。就像电脑一样，我的脑子会经常出现短路和死机。在无可奈何之下，我已经放弃了一切，觉得自己每天都可能会死掉，就像一台系统崩溃了的电脑，只能等待报废回收了……

幸运的是，在绝望中，一段支教的经历让我无意中开启了自我疗愈的历程，就像一台系统崩溃的电脑执行了系统还原。

1. 真爱：我有抑郁症状了怎么办？

小测试 1：抑郁情绪指数

我对他（爱人、父母、孩子、同事或者朋友等）那么好，可他总是不领情，或者根本看不到，甚至还埋怨我，误会我！这让我的内心充满了委屈、愤懑和忍不住的失落……

又或者，他（爱人、父母、孩子、同事或者朋友等）对我很好，可我总觉得很别扭，不舒服，有压力，有一种说不出的被控制的感觉！我不知道该怎么办才好……

回答选项：A. 几乎没有　B. 偶尔，很少　C. 经常有，很多　D. 很严重，持续不断

选项说明：

选了 A，哇！羡慕你，太难得了！继续保持！选了 B，恭喜你，状态还不错！选了 C，提醒你，要把本篇多看几遍并立刻实践哟！选了 D，抱抱你，你已经抑郁了，需要尽快进行疗愈。

另外，为了便于准确评估，读者可以扫码发“小测试 1”进行互动咨询。

真爱——人类迄今为止最大的意识误区

在主持人的烘托和学员们的掌声中，我又一次走上了讲台。看到大家期盼和羡慕的眼神，我给大家鞠个躬，转身在白板上写了一个大

大的“爱”字。然后，我和蔼而满怀期待地问：“请大家回答一个问题，什么是爱？”

现场立刻陷入一片尴尬，面对这样一个突如其来且并不新鲜的问题，每个人都觉得自己似乎知道，但又不能正确完整地表达出来。看到大家有些惊讶和不知所措的样子，我并不着急，又淡定而充满鼓励地重复了一遍：“请问大家，什么是爱？”大家仍然有些茫然，我不说话，仍然满怀期待地看着大家。

这时，第一排有个性格率真的美女跃跃欲试地举了一下手，说：“我觉得是包容吧……”说完，她有些不自然地看了看其他的人，生怕被人觉得自己说错了。我赶紧鼓励说：“包容！很好！还有吗？”我把“包容”写在了白板上。接着，有个中年男士若有所思地说：“我觉得是尊重吧！”我赞许地说：“尊重！很好！还有吗？”这时候，大家都有些轻松和放开了。有的说是欣赏，有的说是支持，还有的说是无条件地付出……

我把这些都写在白板上之后，又问大家：“爱真的是这样的吗？”大家立刻沉寂了下来，有人还摇着头，有些茫然地、眼巴巴地看着我。我说：“给大家讲一个真实的故事。我有一个朋友，她是一位年轻的妈妈，很爱自己的老公。不幸的是，在一个月前，她发现自己的老公出轨了，而且已经跟别人好了半年了。”我停顿了一下，有些严肃地问：“请问大家，我的这位朋友应该怎样继续爱自己的老公呢？”

现场又是一片尴尬和茫然。我问刚才说“包容”的那位美女：“亲爱的，是包容吗？”她立刻摇头说：“不是！不是！”我又问那位男士：“是尊重吗？”他正了正身子，有些尴尬地笑笑：“不是……”我指着白板上大家刚才说的“欣赏”“支持”和“无条件付出”等，一个一个地问大家，大家几乎都一致地摇头说不是。

“那么，各位！爱究竟是什么呢?!”

这一下，大家都彻底傻眼了！整个会场立刻又陷入死一样的沉寂！是的！大家终于发现：其实我们根本就不懂什么是爱！但是，我们却一直认为自己很懂，甚至从来没有怀疑和真正思考过，从来都没有！

沙龙讲座现场

这样的场景是这两年我给新学员们上课时的真实写照。每当这个时候，我的内心都会充满慈悲和哀悯，因为在几年以前我也是这样，并因此患上了严重的抑郁症。

其实，我们每个人在成长过程中都会受到外在人文环境的影响，从而形成不同的心智模式，并深藏在我们的潜意识之中，在受到外界的激发后，又会转化成表层的意识。

表层的意识有正能量的，也有负能量的。正能量的意识会引发正向的行为，负能量的意识则会引发负向的行为。与此同时，这些行为所引发的结果又会不断地强化相应的意识和心智模式，从而形成一种自发的、不可控的、牢固的循环，这个循环就操纵着我们的身体。

例如，当我们觉得自己好像知道什么是爱的时候，便停止了对“爱”这个概念的学习和探索，久而久之就形成了默认的心智模式：“我知道什么是爱，我做的都是对的！”于是，我们便会用自己所理解的方式和行动去“爱”别人。

即使行动的结果跟自己的预期发生了偏差，由于受心智模式（我知道什么是爱，我做的都是对的！）的掌控，我们会本能地产生不满和消极的抑郁情绪，并把矛头指向别人，脑子里立刻出现的是：“他怎么这样？他有问题！他不对！”

很显然，这样的逻辑只会让现实跟自己的预期产生更大的差距。当这些差距足够大、足够多、足够持久（精神医学认为长于两周）的时候，我们的抑郁情绪就会变成病理性的，最后导致抑郁症的产生。这就是我，一个曾经抑郁了 7 年的重度抑郁症患者的真实发现。

现在看来很可笑和可悲的是，我那时候从来不会知道，也根本不会承认我是抑郁的。我身边的人，包括我的老婆也不会知道和认为我是抑郁的。这就像现在很流行的“外向型孤独症”。

据世界卫生组织统计，目前全球抑郁症发病率约为 11%，全球约有 3.4 亿抑郁症患者。预计到 2020 年，抑郁症可能将成为仅次于心脏病的人类第二大疾患。更麻烦的是，在中国，像我这样喜欢攀比和好面子的人太多太多，更容易引发抑郁情绪。从一个资深病友的角度看：到目前为止，我几乎没有见过一个没有抑郁情绪的成年人！

那么，我们应该怎样消除抑郁情绪，并预防抑郁症呢？

首先，我们要发现并调整自己的心智模式，要不断地告诉我们自己：我并不知道爱是什么！我们需要学习什么是爱！其次，要纠正我们的意识，要理解和掌握什么是真正的爱。

实修正悟 1（真爱）：真正的爱是建立在懂得各种规律、规则基础之上的，使人、事、物良性发展的一种正能量意识。为了便于与我们常说的“爱”相区别，本书简称其为真爱。

真爱不仅是正能量，而且是一种能量值极高的正能量。科学家们对人类意识能量的研究和测量表明，真爱的意识能量值高达500！

比真爱的能量值更高的是喜悦、平和和开悟。但是，这三者都跟外界没有互动，真爱是人的意识能量中，从高到低的第一个与外在互动的意识。这就是“爱是一切的源头”鲜为人知的原因。

比真爱的能量值低一级的意识是明智，明智就是懂得各种自然、科学规律及规则的意识，所以真爱是建立在懂得规律、规则基础之上的。简单地说，真爱什么就要先懂得什么。例如，真爱一个人就需要先懂得这个人，真爱一台电脑就要先懂得这台电脑。

真爱：乌云集聚会导致闪电和雨水，水往低处流，气泡往上鼓，大鱼吃小鱼，小鱼被吃掉。懂得各种规律和规则才是真爱的基础

真爱的关注点是向外的，就是施爱者只关注被爱的人、事、物，而无需关注施爱者本身。例如：同一个人，只要了解他的心智模式、成长历程、心理需求和喜好等规律，任何人都可以让他感受到真爱。同一台电脑，只要了解电脑的操作和维护规律，任何人都可以真爱好它。这就是人们常说的“爱是一种无条件的付出”。

相反，如果不懂对方就想盲目地去对别人好，这种想法和意识不是真爱，而是一种欲望。欲望的能量值大约是125，是一种向外索取的负能量。

所以要真爱一个人，不是仅仅靠想法和勇气就可以做到的，而是需要有懂得别人的能力，否则就是爱无能！

显然，我们常说的情和性只是人的心理和生理中的一小部分，所以真爱跟情和性没有必然的关联，而是一种可以广泛存在于人与人、人与物之间的正能量意识。

真爱让我从7年的抑郁中涅槃重生

2011年9月26日，在北京飞往成都的CA1415航班上。

我坐在靠窗的座位上，双目紧闭，额头、手心正在不停地冒着阵阵虚汗。伴随着胸口的一阵阵刺痛，一滴苦涩而冰冷的泪珠从我的眼角滑落了下来。我没有擦拭眼泪，也不再顾及自己的形象，任凭苦笑肆虐着我的嘴角。

是的，在外人看来，我是非常优秀和成功的：我的收入不菲，有知名外企总经理的头衔；有个温柔贤惠，也在世界500强外企工作的妻子；还有一个聪明懂事、人见人爱的宝贝儿子；我还是四川老家族人的骄傲和精神领袖；我的朋友众多，是朋友们信赖和喜爱的挚友。

可是，我的内心深处却远非表面上这样光鲜！

2010年，我终于如愿以偿地坐上了外企CEO的宝座，本想借此机会大展宏图，就给德国上司提了很多建设性意见。可是，上司却说：

“Sorry，我也觉得你说得很对，但我不能跟我的老板说，因为他不喜欢听！我有四个孩子，我得保住我的工作！”

我在1998年离开国企就是不喜欢个别领导的不作为，结果在外企奋斗了11年后才发现，外企也同样有不作为的领导……

半年前，我们与之同甘共苦5年的某央企领导终于功成名就了。我们正盘算着靠他帮忙在国内多拿几个上亿的好项目，却突然收到他托人带来的口信：“我现在的身份已经不适合帮助你们了！”

眼看合同额近亿的项目即将开标，无奈中，我只好带我的德国老板和老板的老板等候在他的办公室门口。他来了，没打招呼，瞪了我们一眼就甩手走了！

我不知道我们是怎么离开的！但那一刻，我们都觉得这位领导缺少最起码的尊重和礼仪，很丢中国人的面子。后来，我们找了个酒吧喝闷酒，一边喝酒一边控诉和嘲讽个别中国人的不良行径，一直到了后半夜。我们都喝醉了……

不过，我醉得最深最惨！因为所有人都知道公司中国区将近80%的业绩都是我创造出来的，可居然有中国同事在背后跟德国人传我的闲话，说我的花销大！还说我的公关手段很低俗！

出差回到家里，看到疲惫的老婆，我突然善心大发，希望她工作不要太辛苦，还可以多照顾一下家。她却冷冷地说：“不行，我要保持优秀，万一哪天你不要我了，我还可以养活自己和孩子！”

天哪，我立刻目瞪口呆！原来老婆一直都不信任我！瞬间，她的话像一把刀子直直地捅进了心窝子……

我好不容易才缓过神来：唉！要不是为了孩子，真觉得活着没啥意思了！

可是，就在前一天晚上，我想跟儿子玩一会儿，他却不愿意跟我玩。晚上准备睡觉的时候，我正色眯眯地看着老婆，儿子却跑过来说：“爸爸！我要跟妈妈睡，你到那屋睡去！”

我躺在床上，欲哭无泪。我觉得自己的心理早就出了严重的问题！这么多年，我都睡不好，总在做各种噩梦：梦见自己经过阴森恐怖的坟墓，梦见父母出了意外，梦见自己没穿衣服，梦见自己考试做不出题来……

每天晚上都不想睡，因为睡也睡不好；早上不想起，因为起来也是昏昏沉沉的。我觉得特别累，好想离开这个环境，离开这个国家！可是，真的去国外考察并评估移民的时候，又觉得舍不得，还是回自己的老家好……

现在，当我辞了职，坐上这趟回到老家的飞机后，又知道回老家也并不好过！

我在家里排行最小，对家里的贡献和资助却最大，而且永无止境。但是，不知道为什么，我总觉得父母和兄弟姐妹们对我就像对美国一样："不就是个有钱的霸权主义者吗！"

可是，我的真实情况却是，都已经抑郁7年了，有一个人知道吗?！我能跟谁说吗?！

想到这里，一股足以毁灭世界的愤恨瞬间占据了我的心灵，我的胸腔在刺痛中猛烈收缩，我的呼吸几乎就要停止了！

从2005年开始，我就经常有出家隐居的念头，并害怕自己随时都会因为心脏骤停而死亡。但是，我并不抗拒，反而很期待，觉得这是一种很好的解脱方式……

这就是我在2011年的真实状态，一个患有"外向型孤独症"的重度抑郁症患者，也是一个心智模式默认为懂爱，其实并不懂真爱的人。

很显然，在那之前我对德国人和德国老板缺乏真实客观的了解，对体制内的领导缺乏真实客观的了解，对公司的同事缺乏真实客观的了解，对老婆缺乏真实客观的了解，对儿子缺乏真实客观的了解，对自己的身心规律缺乏真实客观的了解，对父母和兄弟姐妹也缺乏真实客观的了解……

正因为这些不了解，导致我的付出很多时候都是一种自己单方面

的想法和欲望，实际的结果跟自己的预期产生极大的偏差，最终导致自己抑郁成疾。

《论语》中说“人之将死，其言也善”。在绝望和放弃的时候，我想实现自己的夙愿，就是去汶川灾区支教，给那里的孩子们做心理辅导。因为即使死了，也可以给儿子和家人留下一笔宝贵的精神财富，可以受人尊敬和怀念。

汶川雁门乡，村里的孩子们听说我来了，都从四面八方跑来

到了汶川后，我一刻不敢耽误，白天给孩子们做辅导，晚上通过书籍和网络学习心理知识，写支教日记，周末去大山里做家访。一句话，我把自己无私的爱和自己认为的“最后时光”，全部给了那里的孩子们。

我的到来给这个学校的孩子们带来了前所未有的尊重和关爱，只要有我在的地方，就会充满了孩子们的喜悦和欢笑，就像过年一样，不管是在教室、操场、宿舍，还是在乡路、老屋和大山上。

我的很多朋友看了我的支教日记，用各种方式支持我，给汶川的孩子们提供了多种帮助和支持，就连昔日在商战中恨得咬牙切齿的竞争对手也是如此！这让我有了巨大的满足感和价值感！

与此同时，我发现自己的睡眠质量慢慢地变好了，每天开始充满力量和欣喜。虽然胸痛还在，但好像没有那么严重了，甚至很多时候都忙得忘记了。

从那时候开始，我隐隐约约地体会到，自己身心的好转就是因为一个字：爱。

现在回看，在汶川支教的这段经历中，为了给孩子们做心理辅导，我必须学习心理知识并要懂得这些孩子。这一学习才发现自己根本不懂或懂得太少，这就改变了我的心智模式。同时，正是这样的学习和实践，让我在不知不觉中开始了对爱的探索，也无形中提升了真爱的能力。

2012 年 2 月 4 日注定是一个刻骨铭心的日子，那天是正月十五元宵节。

我正在篮球场上挥汗如雨，玩得尽兴，突然接到噩耗，我在北京最好的一个哥们儿，突然心脏骤停去世了。要知道他是 1975 年的，刚刚 37 岁！这是我在半年内接到的第二个哥们儿意外身故的消息！

他的死对我来说简直就是晴天霹雳，因为他乐观积极、身心健康，至少比我好不止十倍，以至于我见了他的遗体都不愿意相信那是真的。在和他的几个同事一起守灵的过程中，我才发现了让我更加震惊的事。

从他们的描述中，我发现了这位兄弟的另外一面，一个我完全陌生的人。我们相识近 12 年，经常一起喝酒聊天，但是他心中的阴暗面和纠结困惑，我却从未知晓。他给我们的形象至死都是乐观积极，阳光正面的。

在那一刻我才突然醒悟过来，原来不仅仅是我一个人得了外向型孤独症和抑郁症，原来我身边的很多人都感到了孤独和抑郁，只不过大家可能太好面子了，太争强好胜了，而且还有虚假和伪装，都不敢承认和说出来而已！

于是，我暗暗地做了一个决定：我坚决不能死！我一定要好好地活！不仅如此，我还要努力学习心灵成长的规律和知识，去帮助身边的人好好地活。

后来，我便开始参加各种国内外的心灵成长课程，不断地探索自己的心智模式和影响自己行为的意识和观念。我越学越起劲，越学越深，越学越广：从研究自己的心智模式到研究孩子、爱人、父母、同事和朋友们的心智模式，从西方的脑科学、逻辑学、心理学、管理学、能量学到中国的儒释道和易经等经典国学。

2013 年底，在经过两年的学习和自我实践疗愈后，我的身心终于完全恢复了健康。

很显然，好友的突然离世给我带来了巨大的冲击，这件事情对我的心智模式产生了直接的影响，让我的心态逐渐从消极变成积极主动，并产生了要多学习和拯救别人的决心和想法。

这样的决心和想法又引发了我学习大量规律和科学知识的行动，这样的行动让我变得开放且豁达了，也开始懂自己、懂别人、懂事

物了。

懂的规律多了，在跟别人互动时，就会放下自己的欲望，把关注的焦点放在别人的身上，别人就能感到真爱的能量，就会觉得很舒服，这样一来，所有的沟通、合作就都很愉快并且卓有成效。

这些成果让我的心理预期和实际结果保持一致，从而极大地增强了我的自信心和价值感，也让自己感受到了真爱，不仅提升了自己的意识能量，还成功地实现了自我疗愈。

读者如何快速拥有真爱和疗愈能力

第一，要承认自己懂得少，才会有去研究什么是真爱的意识，并引发研究和学习真爱的行动。

如我上面故事里写的一样，我在2005年至2011年期间，就经常觉得自己什么都懂了，而且早就把人生都看透了，所以思想和意识就逐渐变得自我、固执和僵化，从而逐渐失去了学习的能力，直到最后抑郁到坚持不下去了，都不知道是自己懂得少。

第二，要逐渐培养觉察的能力。

例如：本篇开始的小测试中提到的那两种困惑和感受，就是不懂什么是爱的典型情况，而这些事情几乎每天都会在我们的日常生活中发生，如果没有敏锐的觉察能力，我们就会视而不见，充耳不闻。

其实，我在上高中的时候，就经常觉得爸爸和班主任老师对我的有些好让我很难受和憋屈，而且自己对他们的好还容易被误解。但是，一想起大人们常说的"家家都有一本难念的经""他们都是为我们好""人只有受了委屈才会有成长"等，就逐渐习以为常并变得不敏感了，也导致我逐渐丧失很多积极改进和保护自己的能力。

第三，要多学习规律和实践。

例如，我上面提到的那位朋友，如果要继续真爱出轨的老公，就要先了解他为什么会出轨的心理和生理等规律，同时还要了解出轨可能会给他带来哪些不良的后果，自己有什么样的方式可以满足他的心理和生理等需求，还可以用哪些高效的方式来跟他进行沟通，等等。

只有对这些规律有了全面的了解，她才可能对老公产生真爱的意识，她的老公也才可能收到极高的正能量并开始回心转意，否则老公就只会感受到她的索取和愤怒，进而使双方的关系更加恶化。

我这本书里所有关于我自己的故事，都是我的真实经历，也就是我学习和实践的详细过程。

第四，阅读和实践本书就是一种很好的方式和途径。

真爱的基础就是要懂得各种规律和知识，本书就是一部根据真实经历编写的关于人的心智模式和意识规律的操作说明书，阅读和实践本书就是快速拥有真爱意识和疗愈能力的一种有效途径。

李晶是我儿子的同学佳承的妈妈，2015 年底她又生了一个宝宝叫小七。在 2016 年 8 月我开公司的时候，全职妈妈李晶就主动请缨跟我学习并义务做我的助理。用她的话说就是，她那时候觉得自己跟妈妈、老公和孩子的关系简直就是一团糟，每天都处于崩溃的边缘，而我是她所能抓住的最后一根救命稻草。

在我创办了“疯说真相”公益课程之后，李晶就成为我每期沙龙的主持人。她认真阅读我的每一篇真相文章，并在日常生活中对照实践。有了效果，她就在我的“纷享销客”（我为学员免费提供的辅导和沟通 APP 软件）和“疯活群”（由我创建的自在喜悦富足的社群）里进行分享，然后再阅读和继续实践。

勤学好问的李晶老师

现在李晶跟妈妈、老公和孩子的关系已经大大改善，她也成为家庭里最稳定的正能量来源。从 2017 年开始，李晶已经在给群里的很多学员做辅导了，并被尊称为“李老师”。在我写这本书的期间，李晶老师已经开始在“简书”上分享自己的系列文章了。

本书就是我“疯说真相”系列文章和沙龙分享的升级版。李晶老师和其他近两千名群友就是第一批受益者。在本书中，我也会摘录一些他们的实例和分享供大家参考和借鉴。

小提示 本篇发现的心智模式和实修正悟是：真爱。

2. 爱欲：我的抑郁情绪是怎么来的？

小测试 2：抑郁情绪的主要来源

我明明知道他（父母、爱人、孩子、同事或者朋友等）对我别有用心，可他总是一口咬定全是为了我好。我一反驳，他就不高兴、发脾气。我不知道该怎么办才好……

回答选项：A. 几乎没有　B. 偶尔，很少　C. 经常有，很多　D. 很严重，一直这样

选项说明：

选了 A，哇！羡慕你，太幸运了！选了 B，恭喜你，你的环境不错哟！选了 C，提醒你，你所处的环境有些压抑哟！选了 D，抱抱你，你处在抑郁症高发的环境里！

另外，为了便于准确评估，读者可以扫码发"小测试2" 进行互动咨询。

爱欲——我们都在假借爱的名义

2004 年"十一"国庆节期间，我的父母应邀来北京看我们。为了好好报答他们的养育之恩，我和老婆计划开车带他们好好玩一玩。我们计划先去上海探望我的岳父岳母，再从上海一路开车玩回北京。父母觉得计划很好，愉快地答应了。

为了减少他们坐车的疲劳，我提前一天出发把车开到了上海机场，等他们下飞机再接上他们一起到岳父家。我们一起在上海玩了几天，

大家其乐融融，十分开心。

大概是10月5日，我们开始了从上海到北京的自驾游，第一站先到苏州。众所周知，苏州的园林闻名遐迩，我在小学读课本时就充满了向往。我们打算游览的第一个园林是拙政园。

我先让父母下车，然后找地方把车停好。当我刚走到公园门口的时候，看见爸爸妈妈像被马蜂蜇了一样往回跑。我赶紧跑过去问他们怎么了。

爸爸一见我就抱怨说："不去不去！太贵了！一张门票就要70元！太贵了！不去！"我妈妈也在旁边跟着抱怨说太贵了，不想去。

这时，我老婆也追过来，我们俩一听就傻眼了。我们可不想让提前安排好的计划和行程就此泡汤，便使尽各种方法想说服他们进去游览。可是，他们就是不去，还愤愤不平地说："我们知道你们挣钱也都不容易！70元钱能买两只鸡，可以吃上一星期了！不去不去！"

没办法，我老婆只好说她以前进去游览过，她就不去了，这样我们可以省70元钱，只买三张票就可以了。父母这才勉强同意进去，并在对景区票价的不满声中草草地结束了游览。不仅如此，他们还根本不同意去参观其他的园林。

第二天，我们到南京，父母就给我们定了一个规矩：到了景点不要买门票进去，在门口看看就可以了。就这样，我们只是在总统府和中山陵门口照个相就离开了南京。

在车上，我又开始试图说服父母去一趟泰山，他们一听就又火了。我闷声不响地开着车，听他们不停地唠叨着"70元吃鸡论"，心中突然升起一种莫名的恼羞和怒火，久久难以平复。很快，我的胸口便开始有了针扎般的刺痛，我强忍着刺痛，赌气直接把车开回了北京。

不幸的是，从那天起，抑郁的胸痛就再也没有离开过我……

我们在上一篇中已经知道了真爱是建立在懂得各种规律和规则基

础之上的，促使人、事、物良性发展的一种正能量意识。很显然，因为我们都没有去倾听和了解对方的情绪和需求规律，所以我和父母在这趟旅游期间的相互对待并不是真爱，而是更多地想主张和满足自己的心理需求。

但遗憾的是，当时的我们却并不会知道这样的做法是在主张和满足自己的心理需求，我们会天经地义地认为这是在爱对方、替对方着想的最好方式。这就是潜藏在我们内心的一种很难觉察的心智模式。

其实，不光我们是这样的，几乎每个家庭也都是这样！我们的父辈，父辈的父辈，也都是这样的！而且，不光家庭中是这样，工作中也都是这样，社会交往中也都是这样！这种现象非常普遍，普遍到了大家都已经习以为常的程度了！

我们的长辈、领导和权威经常一不小心就借用爱的名义，然后名正言顺、振振有词地让我们听从他们的安排，还不能抗拒，否则他们就会板起面孔或者勃然大怒，继而震慑、说服和镇压我们！

而我们呢，虽然有时候明明感觉到他们是在为自己，但又说不出究竟或者不忍心说破，只好忍气吞声，逆来顺受了。久而久之，我们自然也就习惯并学会了用这样的方式去对待别人。

当我们被别人假借爱的名义要求和安排得特别多，而且我们也在用这样的方式去对别人的时候，现实的结果就会跟预期产生巨大的偏差，抑郁情绪就会瞬间充满我们的内心了。

那么，到底应该怎么办呢？

首先要发现并改变我们的心智模式，不要想当然地认为我们很了解别人，可以随随便便地真爱到别人。

其次，要对我们现实生活中的各种“爱”有一个正确的认识。

实修正悟 2（爱欲）：我们现实生活中的各种爱，例如父爱、母爱、友爱和情爱等，几乎都不是纯粹的爱，而是一种在真爱中掺杂了个人需求的爱欲混合体。本书简称其为爱欲。

很简单，一方面因为我们很难对自己以外的人百分之百地了解，所以就很难达到真爱的意识能量值，而且还免不了用自己的感受去推测，这样的推测就难免夹杂我们自己主观的东西。另一方面，我们更多的时候都会对别人有特定的需求，例如心理需求、物质需求和生理需求，等等。这就是爱欲产生的过程和原因。

爱欲：一不小心，我们对别人的爱（红心）里就掺杂了自己的各种心理需求（黄色的）、物质需求（蓝色的），甚至还有生理需求（灰色的）……

我们要练习并学会对爱欲中爱和欲的觉察和区分，这也就是心理学中常说的划界限和立规则。这对我们的生活氛围和精神健康非常重要。

父母的痛让我放下了爱欲中的欲

我的父母对长辈非常孝敬。爷爷去世特别早，家里有了钱和任何好吃的，都要先给奶奶送一份去。所以不管怎样，孝敬父母一直是我最大的习惯和心愿。

2002 年 7 月，我们在北京买的第一套房刚刚装修好并放完味儿，就迫不及待地把双方父母都接到北京来玩儿，把我们认为最好吃的买给他们吃，带他们去我们认为必须去的景点游览观光。我们还给爸爸找钓鱼的地方，给妈妈找打麻将的伙伴。

我和老婆带我父母（中间）和岳父母游览慕田峪长城

在 2002 年至 2007 年之间，我的父母来北京小住过 4 次。我们特别喜欢和留恋跟父母住在一起的日子。每天早上一起床就有可口的早餐，吃完饭爸爸妈妈会送我们到电梯口，然后趴在窗台上目送我们的车消失在视线外。晚上回家不用拿钥匙开门，一按门铃就会听见爸爸那俏皮而欢快的声音“哈哈——回来了啦——回来啦——”，看到爸爸妈妈“咚咚咚”地跑过来开门以及他们的笑脸。有他们在，即使我出差、出国，也不用担心老婆和儿子会孤单寂寞。

于是，我们就拼命地挣钱，2007 年 8 月把同一楼层的斜对门给买了下来。我们想要更好地孝敬父母，让他们和我们一起长期住在北京。

2007 年 10 月，当我们把这套房子装修好准备让父母入住的时候，他们却跟我们说他们不可能长期住在北京，以后也不打算再来了！父母的表态犹如晴天霹雳，让我一下子从喜悦的天堂掉进了悲伤的地狱。我赶紧问父母怎么了，心里有些闷闷不乐。

爸爸说："儿子啊！我们知道你们很孝顺，可是北京这地方真的不适合我们，住不惯，语言又不通。感觉北京人说话嘴巴里头像呛了东西一样，我们说话又不理我们！这种感觉就像蹲监狱一样啊！你看，我住了几个月头发都白了！""就是啊！北京太干，我也总觉得不舒服，我的眼睛都起花花了！"妈妈也焦急地补充说。

听他们这么一说，我才发现爸爸的头发真的变白了，妈妈确实也一直在说眼睛不好，总觉得有蚊虫在眼前飞。我瞬间感到无比惭愧和万分遗憾。无奈之下，我只好打消了留他们常住北京并观看 2008 年奥运会的想法，让他们自主决定。

爸爸妈妈非常开心，那种如释重负的感觉就像被"放生"了一样。他们立刻就给我大姐打电话让她来北京帮我们照看孩子，并让我们马上给他们买回老家的火车票。

送爸妈走的那天，当火车开动后，我的眼泪像决堤的洪水那样瞬间汹涌而出。我没有等姐姐和老婆，一个人径直往回走，任凭眼泪洗刷自己的脸颊。我尽情地哭了很久，因为我知道自己不得不放下，不能再勉强父母了。自己十几年来规划的那个"孝敬方案"，原来只是自己的一厢情愿而已……

现在回看，如果当时我能从这个事件中得到启发，学会去了解别人，懂得真爱，并发现自己的心智模式，明白爱欲真相的话，我在其他方面的抑郁就可以得到缓解或消除。遗憾的是，那时候的我并没有意识到这一点，也不可能举一反三去类推。虽然很有触动，也只是增加了内心的一些遗憾和感慨而已，可以说错过了一次很好的觉醒机会。

读者如何识别爱欲并消除抑郁

首先，我们要发现并改变心智模式，勇敢而真实地承认、面对自己每天所接纳和付出的都不是真爱，而是爱欲的这个事实真相。

在各种场合都能看见我充满个性的胡子

从2004年起，我就试图留了很多次胡子。但是，每次最多坚持一两周后就被迫放弃了。我印象最深的是，每天中午去食堂吃饭的时候，那个打饭的阿姨就会特别遗憾和嫌弃地对我说："哎呀！小伙子！赶紧把胡子刮了吧！多脏啊！"说完，她就做出一副如果我不刮胡子就不给打饭的架势。让我奇怪的是，我居然乖乖听话把胡子刮了。我老婆还开玩笑说："肯定她家有一个闺女，人家老太太看上你了！"

从2016年4月起，我决定不再受他人爱欲的控制，留起了有个性的胡子。现在见到我的大部分人都会羡慕地说："哇，您的胡子好有型，果然是大师风范！"

其次，当我们在对别人好（施爱）或者别人对我们好（受爱）的时候，彼此都不要掩藏。要一起厘清施爱方的哪些想法是真爱，哪些想法是需求和欲望；同时还要一起厘清受爱方需要申明哪些界限和主张。这样双方就会很轻松，没有压力。

例如，本篇中我孝敬父母的两个场景，相对于第一个，第二个场景中我和父母都明确了我想孝敬父母是真爱，但我想让父母常住北京是我自己的心理需求；父母接纳了我的孝敬，同时也明确了不能勉强他们的界限和不愿意常住的主张。所以，在这个问题上我们双方就没有抑郁的情绪了。

老何是我儿子同学的爸爸，因为也是四川人，所以我们互动比较多。老何去年来找我帮忙，因为女儿和他的关系非常紧张，甚至到了敌对和不说话的程度。

原来老何从小就很独立，现在也一直是自己创业。他要求自己的女儿从小特别独立，并经常在别人面前炫耀自己的女儿独立性有多强。其实她的女儿一直很反感这种来自父亲的"被独立"，觉得异常委屈、压抑和愤怒，从而导致了他们父女之间的对立和敌视。

在我的辅导下，老何逐渐明白自己要求女儿独立不是真爱，而是自己的爱欲。于是，他不再要求女儿独立，反而经常询问女儿自己的想法和需求。现在他们的关系已经逐渐缓和变好了。

张若石是8岁小女孩佑佑的妈妈，她也是我"疯说真相"沙龙的"铁粉”。通过不断地学习，从去年到现在，她在家庭和工作中都发生了巨大的变化。她对爱欲的体验颇深，并在生活中随时留意和区分父母及自己的爱欲。她那天在微信群里写道：

张若石（左）和她可爱的宝贝女儿

“每个人生来具有自我成长和积极向上的动力。今天佑佑因为感冒发烧，没去学校。我给老师送一个通知回执，老师把今天的学习任务和作业都交给我，回到家我给了佑佑，告诉她这是今天的作业，别的什么也没有说。佑佑看了几集动画片，然后主动说，看完这集我要写作业了。我说，好呀，也没有任何评判。看完动画片，佑佑果然去认真写作业了。”

“相信孩子，她就会做出值得信任的事情，不用去催促评判。催促看似家长对孩子负责，其实潜意识内所含的是家长对孩子的不信任，认为孩子不会那么好。这段时间，佑佑每天在托管班都是先写完作业，还有时间就运动和玩，回到家也几乎想不起去看电视。邵老师今天也说佑佑有变化，学习跟得更紧了。现在在家她还会主动要求帮忙煮饭拖地洗碗。相信‘相信’的力量，把孩子自己的事情交给她自己做主，家长做到‘不求不给，有求必应’即可。”

“每个孩子都是未知品种的种子，所以不要用固化的思维去评判或限制她。我相信佑佑内心积极向上的力量。现在我要做的，就是不断给她信心和信任，不评判，不限制，也不催促。在她需要帮助的时候我就帮助她，即便她仍然有这样那样的小缺点，我也一样接纳她、爱她，同时让她知道我们可以不断追求进步，但也要接纳自己的不完美，因为没有人是完美的。”

“这篇分享源自我妈妈给我发了一篇文章《写给厌学的孩子，不读书，换来的是一生的底层》。”

“我就一口气给妈妈回了以上那些话。我从来不认为我的孩子是不爱学习的，她相反很有求知欲。对作业的极度抗拒，原因不是孩子自身，而是源自家长们的错误引导。”

“现在，我决心给自己的孩子信任和信心，把那些曾经加注于她身上的负面标签一个个摘掉。”

若石说得特别好，撕掉给孩子贴的各种负面标签就是区分和控制爱欲的最基本、最实效的方法。

这样的方法不仅适用于家庭，也同样适用于工作场合和社会交往的活动中，它会帮助我们建立轻松的人文环境和人际关系，使我们的生活品质提升到一个新的高度。

小提示　本篇发现的心智模式和实修正悟是：爱欲。

3. 慧能：我天生比别人差多少？

小测试 3：内在智慧测试

先想起一件最近让你特别纠结和烦恼的事情，然后闭上眼睛，把右手放在胸前，做三个深呼吸，让自己的大脑停下来，什么也不想。静下来之后问自己的内心，关于那件纠结的事情应该怎么处理。留意并记住你内心冒出来的想法。

回答选项：A. 太好了！问题解决了　B. 有想法，但不知道对不对　C. 没有想法，一片空白　D. 脑子很乱，根本就静不下来

选项说明：

选了 A，恭喜你，你的内在智慧一直都在。选了 B，提示你，要相信你的内在智慧！选了 C，提醒你，你的内在智慧没有打开！选了 D，警示你，你的逻辑太强大了！你的内在智慧已经被完全屏蔽了。

另外，为了便于准确评估，读者可以扫码发“小测试 3”进行互动咨询。

慧能——逻辑和经验封存了我们的智慧

2010 年的一天，5 岁的儿子来到小区广场上，径直走到一个七八岁的小女孩身边。他很想跟这个女孩一起玩，可女孩在跟另外一个同样七八岁的女孩聊天，根本没有在意他。

他突然对女孩说：“小姐姐，你知道吗？我有一个特别好的朋

友！”“是吗？谁呀？”女孩有些奇怪。儿子深情地望着女孩，夸张地说：“就是你呀！”“是吗？我那么幸运啊！”“对呀，我们一起玩吧！”“好呀！”

于是，他们就这样愉快地一起玩耍了……

这个故事是我老婆用不可思议的神态讲给我听的。是的，这很不合逻辑！因为别人又不认识你！小孩子嘛，男女性别不同先不说，关键是年龄还差了好几岁！即使你说了，要是别人就不理你，该有多尴尬！

再说了，那个女孩的行为似乎也不符合逻辑，是不是你的好朋友你不知道吗？干吗还傻乎乎地跟他这个“小骗子”一起玩！

可是，不管我们怎么想，他们就是成功了！而且彼此是那么得开心和享受！让我们不得不佩服小孩子们的聪明和智慧！其实，我们小时候又何尝不是如此呢？

实修正悟 3（慧能）：智慧是人的本能，是一种不需要思考和计算就能瞬间做出评判和决策的超级智能。但是，这种超级智能会随着我们逻辑思维的增强和经验的增多而弱化或掩藏。本书简称其为慧能。

在人类的意识能量中，能量最高的级别是开悟，开悟是人类意识进化的顶峰：无我、合一。生养过宝宝的人都会知道，初生婴儿是根本没有自我认知的，他们不能区分你、我、他和其他事物，所以就是无我、合一的！

比开悟低一级的能量是平和，平和就是感官关闭、头脑长久保持沉默，处于无意识的通灵状态。同样，生养过宝宝的人也都会知道，婴儿在出生前后就经常是这样的状态。

比平和低一级的能量是喜悦，这个不用多说，婴儿经常是充满欣喜和好奇的。比喜悦再低一级的能量就是真爱了，我们已经知道真爱是建立在懂得各种规律基础上的一种高值正能量意识。小孩子恰好是因为逻辑和经验极少，导致他们主观意识极弱，所以特别善于学习和吸收周围事物的规律，因此最能真爱到别人！我家儿子跟姐姐玩的故事就是一个极好的例子。

开悟、平和、喜悦（法喜充满）和真爱（慈悲）就是佛学所说的最高智慧。婴儿一出生就具备这样的顶级智慧是自然选择和进化的必然结果，是对婴儿身体功能低下的自动补偿，否则婴儿就不可能生存。

所以，佛学常说每个人都是本自具足的，都是有佛性的，就是这个意思。大家一定知道最智慧的佛祖叫什么吧！叫“如来佛祖”！“如来”也就是刚刚来到人世的样子。

所以，毫无疑问，智慧是每个人与生俱来的本能（慧能）。我们天生的智慧并不比任何人差！

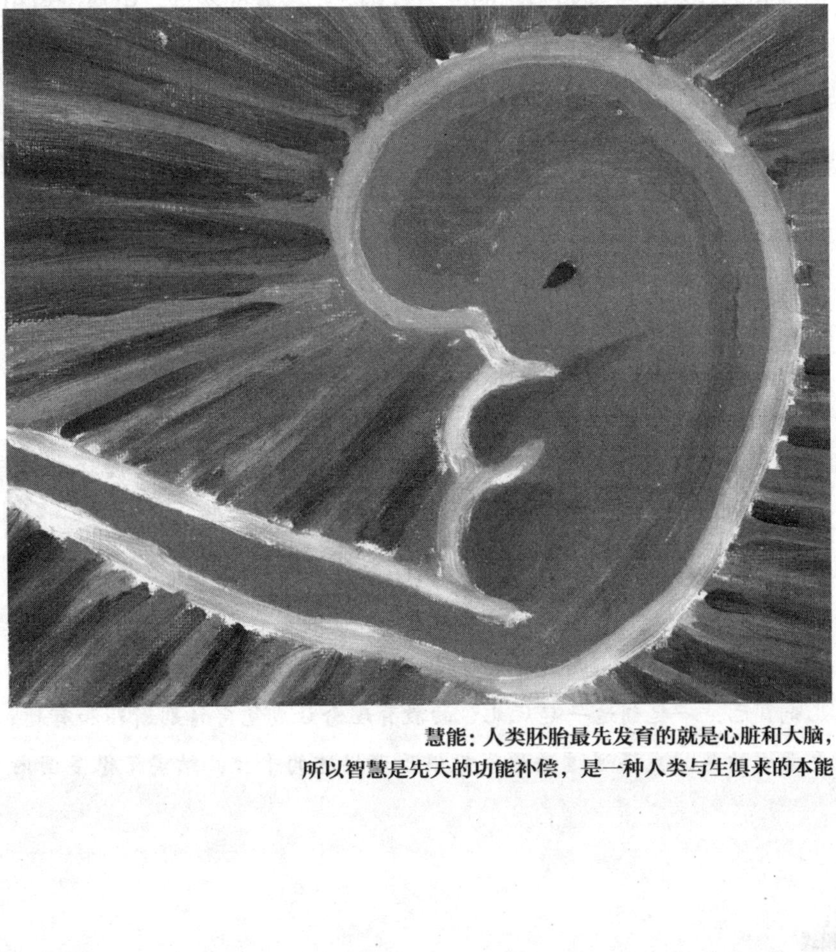

慧能：人类胚胎最先发育的就是心脏和大脑，
所以智慧是先天的功能补偿，是一种人类与生俱来的本能

可是，为什么我们长大慧能就不见了呢？

因为我们逐渐有了自我意识，有了自我意识就开始区分你、我、他了。同时，我们的爸爸妈妈或身边的人还会给我们直接或间接输入很多的观点和意识（爱欲），我们就逐渐有了对错、美丑和好坏的评判，有了逻辑和经验，形成固定的心智模式。

这些固定的心智模式一旦形成，我们的慧能就被逻辑、经验取缔和封存了，即使有时会跳出来，我们也不会相信，所以纠结和烦恼就大摇大摆地不请自来了！

当然，逻辑和经验会极大地提升我们对现有世界的认知和把握，会给我们的生活带来高效和便捷。特别是在人们的沟通和交往中，上面提到的我家儿子跟姐姐玩的故事就是一个极好的例证。可是逻辑和经验也是一把双刃剑，因为它们都是用过去的规律和事实来推演未来，所以也会封存慧能，封杀人们的想象力和创造力。

向婴幼儿学习让我重新开启了慧能

在汶川支教让我特别有成就感，孩子们和校方也特别希望我能继续工作。2012 年春节过后，我本来还想去汶川的，可是老婆不同意，她问我："汶川的孩子幸福了，我们的孩子怎么办？"我一想也是，儿子跟我的关系也不够亲，我得想办法改进才是。可是，我该怎么改进呢？

这时碰巧小区里有一位外企的白领妈妈说她认识一个叫安娜的美女，原来也是外企白领，现在在推广一个提升家庭教育的公益组织，叫浩途家庭俱乐部，浩途就是英文的"HOW TO"。我一听"安娜"和"HOW TO"这么洋气的名字就觉得肯定不错，特别符合咱哥们儿外企精英的范儿，于是就欣然加入成为俱乐部的第六届高级会员。

特别感恩浩途家庭俱乐部的创始人海文颖老师，她们提出的"育儿先育己，一起创造一起玩儿"的教育理念让我觉得特别新颖和有趣。更幸运的是，我还通过浩途家庭俱乐部搭建的平台，结实了很多国内家庭教育顶尖的老师。例如：花径教育的创始人林巨老师、国际华文蒙台梭利协会执行主席苏小妹老师、乐和仙谷的贾海珍老师、广仁书院的黄海红院长和毛毛虫童书馆的张冬老师等。

这些老师的智慧和精华让我脑洞大开，受益匪浅。最让我震撼的是苏小妹老师在嘉林花园的童年小院给我们上的“向婴幼儿学习课堂”。

在这个课堂上，我们听课的人必须要像雕塑一样坐在教室的四周，从头到尾都不能做出吸引孩子的举动或者与他们互动，然后1~2岁的宝宝会被自己的妈妈带来放在教室的中间自由玩耍。

我第一次真切地发现了婴儿在来到现场后，是怎么一点点地从观察和适应现场，到离开妈妈，到自由探索和玩耍，再到碰到意外以后怎么跑回妈妈怀里，然后又逐渐开始探索和玩耍的整个过程。特别是他们在摔倒之后的第一件事根本不是哭，而是先看看妈妈在哪里和有没有人在。

我们和苏小妹老师（前排中）的合影

在苏老师的点评下，我们在场的所有人都生平第一次意识到了原来婴儿是如此智慧。他们的观察能力、学习能力和适应能力是如此强大！这些发现瞬间颠覆了我对家庭教育的理解和看法，也让我对自己的成长经历认知产生了巨大的促进，也为后来我跟儿子的关系改善和我的自我疗愈奠定了重要的基础。

汶川支教让我重新体会到了满满的价值感，两位兄弟的意外身故让我有了重新活下去的理由和决心，而浩途家庭俱乐部就像一扇神奇的大门，让我逐渐看到了怎样可以好好活下去的各种途径和可能。

最重要的是这段经历极大地改变了我的心智模式，让我相信自己从小就有满满的智慧，只不过后来逐渐被蒙蔽了。只要我能把那些蒙蔽我智慧的东西一层一层地剥掉，我身体和心理的病痛就会自然消失。

从那以后，我就开始了一段非常神奇的经历。我开始学会去放下大脑的思考，只是简单跟随自己的内心而行动。现在看来，当我放下大脑的逻辑思维后，原有的心智模式就不再能掌控我了，我的慧能就自然地流淌出来，指引我完成自我疗愈和生命品质的提升。

读者如何重新开启并试用自己的慧能

首先，要相信自己的慧能，也就是说你天生就充满了智慧。

很多佛经都有类似这样的表述：人的内心本自具足清净圆满的智慧，但被深重的烦恼所覆盖，不能显现，所以导致了人生的痛苦。修学佛法就是认清烦恼，开启智慧。

其次，掌握调用自己慧能的简单方法。步骤是：在碰到纠结和问题的时候，先让自己闭上眼睛，放下大脑的逻辑思考，把右手放在胸前，做几次深呼吸，然后让自己的内心给出答案就好。

2012年底的一天，老婆的一个同事给我打来电话。她哭得厉害，说自己遇到了问题，不知道该怎么办了。我让她闭上眼睛，做个深呼吸。她一边哽咽着一边做了一个深呼吸。我说好，再来一次，她又一边哽咽着一边做了一个深呼吸。我听到她哽咽的声音小了很多，就让她再来一次。她又做了一次，然后就突然停止了哽咽，非常兴奋地喊着说："哇，太神奇了，我知道该怎么做了！谢谢你！我要马上去做！"结果我都不知她的问题是什么，她就已经自己解决了。

到现在，我辅导过的这样的案例简直太多了！不管对孩子、同事、父母和爱人都一样适用。每次当他们纠结痛苦和不知所措时，都可以用这样简单的方法帮助他们恢复自己的慧能。

2016年10月，一个姓白的妈妈给我打来电话请教。她说自己两岁的儿子特别爱玩冰箱的门，都玩坏一个了，怎么跟他说都没有用，自己快因为这件事情发疯了。

我叫她闭上眼睛完全放松，把手放在胸口上，然后让大脑停下来，什么也不要想，做三个深呼吸。我让她把自己送回童年，用一个两岁孩子的思维方式、语言和行为去体验玩冰箱门的感受。

她立刻惊喜地发现很好玩，一开门里面的灯就会亮，而且如果大人越不让玩就越想玩。她还发现之前有一个逻辑思维在左右她的情绪："不能跟孩子一起玩冰箱门，那样会很愚蠢。"当她放下这个觉得很"愚蠢"的逻辑时，就立刻拥有了内在的智慧，跟儿子的矛盾也就完全消失了。

后来她在微信里分享说，她听从了自己内在的智慧，开开心心地跟儿子一起玩冰箱门，把冰箱里面的冰袋都拿出来，放了一地。结果儿子就开始把拿出来的冰袋都放回去，还主动把冰箱门关好，并走开了。

在我的辅导下，这位曾经非常焦虑的妈妈很快找回了自己的慧能，并每天在我的疯活群里分享自己的感悟，连续分享了三个月。现在她已经像变了一个人似的，在大V店里创业了，做得风生水起，不亦乐乎。

唐长江发来的微信

在我写这本书期间，远在湖南长沙的朋友唐长江给我发来微信。她很想竞聘自己老家市里的一个很不错的教职岗位，这样有好的工作，还可以照顾自己的父母，希望我在百忙之中给她做个辅导。

我特别喜欢孝敬父母的朋友，凡是跟尽孝有关的，我都会鼎力相助，就打电话给她，教她开启自己的慧能。我问："如果你是面试的评委，当面试者满足了什么条件你就一定会推荐并录用她？"

她回答说："首先，要具备较好的专业知识。"我说："很好！还有吗？"她说："第二，要有非常强烈的意愿。"我说："太棒了！还有吗？"她说："第三，还要有对教育的热爱和激情。"我说："很有道理！还有吗？"她说："第四，还要有非常好的稳定性，不要来了干不了多久就又要调走。"我问她还有吗，她说没有了。我问她："那这几点你都有吗？"她说："我太有了！而且每条都是！"

于是，我就结合她的特点，给了她几点简单的建议，教她怎么更有效地陈述自己的这四个方面。两天后，她发微信感谢我，说她以第一名的成绩入围了。

其实，我也很感谢她，感谢她相信我并使她开启了自己的慧能。我跟她说，希望她能尽快成为当地教育行业的代表人物，如果需要的话，我可以为她提供一些公益支持。她很感动，并说她一定会做到的！

小提示　本篇发现的心智模式和实修正悟是：慧能。

4. 天责：我小时候的虎劲儿咋没了呢？

小测试 4：负责任的程度测试

你通过竞聘，到一家公司上班三个月了。你发现公司的管理存在很多问题，同事们私下里议论纷纷，非常不满，可是开会的时候却没有一个人有勇气把问题提出来解决。你会怎么办？

回答选项：A. 这怎么可以！我要把问题提出来让大家一起想办法解决　B. 这个嘛，得看我的职务高低和薪水多少了，如果值得就把发现的问题提出来　C. 既然大家都不提，我逞什么能，忍忍吧　D. 来错地儿了，赶紧撤

选项说明：

选了 A，恭喜你，你是一个负责任的人！选了 B，提示你，你负责任的程度不高哟！选了 C，提醒你，你很不负责任！选了 D，警示你，你已经习惯了消极逃避！

另外，为了便于准确评估，读者可以扫码发“小测试 4”进行互动咨询。

天责——恐惧和担心让我们失去了责任心

（一）儿子快四岁了，为了不让他沉迷电脑，我和老婆给他定了一些控制玩电脑时间的规矩。一天，一家人正吃着饭，儿子突然看了看我和老婆，然后问我的大姐：“姑姑，您是我们家里年纪最大的吧？”

我们三个大人不约而同地互相对视了一下，想笑，但忍住了。“那是不是咱们家里的人，谁的年纪大，谁就说了算呀？”姐姐看了看我们说：“对呀！”“那等我吃完饭，您再让我玩一会儿电脑吧！”

（二）一天，一家人正吃着饭，四岁半的儿子突然说：“爸爸妈妈，我要宣布一个事儿，我长大了要跟婷婷（幼儿园的同班女生）结婚。”“啊……”我们有些始料不及。“为什么呀？”我们有些忍俊不禁。“因为……因为有三个理由：第一，她很漂亮；第二，她对我特别好；第三，我非常爱她。”“嗯……好……有道理。”我们根本无法抗拒。

4岁多的儿子

（三）在我四五岁的时候，还没有电灯。一天晚上，我们坐在屋檐下乘凉聊天。我突然看见远处山坡上的竹林里发着一道道亮亮的金光，欣喜若狂地跟妈妈说：“妈妈，看！那里有好多的金子！”“孩子，那不是，那是月亮照在竹笋皮上的反光。”“不对，就是金子！哼！不信的话，我去给您捡回来看！”说完，我就向山坡上跑去了……

相信我们每个人小时候都有很多这样的故事。我们稍加总结就会发现，小孩子想要什么，几乎都是这样不管不顾地去“要”，用尽各种办法，直到自己的目的达成为止。

为什么会这样呢?

实修正悟4（天责）：人天生就是负责任的。负责任就是以自己为源头，去实现自己想要的结果。本书简称其为天责。

跟上一篇学到的慧能一样，天责也是我们人类在进化过程中形成的一种本能，而且跟慧能是方向和过程的关系。婴幼儿的慧能就是指引他一定要“活下来”的方向，天责就是坚定地执行并且达成“活下来”这个结果的整个过程。慧能和天责都是自然选择而形成的功能补偿，否则婴幼儿就不能得到食物给养和安全保护，就不可能存活下来。

以自己为源头，就是不管别人和外在的环境、条件怎么样，我们都会百分之百地发挥自己的主观能动性，去创造和追求自己想要的那个结果。

这种意识还不同于执着的欲望，不是一种索取的负能量。有经验的大人会发现，小孩子在摔倒后做的第一件事情并不是哭，而是看有没有人在，有人在就哭，没人在就自己爬起来继续玩。这是一种最灵活、最有效、最明智地利用各种资源和规律来保护自己、真爱自己的随机选择!

而且，不知道你发现了没有?如果没有人在，婴儿还不会执着和纠结于“摔倒了，很疼!”的这个“过去”，而是活在当下，继续创造自己想要的结果——“要好好玩”。这就是慧能在指引他完成自己的天责。

所以天责就是我们人类真爱自己的意识，是500的高值正能量。如果孩子的这种意识和能力能够一直得到保护和维持的话，我们将会创造很多的变化和奇迹。

在婴儿阶段，我们会以自己为源头让自己变得更好、更强和更具竞争力；在幼儿阶段，我们会以自己为源头让自己的家庭变得更好、更幸福和更和谐；在读书的时候，我们会以自己为源头让自己的班级、学校变得更好、更团结和更有荣誉感；在工作后，我们会以自己为源头让自己的企业或单位变得更好、更团结和更有成就感；在社会上，我们会以自己为源头让自己所在的社区、城市、国家变得更好、更和谐和更有责任感，等等。

天责：在婴幼儿时期，我们为了得到一口吃的，绝不会害怕大人的训斥、恶狗的追咬，也不会在乎河水高山的阻隔和烈日狂风的肆虐，这就是天生负责任的精神

非常遗憾的是，在婴幼儿的成长过程中，父母和成年人会根据自己的记忆和经验，也就是心智模式，把一些意识和观念灌输给孩子，目的就是为了让孩子避免遇到一些他们认为不好的结果。这个过程也就是大人把预想的恐惧和担忧转嫁给孩子的过程（各种爱欲）。

随着意识和观念的逐渐形成，孩子的恐惧和担忧也越来越多，也越来越不敢去坚持和争取自己想要的东西了。孩子的天责就这样逐渐被（爱欲）掩藏和消磨掉了。

心灵成长让我找回了天责

在浩途家庭俱乐部的那段时间里，我总能看到很多言谈和气质都特别不一样的人。他们经常会谈到一些让我觉得很神秘的心灵成长的课程，这让我很向往。

有一次我们在北三环的胜古园小区里开沙龙，他们又兴致勃勃地聊起了什么“里程”呀、“家排”呀之类的课程，我便忍不住问了几句。安娜告诉我一个提供这种课程的公司，名字叫“北京诚泉文化”，还说她和老公都上过那里的课程，感觉非常受益。不仅如此，他老公还直接跑到这家公司去工作了。

我当天晚上回家上网查询了一下，发现他们自我介绍的第一句话是：“如果您正在寻找一种完满自我的方式，以便突破旧有模式、旧有局限，或者开创新的可能性，又或者寻找新的目标和方向感，那么，您就来对了地方！”导师主要来自于香港和台湾。了解后，我觉得还不错。正好很快就有一期“探索”工作坊要开课了，于是赶紧报了名。

非常幸运的是，那次的课程是由机构的创始人孔伟良导师亲自主讲的。两整天加三个晚上的课程对我触动之大，可以用亢奋来形容。在近百人参加的毕业分享晚会上，当孔伟良导师把话筒递给我的时候，我立刻即兴吟诗一首——《有那么一群人》。这也让我瞬间成为了这个课程体系中的“人气王”。在那个参加完毕业晚会的雪夜里，我兴奋不已，在博客里写下了以下的文字。

我的重生

2012 年 3 月 14 日，在朋友的推荐下，我参加了北京诚泉文化发展有限公司（以下简称为诚泉文化）的探索工作坊：一个发现自我、提升自我和实现自我的地方；一个崇尚和推行真实、坦诚、信任、守信、负责任，并传播大爱的地方；一个都市里的修心房，一个让心灵得以栖息并变得丰盈的地方。我坚定地认为，这样的工作坊就是中国新文化的“黄埔军校”！

2012年3月18日！
一个从来没有过的，痛快抒发情怀的日子！
一个从来没有过的，尽情展示风采的日子！
一个从来没有过的，如此欣喜若狂的日子！
一个在北京的冬雪中，获得重生的日子！

回首几年来
那些凄迷求索的日子，
那些混沌懵懂的日子，
那些痛苦煎熬的日子，
你们——都给我滚蛋吧！
给我永远地消失在那宇宙的黑洞里！

我终于找到了自己的人生目标，
我要加入诚泉文化工作坊，
成为一名支持人们心灵成长的工作者。
我要听从时代的召唤，
用自己真诚和温暖的爱，
去照亮和点燃那些迷茫的和懵懂的心！

重 生

凄迷求索已数载，抑郁不志空悲怀。
今得诚泉立我志，冬雪难阻春必来。

我和孔伟良导师（左）在 2017 年 6 月的合影

正如我在上一篇里所说的，这是因为我放下了逻辑和评判，跟随自己的慧能，没有任何怀疑和抗拒地走进了这个有些神秘的工作坊。

这个工作坊源于美国，当时的心理学家为解决越战老兵的心理问题，开发了一系列课程，实践应用以后发现效果非常好。不仅如此，专家们还发现这种课程也可以用来给企业管理者做心理梳理和疗愈，让他们得到提升并尽可能地绽放领袖才华。

这个系列课程极大地改变了我的心智模式，让我知道了真正的负责任不是对过往错误的追究和惩罚，也不是一种负担和压力，而是一种活在当下，自己去主动创造的正能量。于是，我决定不再当一个推卸责任、无能为力的受害者，也不再当一个随波逐流、被动适应社会环境的人，而是要做一个积极创造和改变环境的人！

后来我常常拿自己上过的 EMBA 跟这段学习作比较。我上 EMBA 的目的主要是为了扩大圈子和提升学历，这更像是向外寻找的被动适应，而后者则是向内寻找，是找回自己的主观能动性、创造力和领导力，也就是启动了自己的天责，从而开始一段新的、完全不同的人生。

读者如何启动自己的天责

因为我们的天责和慧能是方向和过程的关系，所以要启动天责，就要先启动慧能。慧能就像电脑的系统提示，它一般都会自动启动的。

有一天，当我开着车从小区里出来的时候，发现马路上又堵车了。我便沿着最右侧的自行车道往前开，因为我要赶时间，否则就要迟到了。

这时候，我发现自己的内心有一个声音在提示自己："这样可不好哟！你天天在给别人上课，自己却不遵守规则，这样会有安全隐患，赶紧停下来或者等着并到正常行驶路线里去！"这就是慧能的自动提示。

这时，我的大脑逻辑就跳出来说："走吧！别停！我要赶时间，停下来等着就迟到了！赶紧往前走！"

其实，相对于我们的慧能，我们大脑的逻辑思考和计算能力是很低下的。因为我们的慧能会发现这样做会带来很多风险，并引发不良习惯甚至导致伤亡，但我们大脑的逻辑思考和计算能力却是片面的、没有系统性的。

所以这时候，我只要听从了内心慧能的声音，我的天责也就自然启动了。我就会对自己说："好吧，乖乖地停下来等候并接受迟到的后果，下次要早点出来。"

但是，如果我无视内心慧能的声音，我的天责也就不会启动了。这就像电脑的系统提示被我们人为地忽视或关掉了一样。这时我们就会出现选择障碍，于是我们会犹豫和纠结。这就是我们在上一篇里讲到的，需要我们"主动调用内在的慧能"，然后再由慧能来启动天责。

2016年7月，当我注册好公司，正准备筹建我的工作室的时候，我原来的一个下属，一个21岁的小伙子海龙从成都打来电话说他想过来跟着我一起干。

我的工作室设计的合作模式是只有合伙人，没有需要支付工资的员工和助理。虽然海龙已经有三年工作经验，但最多也就能当个打杂的小助理。这样的话，我需要对这笔预算外的支出负责任，而且也要对这个小伙子的人生和前途负责任。怎么办呢？

我闭上眼睛，把手放在胸口调用自己的慧能。我的慧能告诉我："问他几个最关键的问题，他回答得让我满意就让他来。"

于是，我就问了海龙第一个问题："你有出人头地的梦想吗？"他说："我一直想成为一个知名的大导演！"这跟我做的培训和咨询可以相辅相成，我觉得不错。

"第二，你有渴望快速致富并挣到很多钱的想法吗？""当然有了！做梦都想！所以想去跟您混啊！"我一听，内在有强烈的欲望和动力，很好。

"第三，你有碰到各种困难和问题都不会逃避并知难而上的决心吗？""这个张总您最知道，去年我就是在竞争最激烈的三亚店里拿到了月度冠军的！"是的，这个我知道，为此我还在他奶奶生日那天给他发了一面公司级月度冠军的锦旗。

"第四，你想成为一个知名的大导演，那可否在三天之内自选题材做一部5分钟的短片发给我看。""这个嘛，我还从来没有做过，但我相信我一定能完成。"我说："好！如果三天内，你能在不影响你现有工作的情况下，自己完成这部短片并发给我。我看完如果满意就一定接收你！"

第三天下午的时候他做完并发给了我。我看了看，对于一个从零起步的新手来说还算可以。海龙就这样立刻办完离职手续来北京了。

海龙很有潜质，在给我做助理的近一年中，已经发生了巨大的变化。2017年春节期间，他用无人机航拍了一部家乡的小短片发到了优酷上，现在已经是他们镇上知名的大导演了。

同时，因为我一直在讲授“疯说真相”课程和辅导学员的课程，他也耳闻目睹，受益颇多。我可以说，他已经具备了超越同龄人数倍的智慧和能力，经常一出口就让来访的人大为惊讶。

就在2017年5月31日，海龙刚刚从杭州的二更学院上完影视剪辑课程回来，到我家里分享他的感受。他说，这次学习共有十个组，结果他们组的组长和导演在前两天一直不作为，看到别的组干得热火朝天，自己的组却一盘散沙，连组长的人影都看不到，他觉得自己不能无动于衷，有必要做一些事情。

于是，他便组织其他组员一起开会商量，大家秉着民主的原则，重新选择了小组的负责人。他们小组立刻士气大振，大家团结一致，把前两天拉下的任务补上了。原来不作为的组长和导演也受到感染，重新加入进来。最终他们组取得了最好的成绩。年轻的海龙也成为了本次课程里改变时局的那个最有影响力的人。

在二更学院学习的海龙（右一）

我的老婆和儿子听着海龙的分享都感到非常自豪和激动，并不由自主地鼓起了掌。海龙得意地看着我说："张总，我没有给咱们善疯文化丢脸吧？"我站起来，给了海龙一个大大的拥抱，情不自禁地说："太棒了！太给咱们长脸了！"

我很庆幸自己当时在录用海龙的时候启用自己的慧能，并激发了自己的天责。同时，这样的慧能和天责也神奇般地传承给了海龙，让他能经常调用自己内在的智慧和力量，走到哪里都非常自信和负责任。

我有一位认识很多年的朋友，这几年在婚姻和事业上都遭受了巨大的打击。她参加了几次沙龙，在接受了一次我的单独辅导后，就找回了自己的天责。她激动地分享说：

"亲们，昨天接受了张老师的辅导，非常感动，也受益很多，让我转换了观念。以前觉得任何事情可能成功，也可能失败，但接受了张老师的辅导后，我领悟到我就是一切的源头，我要主动创造自己想要的结果。任何事情都没有所谓的成功与不成功之说，只要把一个又一个问题都解决，没问题了，自然就没'问题'了。"

"同时，张老师也启发了我，就是用多个维度去思考和处理问题，思想一小步，行为改变一大步。什么是多维度，比如我们很多时候有冲突是因为一直在'三维'，如果在对方生气的时候，我们压住自己的火，错开发火的时间点，就成了'四维'了。回顾发生过的事情，从中总结经验教训，以便日后同类事件发生时能够更高效地执行，亦可用于疗愈伤痛，这就是'五维'。这还都需要我去深入体悟和实践。"

"最后，张老师引导我学习了应用部分项目管理应用工具，我心中豁然开朗并踏实起来。术业有专攻，即便我曾在知名咨询策划公司、大型旅游地产公司运营管理中心工作多年，也曾用到过许多项目管理工具，但仍有许多不完善之处。张老师的管理体系从建立认知到实践应用，形成了一个完善的体系。套用一句广告词，谁学谁受益。感恩张老师！亲们！愿我们一路同行，共同成长！”

小提示 本篇发现的心智模式和实修正悟是：天责。

5. 童趣源：我咋没有小时候那么开心了？

小测试 5：开心指数测试

假如现在需要你单独照看一个 5 岁的小男孩半小时。他正在玩乐高拼图玩具，同时嘴里时不时地跟你说话，一会儿让你看看这个，看看那个，你会有什么反应？

回答选项：A. 立刻学着他的样子，跟他一起玩　B. 可以做自己的事情，不过只要他一问话就会认真地回答，并会赞许他　C. 玩自己的手机，他问话时就勉强嗯嗯啊啊地应付一下　D. 烦死了！只要他没有危险就不理他

选项说明：

选了 A，恭喜你，你是一个很开心有趣的人！选了 B，嘉许你，不错，你还有一些童趣！选了 C，提醒你，你比较无趣，不好玩哟！选了 D，警示你，你生活得很紧张，已经远离开心和童趣了！

另外，为了便于准确评估，读者可以扫码发“小测试 5”进行互动咨询。

童趣——被形象和面子赶走的开心

2012 年 2 月 18 日，在参加诚泉文化心灵成长工作坊的一周前，我发了一篇新浪博客文章。

叔叔！叔叔！您看我用买门票吗？

我时常会想念一位外国朋友。他叫 Sture，是瑞典人。

2001 年，我供职于一家总部位于杜塞尔多夫的德国企业，他是那家公司在瑞典的代理商。我们一起在德国接受了约十天的培训。那年，我 27 岁，他 54 岁。我们无所不谈，亲密无间，是快乐、温馨的忘年交。

他身体健康，精力充沛，独自一人驾车 12 小时从瑞典到德国来参加培训。他性格开朗，热情友好，是我们每天往返于宾馆和公司之间的免费司机，还是我们业余时间的德语翻译。实际上，他不太会德语，偶尔还会闹点笑话。他的英文发音也很特别，听起来似乎拐了很多的弯，不但不难听，反而很有趣。

他幽默风趣，爱开玩笑，是我们的开心果。即使是严谨的德国老板在做培训的时候，他的玩笑也照开不误。看着德国老板那不可思议和不知所措的表情，再看看他那张调皮和无辜的老脸，更是让人忍俊不禁。

他十分享受生活。只要一有空闲，哪怕是五分钟，他都会对我说："Michael！走！喝杯啤酒去！"（Michael 是我的英文名。德国公司的办公区和车间里都有啤酒供应。）

他似乎还有些忧国忧民。他很介意瑞典国家人口的负增长，总是建议和鼓励我们移民瑞典。他一喝酒就"蛊惑"我们说："Come to Sweeden！ Free house！ Free car and free women！"（来瑞典吧！免费的房子！免费的车子和免费的女人！）

他很为瑞典自豪。他喜爱他的沃尔沃汽车，喜欢他的爱立信手机，喜欢宜家家居，等等。他还有很好的商业嗅觉。那时他就跟我说一种叫 Absolute 的伏特加酒会在中国有很好的市场，几年后这种酒在中国真的卖得很火，验证了他的判断。

最让我难忘的，是他的一个看似匪夷所思的举动。周末的一天，我们几个人一起去附近的公园溜达。到公园门口时，他突然蹲在地上，一只手不停地晃着我的胳膊，一只手指着门口的“1.2米儿童身高线”说：“Uncle！Uncle！ Do I need a ticket？”（叔叔！叔叔！您看我用买门票吗？）

亲爱的 Sture，好想你！你还好吗？你还是没到该买票的年龄吧！

我和 Sture 在德国的合影

就在我发这篇博客的第二天，我就收到了他的邮件，他告诉我他已经退休了。好神奇呀，难道是我的慧能已经提前知道了吗？哈哈！

我还清楚地记得当时我写这篇博客的时候，胸口还一直在剧烈地疼痛，2月4日因心脏骤停而死去的哥们儿还在我眼前晃悠。2009年，我上完了中国人民大学的 EMBA，就推荐他也去上，结果他和朋友选择了竞争更为激烈的中欧国际工商学院的 EMBA。他觉得自己的事业没有已经成为老板的同学成功，就拼命要成为学习成绩第一的人。结果他做到了，命也真的拼掉了！

同样都是人，为什么老的反而健康年轻，年轻的反而被“挤压”得连命都没有了呢？

实修正悟 5（童趣源）：童趣不仅是天真和无知的表现，也是一种

充满了智慧的生活状态，是解决生活中各种冲突和面对并战胜失败的润滑剂，是我们获得开心和动力的源泉。本书简称其为童趣源。

童趣源是什么呢，就是永远保持一种好奇心，不在乎别人的评价和看法，也就是对判断对错不感兴趣的状态。如果我们去查看人类的意识能量图，就会发现这就是主动和宽容，能量值在310~350之间，是仅低于明智的高值正能量。

一个从树上掉下来的苹果，如果砸到普通人就可能使他恼怒，可是砸到了有高能量童趣源的牛顿就有了巨大的不同。普通人失败3次可能就放弃了，可是有童趣源的爱迪生试验灯丝已经失败了999次，仍然美滋滋地坚持，直至取得成功（也源于慧能和天责的指引）。

很显然，很多科学家们能够克服和消除无数次失败带来的精神痛苦，并最终发现客观规律，让自己的意识能量值逐渐达到400的明智水平。这与拥有童趣源有很大关系。

童趣源：童趣是一种不分对错、脚踏实地的轻松和智慧，相对于孩子而言，大人们往往因为失去了童趣而变得紧张、被动

同样，很遗憾的是，在我们的成长过程中，我们会受到父母和环境的影响，逐渐形成了在乎面子、在乎形象的逻辑和心智模式。这样的心智模式会让我们特别在乎别人的眼光和评价，就会无情地把我们的童趣源从心灵的舞台赶走。

跟我那位死去的兄弟不一样的是，我的瑞典朋友 Sture 就是一个饱含童趣源而且极具影响力的人，他对我的影响非常巨大。在 2004 年至 2011 期间，在跟很多政府高官、富豪、牛人和 EMBA 同学相处时，在我不自信或倍感压力的时候，我都会自嘲是个不懂事的小屁孩儿，并用 Sture 来勉励自己。

现在看来，这种童趣源可能就是我在别人不知道的情况下，能挺过 7 年抑郁时光的重要原因之一吧。

重启慧能让我留下自己的童趣源

真的特别感谢国际华文蒙台梭利协会执行主席苏小妹老师、浩途俱乐部的海文颖老师、瑞典朋友 Sture 和诚泉文化……这些老师和机构都是在我需要的时候出现在我的身边。

Sture 让我早早地知道了成年人可以很有童趣源，但我所接受的教育和文化熏陶让我几乎做不到；海文颖老师提出的“一起创造一起玩儿”的教育理念让我找到最初的理论依据；苏小妹老师的“向婴幼儿学习课堂”让我真切、直观地见证了童趣源的智慧；而诚泉文化的“系列工作坊”让我找回了天责，得到了在这之前已经耗尽的勇气、动力和决心。

于是，我对自己说：“我要做一辈子的孩子，在慧能的指引下，用天责的态度，用童趣源的方式，理清爱欲，用真爱来疗愈自己和帮助别人！”2012 年 2 月，我在博客里写下了一篇寓言。

若若之孩子说

有一个名叫郝愈淳的老人，儿孙满堂，却终日怨天尤人、郁郁寡欢。终于有一天他积郁成疾，躺在床上奄奄一息。冥冥之中，他发现自己的灵魂离开了身体，飘飘悠悠地向天上飞去，最后来到了上帝面前。上帝见他愁眉苦脸，就问：

“你是郝愈淳吗？”

“是，我是！”

“你小的时候是不是叫郝稚惠呀？”

“是啊！我长大后才改成郝愈淳的。这您也知道？”

“我还知道你小的时候很单纯，很天真，还很开心，对吧！”

“是啊……”他想到了自己无比快乐的童年。那时候，他对谁都很真诚，对什么都很好奇，有很多梦想，对人生充满了希望和期待……

“我的孩子，你知道吗？当初你降生的时候，我把单纯、直率、信任、宽容、感恩、真爱和希望都赋予了你，所以你的童年一直充满了幸福和快乐。不过，随着年龄的增长，长大后的你慢慢失去了很多东西，你变得不再单纯，不再直率，不再愿意包容和信任别人。”

“可是……那些都是现实生活和大人们教我的。”

“那你学会了那些之后还快乐吗？”

“不，不怎么快乐了！”

“所以在你结婚以后，我又派了两个快乐的小天使去你家了。”

“啊?！在哪里，我怎么不知道呢？”

“就是你的儿子和女儿！”

他想起了孩子们小时候带来的许多开心和欢笑。

“遗憾的是，后来你不但没有跟他们一起快乐，还固执地认为他们太天真、太幼稚。更不应该的是，你还像你的父母一样，亲手击碎了他们的快乐！”

“那是因为社会复杂、生活压力大。我觉得事业不够成功，不够有面子，我就必须提防别人，伪装自己，所以根本不可能快乐！”

“小孩子有事业吗？有面子吗？他们选择了信任和单纯，所以他们很快乐！”

他沉默。

“后来看到你和你长大的孩子们离快乐越来越远，我又给你们派去了几个小天使。”

“我知道了，那就是我的孙子们。”

“那你跟他们学会快乐了吗？”

他又沉默。

上帝望着旁边正快乐玩耍的几个小天使，说：“猜猜他们多大了？”

“他们？不就是几岁的小孩子吗？”

“有的几百岁，有的几千岁啦，哈哈哈……”

他觉得不可思议，想回头再问问，却发现上帝已经不见了。

正纳闷，突然一脚踩空，他从天上掉了下来。

当他睁开眼睛时，发现他的几个小孙子忽闪着大眼睛，正关注地围在他的床前。

那些单纯、天真、可爱而快乐的面孔似乎刚才还见过。

……

北京平谷的乐和仙谷，我跟孩子们一起玩自然拓印，孩子们在我脸上画画

几天后，派出所来了一位精神饱满、神采奕奕的年轻人。

他要改名字，从郝愈淳改回郝稚惠。

即使现在看到自己当时写的这篇寓言时，仍然觉得很有启发。这篇寓言也是我自己最强有力的一份宣告：我要永远保持我的童趣源！

如何快速找回自己童年时代的开心

首先，要懂得童趣源的理念。不要觉得天真和童趣就一定是无知和滑稽的表现，而且不要太在乎自己的面子和固有的形象。

我原来对美国前总统奥巴马没有特别的感觉，但自从有一次在网上无意中看到他像个孩子一样搞怪的各种图片，便肃然起敬，并喜欢上他了。

在我的生活中，除了瑞典的 Sture 以外，2012 年“十一”国庆节假期间，我也有幸结识了一对超级“老顽童”夫妇。他们也让我深受感染，受益匪浅。我当时还写了如下的博文。

今年国庆长假，儿子的干妈川凤和妻子邀约去山东乳山。我便难得糊涂，百分之百听从差遣。

郝继禹前辈一生坎坷，九死一生，可谓饱经风霜。他的同学、朋友很多早已闻名于政界、商界和文化界，而他却和爱人“采菊东篱下，悠然见南山”，甘之若饴。

郝继禹和他的夫人两位前辈琴棋书画样样精通，瓜菜满园喜于劳作，气度不凡精神矍铄，游玩笑唱慧如孩童。

我和家人颇受感染，醉于熏陶。细思其惠，感激不尽，为此特作诗一首，临行前跪赠予二位前辈。

乡 知

国庆乳山自在游，月圆风清惹人留。
明灯高挂星空际，童颜尽展映美酒。

瓜菜满园春不走，琴棋诗画鉴畏友。
闲情逸致胜世外，高歌狂笑欲何求。

妻欢儿笑心自柔，归期已近意未犹。
唯恐依依返京去，夜夜萧思愁更愁。

山东乳山，郝继禹（在躺椅上的）前辈的家里

其次就是要尽量多跟一些有童趣源智慧的人学习和互动。

在婴幼儿教育界非常知名的苏小妹老师已经快 70 岁了，每次见到她，都神采奕奕，可爱得像个小女孩。我总是淘气地跟她说："我才五岁。"她就会很洋洋得意地说："哈哈，我六岁，比你大一岁！"

广仁书院的黄海红院长也年近半百了，但精力旺盛得像个小丫头。我原来做过一段时间的儿童阅读推广工作，注册过“故事舅舅”的品牌，一见面或通电话，她都会亲切地管我叫“他舅舅”。哎呀，那种感觉简直是太美太甜了！

2016 年的最后一天，我有幸应海文颖老师的邀请去做浩途导师选拔的评委。有一位参选者设计了一个让我们觉察内心自我认可的体验。我们所有的人都要两两组合，一个人做普通的“自己”，一个人做内心的那个“观察者”。活动开始后，“自己”可以随意做任何举动，并不时回头去看看那个“观察者”。“观察者”必须全神贯注地看着那个“自己”，而且无论他做了什么，只要他一回头，就必须用眼神肯定他，并竖起两个大拇指以示鼓励。

更为荣幸的是，我跟海老师做了搭档。我先做“自己”，我摸摸这儿，碰碰那儿，觉得自己就已经太调皮和好玩了。好了，轮到我做“观察者”了。刚开始，我只是想完成规定的任务，给海老师眼神肯定和竖大拇指鼓励她。结果，做着做着就发现她真的太有创意，太会玩了！她居然会做出各种搞怪的打人和欺负人的动作，我用眼神肯定和竖大拇指真的变成了发自内心的欣喜和赞赏……

海文颖老师是一位非常杰出的导师，每一天都活出了她所提倡的“一起创造一起玩”的精神，不仅跟自己的孩子和家人，还有同事和朋友。从那天起，大家便有了“女好玩”海老师、“男好玩”张善疯的说法。我也特别喜欢跟海老师在一起的感觉，简直太开心，太嗨了！

其实，每个人的内心都有一份永远不可抹去的天真和童心。一旦我们自己勇于活出童趣源，就一定会有很多人欣赏和追随的。

2015 年我过 41 岁生日的时候，看到老婆和儿子给我准备的生日蛋糕，我开心地做了好多鬼脸，并把他们给我拍的各种做鬼脸的照片发到了朋友圈，结果得到了102个赞和426条评论和祝福。大家都在羡慕地表达着同一个意思："天哪！这哪是41岁，简直还不到14岁！"

和海文颖老师（左二）一起"砸金蛋"（被砸的人叫大金）

最后，就是要放下怕丢面子和破坏形象的心理包袱，多做尝试和训练。

2017年3月28日，杭州西湖边的一个酒吧里，我和几个学员相约在此观看中国队与伊朗队的足球比赛。他们觉得我的生活充满了童趣，无拘无束，非常开心，就很羡慕我，希望我帮助他们突破自己，找回快乐。

我说："好啊！我们一起来玩'猜骰子'吧。谁输了就站起来面对所有人大喊一声'我是猪！'怎么样？"

他们看了看，满满的一屋子人，眼睛里露出了胆怯和犹豫。我说："你们不是想要突破吗？"他们愣了愣，咬牙点点头。

第一轮是我的助理李晶老师输了。她在我们的哄笑和撺掇声中"颤颤巍巍”地站起来，偷偷地看了看旁边的人，然后闭上眼睛大吼一声：“我是猪！”结果让她异常惊讶和意外，因为几乎没有一个人在注意和观看她。她用手摸了摸自己的前胸说：“哈哈，看来我们的很多担心和恐惧的确是多余的！”其实别人真的没有像自己想的那样在乎自己。

后来我们不断升级挑战，谁输了就要走到一个随意指定的陌生人跟前，跟他认真地说，自己是头猪。再后来就是必须要去亲吻一名陌生异性的手……

那天，我们一直玩到了夜里1点多，大家感受颇深，都说放下了很多无谓的顾虑和担心，真的体会到**童趣源**的原理，享受到了久违的开心和童趣。

小提示 本篇发现的心智模式和实修正悟是：童趣源。

第二章
心智梳理：系统漏洞检测

2012年4月6日，我在新浪博客里写道：

东山再起

感谢诚泉文化工作坊带给我的转变和力量！

我突然发现，原来社会生活中的每个人都是真诚和有爱的！我不再感到孤独、无助和绝望，取而代之的是，心中充满了感动、温暖和力量！

为此，我决定立即结束第二次职业休整期，再次出山！而且这次又是一次大转行，我要坚定进军教育和培训行业，用自己的真诚和爱去照亮更多的人！

我是一个自信、真诚、坚定、有爱、负责的男人！

我要坚持我的梦想和真诚，直到生命的最后一刻！无论遇到多大的险阻和压力，也绝不退缩！

工作坊的学习让我如梦初醒，发现了自己的心智模式，找回了曾经的自信和力量。于是，我决定在慧能的指引下，用天责的态度，用童趣的方式，理清爱欲，用真爱来疗愈自己和帮助别人。

这是一个非常神奇的开始，就像做了系统还原后的电脑，开始了系统漏洞检测，查杀病毒和安装防毒软件。

6. 压能：我的负能量是怎么来的？

小测试 6：欲望指数

我想要挣更多的钱，我想升职或自己创业，我要买大房子和高档汽车，我要好好孝敬父母让他们健康长寿，我想要完美的爱情和婚姻，我要让孩子过得幸福健康，我要让身边的人看得起我，我要做家族里的佼佼者并给父母争光，我要有自己的思想和事业，即使不能流芳百世，也绝对不能碌碌无为。

回答选项：A. 一条也没有　B. 有两三条　C. 有一半以上　D. 全部都有

选项说明：

选了 A，哇！真的吗？你快成佛了，哈哈。选了 B，恭喜你，清心寡欲，状态还不错！选了 C，提醒你，你的欲望不少，压力会比较大哟！选了 D，警示你，你的欲望很多！压力一定很大！

另外，为了便于准确评估，读者可以扫码发“小测试 6”进行互动咨询。

压能——欲望主导和制造的负能量

1993 年 7 月底，我的高考成绩出来了，458 分，上大学本科没戏了！班主任跟我说：“专科就别走了，复读一年！明年上个重点本科吧！”“不！必须走！专科走不了，中专都要走！”我毫不留情，斩钉截铁地说。

其实，高中生活真的是我人生中最黑暗的一段记忆。那段时间带给我的压抑和负能量至今都没有完全消除。用一句话来概括就是，不管我有什么想法和欲望，凡是跟高考和学习无关，都会被压制。这种压制让我的内心积蓄了巨大的恐惧和负能量。

首先被完全限制的就是身体自由。每天早上 5 点必须起床去学校出早操、上早自习，迟到了就要被无情地惩罚。上午四节课，下午三节课，晚上有晚自习，10 点才下课，回家还要学习一两个小时。每周仅有周六晚上和周日下午不到 4 小时的时间可以自由安排。

其次就是注意力和状态被强行管制。上课只要注意力不集中或状态不好，就会惹老师大发雷霆或被点名批评，严重时还会被拳打脚踢。

第三就是目标的管制。目标是唯一的，就两个字：成绩！考得好时，老师会说不能松懈，毕竟还不是高考；考得不好时，肯定会挨白眼、挖苦和训斥。然后，就是题海战术，不停地背书，做题，背书，做题，再背书，再做题，然后就又考试了！

还有就是兴趣和爱好的被管制。凡是跟高考无关的爱好，例如微机、声乐等，都会被禁止或劝阻。最可气的是，从高三开始连体育课都没有了！更可怕的是，我还在和一个女生偷偷地谈恋爱，那种压力跟地下党在国统区生活的压力简直是一样一样的啊！

最可怕的就是不能痛痛快快地释放被积压的负能量。每周六下午下课后，我都会去操场上打篮球，因为那是释放积压能量的唯一方式。遗憾的是，每次当我尽兴后回家，都会因为回家吃饭晚了而受到父亲的责骂，而且是当着别人的面被父亲用手指着……

20 多年过去了，我还会经常从高中考试做不完题的噩梦中惊醒。如果人生可以有选择性地保留记忆的话，我一定会立刻删除掉高中的那三年，因为那种各种想法和欲望都被压制（老师和父亲的爱欲）的感觉实在太憋屈、太难受了！

实修正悟 6（压能）：人天生是充满了正能量的，人的负能量不是生而有之的，而是人的欲望受到压制后才产生的。本书简称其为压能。

我们已经知道了慧能，它告诉我们，智慧是人的本能，也就是说人天生就具备正能量，这是自然选择和进化的结果。

压能：如果你的想法和别人的一样，就不会产生负能量（上面的三人之间）；相反，如果你的想法和别人的不一样，不管你是正方还是反方，都会产生负能量（上面和下面的人之间）

人的负能量意识有哪些呢？分别是：骄傲（175）、愤怒（150）、欲望（125）、恐惧（100）、悲伤（75）、冷漠（50）、内疚（30）和羞愧（20）。

很显然，欲望本身就是一种负能量。什么是压制呢？准确的解释就是，用这些负能量意识来对待欲望的行为。

在上面我讲述的高中经历里，我的很多学习以外的欲望都被老师和父亲用限制（恐惧 + 欲望）、反对（欲望 + 愤怒）、责骂（愤怒）和惩罚（欲望 + 愤怒 + 骄傲）等方式强力压制了（是爱欲，而不是真爱）。这势必会产生巨大的压能。

如果人的欲望越多、越强，而且同时受到的压制也越多、越强，就会形成很多、很强的压能。这种压能一旦爆发出来，就会形成复杂而且强烈的负面情绪。如果受压制的时间较长就会形成扭曲的心智模式，甚至产生严重的抑郁情绪。

我决不会让孩子在压能中耻辱地生活

为了便于大家直观地理解压能产生的过程，我们一起来看一个非常熟悉的家庭生活场景。

东东上小学四年级了，他放学回到家跟妈妈说："妈，我现在不想做作业，我想先出去玩会儿！"（这个想法是欲望，能量值为 125，属于负能量。）

东东妈妈一听，立刻就火了，说："不行！必须先做作业！"（这个意识是愤怒 + 欲望，能量值为 150~125，属于负能量。）

东东惊恐地愣了一下。（这个意识是恐惧，能量值降到了 100，属于更严重的负能量。）

东东妈妈气还没消，接着吼道："听见没！做作业！"（这个意识仍然是愤怒 + 欲望，能量值为 150~125，属于负能量。）

东东像是被什么扎了一下子，哭了起来。（这个意识是悲伤，能量值降到了 75，属于更严重的负能量。）

东东妈妈见孩子哭了，更撮火了："哭什么哭！哭也没有！必须做作业！"（仍然是愤怒 + 欲望，能量值为 150~125，属于负能量。）

东东已经没有反应了。（这个意识是冷漠，能量值降到了50，属于更严重的负能量。）

东东妈妈见孩子没反应，就接着说："唉！你看人家小明多听话！谁像你这样！"（这个意识是恐惧和悲伤，东东妈妈的能量值也因为东东的能量值降低而降低到了100~75，属于更严重的负能量。）

东东听妈妈这么一说，只好说："妈妈，我错了！"（这个意识是内疚，能量值降到30，更低了。）

东东妈妈听了忍不住说："知道错了你还这样！我和你爸养你容易吗？啊！早知道这样，就不生你了！"（这个意识已经接近冷漠了，能量值降到50。）

东东低着头，哀怨的眼神里充满了深深的羞耻感，恨不得一下子从窗户上跳下去。（这个意识是羞耻，能量值20，已经降到了人类意识的最低点。）

这时候一阵绝望和内疚（能量值30左右）的感觉同样也占据了东东妈妈的心……

大家看了这个过程是不是倒吸一口凉气？没错，这就是现在很多家庭中，家长和孩子沟通的现状，也是每年都有那么多孩子选择轻生的主要原因之一。所以，很多专家都在竭尽全力地讨伐和制止这种羞辱式的教育和沟通方式！这对孩子身心健康的危害简直太大了！

在诚泉文化的工作坊里，导师会引导我们去回忆父母和他人曾经给自己造成的伤害，并指引我们进行负能量释放和疗愈。我很庆幸自己能通过这样的培训及时发现这样的规律和心智模式，才让我不会再用这样的方式对待我的孩子。

读者如何避免或减少产生压能

第一，要减少欲望。欲望分两种，一种是自己自发的欲望，另一种是控制别人或自己欲望的欲望。

例如：上面的东东如果没有想先出去玩的欲望，或者东东妈妈没有不让东东出去玩的欲望，就不会产生冲突和压能。

宁春云是我在2012年做阅读推广项目时的同事。她是一个15岁男孩的妈妈，现在在一家防伪公司里做销售总监，是防伪科技行业里的一名资深应用专家。从2016年年底开始，她就经常来参加我的沙龙。

防伪资深应用专家宁春云

她说因为自己的担心很多，每天在单位和家里，总会有意无意去干预（欲望）别人的想法（欲望），所以自己积压的负能量太多了。她说每次来参加沙龙都可以纠正自己的很多观念和意识，可以释放很多负能量，进而缓解压力。同时，回去后的一两周内，她也会刻意不去压制儿子和下属的想法（欲望），自己的状态就会好很多。但是，时间一长，他就控制不住，忍不住又要去干预别人，自己的负能量又多了，然后又赶紧来参加我的沙龙充电，吸收正能量。

第二，就是要有意识地用正能量来对待别人和自己的欲望。多用本书中的**真爱**和**爱欲**等实修正悟来进行处理。举例如下：

上面的东东如果是**真爱**妈妈，就要懂得妈妈的心智模式（**真爱**）和需求（**爱欲**）。他可以说："妈妈，我知道您特别关爱我并操心我的学习（认可和接受妈妈的**真爱**），我今天学习了一天，感觉压力好大，我现在想下楼去放松一会儿（说出对自己的**真爱**）。您放心，我保证会在8点之前做好作业的！"（满足妈妈的**爱欲**）

反过来，上面的东东妈妈如果是**真爱**东东，就也要懂得东东的心智模式（**真爱**）和需求（**爱欲**）。在听到东东的要求后，她可以说："东东，妈妈理解你每天的学习压力很大，而且爱玩也是孩子的天性，妈妈也希望你能出去放松一下，但完成作业也是你自己的分内职责哦，你只要保证能在睡觉前把作业做好就可以（**真爱**），具体时间你就自己安排吧！"（放下了**爱欲**）

除此之外，还可以用正能量的**慧能**、**天责**和**童趣**来进行处理。当然，肯定是能量值越高的处理方式，效果就越好。

第三，对于已经产生的压能，要学会经常释放。

2017年4月的一个周六，我借用了北京一所高校的心理咨询室，组织一些学员进行了一次压力释放训练。释放结束时，大家都特别轻松，每个人都情不自禁地用一首欢快的歌曲表达了自己的心情。其中，王欢欢和赵俊梅两名学员是专门从天津和石家庄赶来的，她们都说回去也要开沙龙，把学到的东西让身边人受益。

另外，也要避免用一些类似于道德的信念来长期压抑自己。

释放后每个人都异常轻松、神采飞扬，后排左二、左三分别是王欢欢和赵俊梅

因为要闭关写书，整个5月我都没有亲自开沙龙，而是推荐了几名已经学得不错的学员自己来主办沙龙。其中第一期是朱去疾主讲的，他的名字一看就很特别。他家是贵族和高级知识分子世家，现在在信诚人寿保险有限公司做顾问。他的学识很渊博，而且思维很通透，是少有的能懂我比较多的人。我们一见如故，便邀请他来做我的合作人。

在他主讲的时候，我正好写书也写累了，就跑过去看看。那天来的人虽然不多，但朱去疾讲得却很好。还有两位大姐说她们是从外省来的，其中有一个一见面就亲切地招呼我，我想不起来就问她是谁，这才知道她是我一个学员的妈妈。

她说自己从外省来北京工作主要有两个原因：一是为了离孩子近，另一个就是想经常来参加我的沙龙。因为他的儿子就是因为参加我的沙龙后，发生了巨大的改变。她是一名医生，从小就对儿子有各种各样的干预，导致儿子虽然很优秀，却过得特别压抑（欲望被各种压制）。

前一段时间，她发现儿子有时候跟自己的沟通变得主动和轻松了很多，觉得很奇怪，一问才知道儿子每次参加了我的沙龙后，跟她的沟通就会好一些。于是，为了摆脱以前的压抑，能与儿子长期拥有轻松和谐的关系，她就亲自来参加我的沙龙了。

很特别的朱去疾

其实我一看就知道她自己从小也过得非常压抑，而且从她的话语中得知，这些都源自她已经去世的母亲。为了更好地帮助她，我让跟她一起来的朋友扮演她妈妈，让她从说“妈妈我恨你”开始，来做一些释放。她不愿意，也不敢说。最后在我的再三鼓励下，她终于去掉了“不能恨妈妈”这个关乎道德的信念，发自肺腑地喊出了压抑自己很多年的一句话：“妈妈我恨你——真的很恨你——”接着，她哭得一塌糊涂，甚至要瘫软在地上。在释放了被压抑的负能量后，她反而理解了自己的妈妈，并在内心对妈妈充满了愧疚和感恩。

其实，像她和儿子这种情况在我们的生活中非常普遍，面对这种来自长辈的压制，我们可以独自或在可信的人的陪伴下，采用非现场的方式进行控诉或释放；否则自己就会用类似“不能恨妈妈”这样的道德观念来长期压抑自己，从而使问题不断被放大，最后形成非常巨大的压能。

小提示 本篇发现的心智模式和实修正悟是：压能。

7．失衡：我总是爱发脾气怎么办？

小测试 7：脾气指数

你平均多长时间发一次脾气？

回答选项：A. 几乎不发脾气　B. 大概一个月　C. 每周都会有　D. 每天都有

选项说明：

选了 A，恭喜你，太棒了！选了 B，嘉许你，心态还不错！选了 C，理解你，你积累的负能量已经很多了！选了 D，抱抱你，你的能量已经失衡了，需要专业的辅导。

另外，为了便于准确评估，读者可以扫码发“小测试 7”进行互动咨询。

失衡——脾气爆发的元凶

2008 年之前，我一直是一个典型的路怒症患者。但是，那时候我自己并不知道，也没有觉得自己有问题。

那时候，我老婆只要一坐上我的车，就会摇着头在一旁感慨说：“你吧，不开车时，是挺好的一个人，温文尔雅，又绅士，多好。可一开车，就瞧谁都不顺眼，嘴里还骂骂咧咧的，就像个痞子！真不明白是为什么！唉……”在老婆的眼里，开车的我和平时判若两人，简直不可理喻！每当这时候，她都会觉得很难受，毫不夸张地说，开车时坐在我旁边，对她来说就是在忍受煎熬！

我大姐的女儿叫王欢，在绵阳上大学。夏天到了，她正好利用暑假的时间来北京玩。我开车去西客站接她，一开车，我的路怒症就犯了。这可把王欢吓坏了，她从来没有见过这样的舅舅。自从大学毕业后，我就成为家族里的领袖，一直是晚辈们崇拜的偶像。

王欢忍了很久，最后终于忍不住了，鼓起勇气，看了看一脸铁青的我，怯怯地说："舅……舅，我能给您……提个意见吗？"我正憋着气，猛然听见外甥女这句话，心里更不痛快了，心想："意见？哼！一个黄毛丫头还要给我提意见？"

可是，一想这孩子刚到北京，又是女孩，总得给她留个好印象吧。于是，我连连咽了两口唾沫，强压着火气，慢慢地说："啊！什么意见啊，说来听一听。"年轻就是好，王欢清了清嗓子，双眼看着前方，镇定而清晰地说："我觉得您总是拿别人的错误来惩——罚——自——己！"她还故意强调了"惩罚自己"四个字。

我家的大合影，前排右二是外甥女王欢

“啊——”我感觉像被人重重地击了一拳，猛地震了一下，右脚差点下意识地踩了急刹车。我悄悄地松了松方向盘上刚才瞬间握紧的双手，扭了扭脖子，把自己的身体正了正，定了定神，柔和地说：“是吗？什么意思，说来听听。”

看见我不但没有生气，反而亲切一些了，王欢就更大胆了。她说：“您看吧，别人不好好开车，本来是他们错了，可是您却这么生气。您这一生气吧，只是您自己难受和受罪，人家犯错误的人连知道都不知道。您说您这不是拿别人的错误来惩罚自己，又是什么呢？”

“啊……”我惊讶得张大了嘴巴，想说点什么又没说出来……

外甥女王欢的建议当时给了我非常巨大的冲击，让我对自己开车时的状态有一些醒觉，也让我的路怒症得到了一些缓解，但并没有从根本上解决问题，因为我并没有找到真正的原因。那么真正的原因是什么呢？

实修正悟 7（失衡）：一个爱发脾气的人，其脾气爆发的主要原因，不是诱发其情绪失控的事物本身，而是因为他内在积累的压能太多，使他的心态和能量会随时失去平衡而导致的。本书简称其为失衡。

我们在上一篇实修正悟 6 中知道了当欲望受到压制时就会产生压能。事实上，受压制的强烈程度、频率和时长不同，被压制者所产生的压能也不一样。

如果压制强度不大，频率不高，时间不长，那么产生的压能就不多、不深，被压制者可能当时就通过反击（欲望）、愤怒或藐视（骄傲）的形式直接释放掉了。

如果压制强度比较大，或者是多次重复，或者时间比较长，被压制者当时没有能力进行释放或化解，那么被压制者就必须找到一些逻辑信念（意识）来让自己接受这种压能。例如：我不能反抗，要不然会更倒霉（恐惧），或者是算了吧，反抗也没有用，我就是倒霉的人（悲伤）。这样，这种压能就被记忆和储存起来，如果长时间没有释放和疗愈，就会产生抑郁的情绪。

如果压制强度很大，并且是多次重复，而且时间比较长，那么产生的压能就会很多、很深，导致被压制者当时更加没有能力进行释放或化解，那么被压制者就必须找到一些更加强烈的逻辑信念（意识）来让自己接受这种压能。例如：是的，这就是我的命（冷漠）；或者，没错，我真的就活该这样（内疚）；又或者，没事，反正我的脸早就丢尽了，大不了不活了（羞愧）！同样，这种压能也就被记忆和储存起来。不同的是，这种情况下产生的压能因为很深，所以一般很难释放和疗愈，几乎都会导致抑郁症的产生。

失衡：我们在跟长辈、师长或上级等互动中产生的负能量会形成负能量云，一旦被触发就会汹涌而出，并常常让当事人大惑不解、不知所措

这些靠特定的逻辑信念储存的压能就像一颗颗手榴弹，挂在了我们身上，那些特定的逻辑信念就是拉环，千万不能移开；一旦移开，存储的压能就会立刻变成负面情绪爆发出来，压抑得越多、越深、越久，爆发得就会越频繁、越强烈、越可怕。

那么，这些逻辑信念在什么情况下容易被移开呢？主要有4种情况：一、睡梦中，大脑意识处于休息状态；二、酒后，酒精抑制了大脑的意识；三、自己认为没有必要避讳的人，例如最亲近的人（如何也不会嫌弃自己）、没有关系的陌生人、不在现场的人，等等；四、精力不够的时候，例如太忙、太累等；五、自己认为绝对安全的场合，例如独处时，和知己或心理专家相处时等。

在上面的故事中，我首先是个抑郁症患者，内心储存了大量的压能，所以在开车的时候，如果是一个人，或者车上坐的是我认为没有必要避讳的人，我内在存储的压能就会立刻借助别人的一些违章行为迸发出来（失衡），这才是路怒症患者的真实心智模式和形成原因，也是很多所谓“垃圾人”形成的原因。同时，这也是为什么人们总是会跟亲人发脾气的原因。

层层疗愈让我剥开了心底最致命的失衡

诚泉文化的“心灵成长工作坊”是一个系列课程。课程的第一个阶段叫“探索”，旨在让学员发现自己的心智模式；第二个阶段叫“蜕变”，旨在让学员突破和改变自己的心智模式；第三个阶段叫“里程”，让学员用三个月的时间在现实生活中实践改变并固化新的心智模式。这三个阶段的课程都是基础课程。

除此之外，还有一些“亲密力量”“心灵战士”“大师”和“智泉”的课程。它们分别是进一步提升和疗愈夫妻关系、团队合作、导师培养和灵性成长方面的内容。因为这个系列的课程让我受益巨大，所以打算学完全部系列课程，并成为诚泉文化的一名导师，帮助更多的人。

2012年5月，我当时已经进入了第三阶段的学习。可是，我知道，虽然已经做了不少压能释放和疗愈，但我内心压抑得最深的那个部分，那个最让我绝望并希望因此死掉的部分仍然不敢去碰。于是，我又走进了那个叫“大师”的工作坊。

在这个工作坊里，在很多冥想疗愈的景象里，我发现自己的世界不是彩色的，而是完全黑暗和压抑的。一闭上眼睛冥想，就会出现很多黑压压的山峰，这让我的内心非常焦急和无助。我故意跟导师对抗，希望他能尽快帮我打开心门，解决我的问题。可是，当真正的最合适的机会来临时，我的内心又选择了躲避和放弃。

2012年，经常有刚认识的人会看着我的眉头说：“兄弟，你的眉心之间有一条深沟，说明你心里一直压着一件大事！”

每次听到这样的话，我的心里都会一紧，胸口瞬间疼痛起来……

2012年9月重阳节，我们组织了一场大型社会公益活动，给到场的99名老人用一种叫“曼陀罗”的游戏测试心智模式，并发起了让社会关注老人内心世界的号召

是的，每当这个时候，我的内心就会有非常强烈的情绪涌动，但几乎立刻就被制止了。就像有人想去拉那颗手榴弹的拉环，但瞬间就被几个人用枪指着头一样，再也不敢动了。

就是因为这样的伤痛太深，压抑太久了，压抑到自己宁愿死掉也不敢去揭开这个伤口，从而导致自己的心态和能量场失衡。即使面对专业的疗愈，也很难让自己把死死捂了几十年的手放开。

现在回看就知道原因很简单，因为压抑和抑郁是一个长期渐变的过程，所以疗愈也会是一个长期渐变的过程。人的意识能量是一点点地被压低的，也只能一点点地被提升上来。

读者如何判断、防止和避免能量失衡

首先，在本章开篇的小测试中，如果你的回答是C或者D，那就表明你已经失衡了。

防止失衡的方法就是适当去掉那些封存压能的逻辑信念，让自己的心态和能量恢复平衡。

在闭关写书期间，健康天使白彦旭也在我的工作室开了一期生命能量的舞蹈课。我也忍不住去跳了一会儿，感觉太棒了。

结果，我被几年前的一位学员亚楠给紧紧地抓住了。她说自己现在状态非常糟糕：相处好多年的男朋友分手了；虽然一直是公司的业绩冠军，可自己非常厌烦现在的工作，辞职又辞不掉，每天还得去上班。她恳求我一定要帮帮她。

我让她抬高左手，问她："你想不想放松一下，不去上班了？"她说："太想了啊！我天天都想！""那你为什么又去上班呢？""因为要挣钱呀！"我说："好！你的左手就一直举着，因为你'要挣钱'的逻辑信念压制了你内心的真实感受和想法。"

我又让她抬高右手，问她："你想不想放松一下自己，不去上班了？"她说："想啊！""那你为什么又去上班呢？""因为要证明自己

有价值呀！”我说：“好！你的右手也就一直举着，因为你‘要证明自己有价值’的逻辑信念压制了你内心的真实感受和想法。”

我又让她抬起左脚，问她：“你想不想放松一下自己，不去上班了？”她说：“想啊！”“那你为什么又去上班呢？”“因为领导说不能对不起公司的培养！”我说：“好！你的左脚也就一直举着，因为你‘不能对不起公司的培养’的逻辑信念压制了你内心的真实感受和想法。”

看着她“金鸡独立”，勉强支撑的样子，我问她：“累不累！”她说：“累！太累了！我每天就是这个样子的！”我说：“那怎么办呢？”她愣了愣神说：“我不听别人的了，我要听自己的！坚决先不上班了，让自己休息一下！”说完，她就把手脚放下来，恢复了正常的姿态和轻松的神情。

当天舞蹈后的合影（左四是白彦旭，右一是亚楠）

在我们的生活中，像亚楠这样的情况太普遍了。大家几乎都处在了失衡的边缘。后来，我引导她调用自己的慧能和天责，她才发现自己有过很多不应该有的言行，把爱了自己多年的男朋友给气跑了。她终于坚定了自己内心的真实想法。

避免失衡的思路就是不断释放负能量和吸收正能量。我的总结只有简单实用的五个字："每日进销存"。

"进"：就是可以阅读高能量的经典书籍，欣赏高能量的音频和视频，参加高能量活动，例如参加有益的学习和沙龙，去寺庙和教堂接受洗礼等。

"销"：就是释放自己的压能，例如接受心灵辅导、运动、唱歌、倾述、酒后发泄、享受性爱、忏悔等。

"存"：就是总结自己的疗愈体验和过程，不断发现旧有心智模式的偏颇之处，建立新的心智模式。

李晶老师几乎每天都坚持做功课，即使现在因儿子佳承"小升初"，全家搬去了杭州，也每天照做不误。摘自李晶的微信分享：

"每日打卡Day24。进：听一遍'真相29'。销：唱歌。存：写一篇感悟。读书：《双向养育》P302~317。英语：口语打卡第8天。"

李晶老师现在被尊称为"大师姐"，颇受大家的尊敬和信赖。我欣喜地感受到她的能量场已经从去年的大起大落，每天都需要肯定，变成了现在的起伏不大和宠辱不惊，虽然还是会经常掉眼泪，却已经是"疯活群"里最稳定的正能量创造者之一了。

汪奉民是我儿子同学钧钧的妈妈，她也跟李晶老师一样，几乎每天都坚持学习和分享。摘自于5月24日她在纷享销客里的分享：

"意外收获，钧钧让我每周周末教他做一两道菜，他说要学会照顾好自己，还想把我学的'疯说真相'也慢慢学学。儿子说我现在不发脾气，还很会说服人，肯定是学了什么秘籍。我听了很开心，自己的转变儿子都看出来了，儿子说要向我学习，有主见，有情商，充满智慧地生活。我一定把秘籍都教给他，钧钧一定会青出于蓝而胜于蓝，我对他有信心。”

汪奉民和儿子钧钧

其实，从去年起，为了便于支持大家学习，我购买了纷享销客的1000个账号，用于支持公益学员们发日志、任务，分享并接受我的点评，跟进和下发新的训练指导，等等。现在已经有100多名公益学员在长期使用和练习了，他们的身心健康和生活品质都在短时间内有了巨大的提升。

小提示 本篇发现的心智模式和实修正悟是：失衡。

8. 心魔：为啥我不喜欢的事情总是发生？

小测试 8：倒霉指数

我不喜欢的人或者事：例如，某些讨厌的领导或同事，某些特别“多事”的亲朋；还有生活的诸多不如意之处，比如目标达不成，爱人不顺心，孩子不听话，等等。这些情况总是在我的生活中反复出现，让我觉得很倒霉。

回答选项：A. 没有呀，我不觉得倒霉　B. 有那么一两次，不过觉得很正常　C. 大部分都有，就是的！好倒霉　D. 全部都有，真倒霉

选项说明：

选了 A，恭喜你，你的心态超好！选了 B，嘉许你，你的心态也不错！选了 C，提醒你，你要留意自己的心智模式了！选了 D，警示你，你的心智模式很偏颇，需要尽快接受专业的辅导。

另外，为了便于准确评估，读者可以扫码发“小测试 8”进行互动咨询。

心魔——让我几十年如一日地折磨自己

我出生在幸福的家庭，在学校也是顺风顺水，从小学习成绩就是第一名，刚上小学就当上了班长和大队部的大队长，一切都是那么美好。

1987 年，在我 13 岁刚上初一的那一年，一个突如其来的变故发生了。那时候的我正值青春期性发育，在大男孩的影响下，我不仅学会

了自慰，还对男女的性器官产生了巨大的好奇。有一天，一个外地亲戚带着一个4岁多的小女孩到我们家玩。在极强好奇心的驱使下，我把这个小女孩叫到屋后的山上，脱下她的裤子，观看她的性器官。

一个月后，我们镇开了一个公开宣判大会，有个老头被判了几年徒刑，罪名就是猥亵4岁幼女。这件事情把我吓坏了，心中充满各种懊悔、恐惧和担心，每时每刻害怕自己会被发现并抓起来公开宣判，然后被关进监狱，人生也就从此完蛋了！

一想到爸爸妈妈、哥哥姐姐的关爱和自己在学校里的所有优异表现，都可能因为这件事情而毁于一旦的时候，悔恨和无助的泪水就一次次地流了下来。我心里特别恨那些把我带坏的大孩子，但又不敢让他们知道，也不敢让任何人知道，而且还天天害怕那个小女孩向大人告发我。

在这种惊魂不定的状态中，一个本能的求生信念就生了出来。我不能被抓起来，必须把这件事情掩藏好，而且必须从现在起就做个更好的人，以此来洗刷自己的罪恶！但是，对于一个13岁的孩子来说，这些恐惧和压力真的太大了！不过，我万万没有想到这才是恐惧的开始。

几个月后，我们村里的一个老爷爷突然得病死了。这个老爷爷性格很古怪，特别不喜欢小孩，而且总是会说小孩的各种不好，我们都特别厌恶和怕他。可是，他死了以后，就偏偏被埋在了我“作案”的那块地里，而且完全就是同一个地方。这对我来说，产生了极其倒霉的结果，几乎每天夜里做噩梦，梦到自己必须要路过他的坟前，然后会被吓醒……

两年后，这个小女孩也因一场突如其来的怪病去世了。这个消息更加令我恐怖，我觉得她的死是我造成的。于是，我的噩梦变得更加恐怖和绝望了：一做梦，那个小女孩就开始追讨我，我就拼命地跑啊跑，跑着跑着，必须经过那个老爷爷的坟前，那座坟突然炸开了……

1991年，我的小姨父也得病去世了。他当过兵，英俊潇洒，心灵手巧，还很幽默，是我从小最喜欢并爱模仿的偶像。可是，他偏偏36岁就得癌症死了。大人们都说，因为他太好了，所以命不长。他的死让我更加绝望，因为小时候看过一本算命书，书上说我的命很轻，是个短命鬼……我相信自己会短命。一方面，我觉得自己也太好了，好人命不长；另一方面，我也觉得自己犯了不可饶恕的大错，的确该死。

在我珍藏的影集里，一直把小姨父的照片和我的照片放在一起

于是，夜晚折磨我的是那个女孩，她来讨债并把我追到老爷爷坟墓那儿；白天折磨我的是要跟小姨父一样36岁就短命的噩梦。我就这样在两个噩梦的折磨下，每天要让自己做得最好，做到无可挑剔！一年过去了，两年过去了，十年过去了，二十多年过去了，我就这样孤独地分裂着，绝望地挣扎着……

为什么会这样呢？

实修正悟8（心魔）：每一个人在成长的路上都会不可避免地遇到

一些事与愿违的事件。这些事件会对我们的心理产生不可估量的影响，并让我们积累巨大的压能，最终形成一些有特定逻辑的、偏颇的心智模式。这些偏颇的心智模式就像魔鬼一样掌控着我们的思想和行为，让我们受尽折磨而不能自拔。本书简称其为心魔。

所谓心智模式是指深深地植入我们心目中的，关于我们自己，关于他人、组织及外在环境每个层面的假设、形象和故事。这些假设、形象和故事都会由特定的逻辑关系无缝地联系起来，形成一个固定的套路和自发的反映。

心魔：一个时时恐惧被刀砍伤的人，无论走到哪里和看到什么，都会觉得有被刀伤的风险

显然，这些固定的套路和自发的反应会深受个人习惯思维、定势思维和已有知识的局限，其中有些是对个人发展有好处的，有些则根本就是偏颇、荒谬、悲惨和可笑的。

对于这段悲惨、罪恶和羞耻的经历，当我最终鼓起勇气在工作坊里进行倾诉和释放的时候，很多同学的反应是：你太搞笑了，太小题大做了，白白折磨了自己二十多年。

是呀，如果用现在的眼光来看，第一没有构成犯罪行为，第二那时候自己还是个没有自制力的小孩子，自己搞出来的那些假设、形象和故事也都是根本没有基础的，是荒谬和可笑的。

但是，最可悲和痛心的是，在我所经历的成百上千的个案中，几乎每个当事人都会跟我一样，会因为恐惧而把自己所碰到事情的严重性不断地放大，最后演变成一个解不开的死结，形成了长期折磨自己的心魔。

驱散心魔让我拔掉了厄运的根源

2013 年 4 月，随着学习和疗愈的持续，我的意识能量值在不断提升。终于，在诚泉文化的智泉课堂里，在孔伟良导师的指引下，我鼓起勇气，说出了我在 13 岁那年就有的心结，揪出了这个一直折磨我整整 25 年的心魔！我第一次清晰地知道这个心魔是怎样奴役和控制我的全部过程。

因为我自己在内心给自己定了个不可饶恕的大罪（其实并不存在），自己对自己是看不起的（羞愧，人类意识的最低点），为了不让这些压能变成情绪跑出来引发失衡而丧失生存的信心，就得找一个信念来控制它。这个信念就是要每天都争取最好的表现，要让别人和自己都认可自己，用这样的方式来“将功补过”。

所以，在心魔这样的心智模式的驱动下，我就会抓着各种机会表现自己。只要有我在的地方，自己一定要成为最好、最优秀的那个人。上学的时候除了学习成绩好，还一定会是班上或系里最大的学生干部。工作以后，一定会是公司里业绩最好的，而且还总想着超越所有的人成为最大的官。在家里或者跟朋友交往也一样，我必须要做最好的，而且还要自己说了算。

可是，事实上呢？这些外在的“丰功伟绩”根本弥补不了自己内在的羞愧，以及自己对自己的厌恶和鞭打。久而久之，自己逐渐分裂成了两个完全不一样的人：一个是阳光积极，充满正能量的光辉形象；另一个却是自卑羞愧，恨不得赶紧死掉的罪犯形象。

更糟糕的是，如果自己越喜欢那个光辉的形象，就越会讨厌那个该死的罪犯形象，自己越讨厌那个该死的罪犯形象，它就越会变得明显（负强化）。罪犯形象越明显，就必须让那个光辉形象变得更伟大。在这样的挣扎与斗争中，自己就变得越来越分裂了。

在这个分裂的过程当中，自己积累的压能会越来越大，身上“手榴弹”被拉环的次数也越来越多，因为一些事情而导致失衡的情况也会越来越多。所以，每次更换工作的时候，表面上看全是因为有新的公司来挖我，事实上最大的原因就是自己跟同事，特别是跟领导的关系已经变得太紧张，很难继续维持了！

工作上是这样，其实在家庭、社交和生活中也是一样，直到自己实在玩不下去，快崩溃或真的觉得要死了才停下来……

这次的释放和清理让我如释重负，感觉在胸口偷偷压了几十年的那块大石头终于被搬开了，人一下子轻松得不得了，看谁都觉得很好。

最重要的是，我突然明白为什么自己在每个公司的前几年都干得很好，但总是因为跟领导的关系不好而选择离开。其实，所有的不顺和霉运都是自己的心魔引起的。

读者如何发现和剔除自己的心魔

首先，如果你在本篇开始的测试里选择的答案是C或者D，那么你就已经有心魔了。而且，你要明白那些重复出现的倒霉事情不是你的运气不好，而是由你自己的心魔造成的。这好比那些在中国土生土长的姑娘去了非洲一样，到处都是看不顺眼的黑人小伙。

其次，如果发现自己有了心魔，就要随时留意自己的心智模式。如果觉得比较严重的话，就要尽快找专业的机构和疗愈师进行处理。

我老婆有一个特别好的闺蜜叫邬菲，她非常优秀，曾经是上海大众汽车有限公司的总经理助理。她在心灵成长方面起步比较早，曾经给我们夫妻俩，特别是给了我老婆很多支持和帮助。

老婆的闺蜜邬菲

今年端午节期间，她专门来了趟北京，因为她想让我们夫妻俩协助她处理一下已经困扰了她多年的心魔。

她知道自己的情绪不够稳定，应对事情的方式比较情绪化，有时对自己的角色认识也比较错乱。经过多年的学习，她发现自己有一个巨大的心魔：她的世界里没有自己，行为上只讲付出，没男女分工的概念，经常跨越界限。

随着岁月的流逝，除了工作，她要同时肩负起照顾自己的小家和整个大家这两项艰巨的责任，觉得不堪重负；同时眼看着女儿慢慢长大，自己如果再不处理这样的心魔，自己的女儿也要跟着重蹈她的覆辙了。

她自己也找到了这个心魔的形成原因：因为她复制了她妈妈的很多特质。她的妈妈，童年时与父母相隔海峡两岸，他们之间甚至被禁止书信来往。她的妈妈孑然一身，寄人篱下。高中时，赶上“上山下乡”的风潮，她主动要求去支援北大荒的建设；婚后又与爱人各自返回户籍所在地，分居两地。邬菲说，她有童年记忆的日子，就是在上海只有妈妈和她两个人相依为命的日子。当时妈妈孤身一人，非常坚强，每天除了白天工作，晚上还要打两份工、做家务、带孩子。妈妈活下去的理由就是为了支撑这个小家，为社会作贡献，而从未考虑过自己。因为自我的失衡，妈妈压力大时会大声责备她（指责）；平静时又把她当大人一样，来征求她的意见（超理智）；脆弱时又会抱着她痛哭，说自己很无助，对不起她（讨好）。

但是，光在逻辑上知道这些，并不能从本质上解决问题。

于是，我停止写作，用一个晚上和半天帮她进行了很多处理，激活她的情绪，唤醒她的**慧能**，处理的效果也很不错。在她回上海后，写了很多的感悟和分享。

“再次感谢两位亲的支持，这次让我有很多收获。在回程的飞机上，我再次看了*Secret*（《秘密》），确实是‘相信，即能看见’。张伟在逻辑上为我做了一次梳理，Stella用自己的亲身经验给了我很多实操的建议。”

……

“为我的进步、老公的进步、女儿的配合点赞。”

“谢谢你们夫妻俩输送给我这么多能量。我看你们俩想方设法帮助我，特别是张伟的手都被我打得通红，挺感动的；Stella现在辅导人的技巧很高，你俩的配合无敌啊！”

……

“你那本*Secret*我再留几天。为啥我在那时挑了这本书？也算是上天在帮我成长吧。相信，即能看见，相信自己，相信别人！”

其实，我很感恩诚泉文化和孔伟良导师帮我处理了心魔和心灵疗愈，我也感谢像邬菲这样的朋友给我机会，让我可以去帮助他们，为他们作贡献。

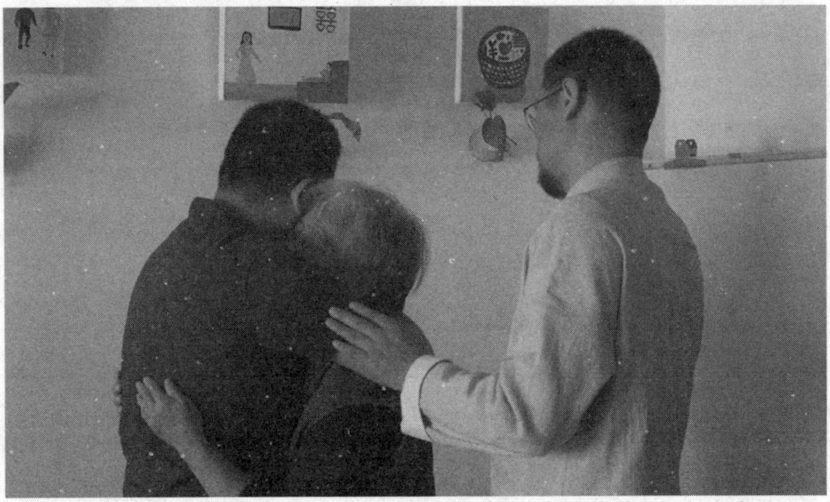

化解了心魔的母子紧紧地抱在一起

在闭关写书期间，从外地来了一对母子。儿子是当地法庭的一个法官，妈妈 70 多岁了。儿子在十年前没有跟妈妈沟通清楚就卖了原来的房子，妈妈从此有了心结，抑郁成疾。在经过半天的沟通和疗愈后，老人家消除了心魔，还欢快地跟我唱起了歌曲。后来，她在北京的女儿给我发微信说，老人家回去后状态大变，好了很多。

另外，这几年为了帮助大家，我也逐渐总结了两种快速、简单的方法给学员们测试心智模式，查找心魔。一种是场景绘图法，经过数百名学员的测试验证，准确率高达 90% 以上。另一种是微信头像分析法，准确率可以达到 80% 以上（特定的证件照头像除外）。

今天，我老婆的一个朋友来我们家，我跟她不太熟。她的微信头像是她4岁的女儿站在某个商场里的场景。我告诉她："你过得比较压抑，限制性信念很多，找不到自我，从小就被大人安排习惯了，特别在乎别人的感受和评价，跟家人关系不太好。"

她听着听着，惊讶得眼泪都快掉出来了："哇！真的这样！太准了！为什么呢？"

我告诉她："照片背景中有个人，但头正好被取景框切掉了，所以看得出压抑；孩子站在栅栏边，但里面是好玩的，所以看得出限制性信念很多；孩子规规矩矩地站着，面带笑容，举着剪刀手，可以看得出她从小就被大人安排习惯了，特别在乎别人的感受和评价，所以总是找不到自我；跟家人的关系不太好是因为只有孩子一个人在照片里。"

她陷入沉思，深深地吸了几口气："是的，太震撼了！太谢谢您了！我要回去好好琢磨琢磨。"

我说："有一个词叫作外向型孤独症，你知道吗？"

她点点头说："其实，我就是！"

……

很多学员觉得我很神奇，总管我叫大师，其实这样的测试没有什么神奇，而是很普通的心理学，就跟心理咨询师常用的沙盘一样。需要的朋友可以加我的微信（zhangshanfengzw）申请测试。

小提示　本篇发现的心智模式和实修正悟是：心魔。

9. 失觉：为什么有的人那么难沟通？

小测试 9：沟通障碍指数

有的人，你对他说了很多肯定的话，他还是觉得你不认可他；有的人，你经常给他送礼物，给他办事，他还是觉得你不在乎他；有的人，你怎么给他说，他都不明白，而且还很不耐烦。你是这样的人吗？

回答选项：A. 一条也没有 B. 偶尔有，但不明显 C. 有一类特别明显，好倒霉 D. 有两类特别明显

选项说明：

选了 A，恭喜你，你的感知能力比较全面！选了 B，还不错！选了 C，提醒你，你的感知能力有小部分缺失！选了 D，警示你，你的感知能力在很大程度上有缺失！

另外，为了便于准确评估，读者可以扫码发“小测试 9”进行互动咨询。

失觉——让我们变成了健全的“残疾人”

2004–2011 年，我一直在德国 MBG 公司工作。我的德国上司是 Gerhard Scherffer 先生，他大我 17 岁，人很好，非常和蔼。他让我直接叫他的名字 Gerhard，这在德国文化里表示认可，大家可以像兄弟一样亲密。

在共事的 7 年时间里，我们俩经常一起在国内外出差，彼此无话

不谈。我还带他去过我的四川老家。我们共同经历过成功的喜悦、失败的痛苦，也有过激烈的争辩、诚恳的道歉。他让我深知了德国文化，我让他谙熟中国习俗。我很喜欢他、尊敬他、信任他。

2007 年，Gerhard 到四川我爸妈家里做客

他时常认真地提示我说："Michael，你太敏感，太在乎别人说的话了。还有，你会经常忽略或随意处置别人送给你的礼物，而且很多时候都很固执和任性，不太顾及别人的感受，这些可不太好！"

他说的第一点很对。我妈从小就说我是"顺毛驴儿"，只能夸，不能批评，一批评就会"尥蹶子"，谁批评都不好使。第二点也很对。欧洲人很喜欢送一些小礼品，所以 Gerhard 每次来中国都会给我们带各种各样的小礼品，特别是逢年过节的时候。我呢，不仅经常忘了回礼，还会把他送的东西随便一放就完事了。第三点还是很对。因为我的确发现自己对别人的情绪不敏感，经常把别人气得都快断气了，我还压根儿不知道呢。

可问题是，他一说我都知道，下次做的时候还是会那样，这是什么原因呢？那时候的我一直搞不明白！

实修正悟 9（失觉）：我们会因为原生家庭或环境的原因，无意识地对自己的听觉、视觉和感觉进行选择性强化或者弱化，最终使我们丧失了部分听觉、视觉或感觉的能力。本书简称其为失觉。

这种能力的丧失不是感官的器质性病变，而是无意识的选择性增强或屏蔽。这个原因就好像是电脑的音频出问题，但不是硬件坏了，而是软件和程序出了问题。为什么会这样呢？

我们先来看听觉。在我们小时候的成长过程中，如果爸爸妈妈和老师总是用语言来夸奖和赞许我们，我们就会觉得很开心和有价值感。这时候，我们的潜意识就会不断强化我们的听觉，让我们受益更多，这就是心理学中的正强化效应。相反，如果爸爸妈妈和老师总是用语言来批评和羞辱我们（**爱欲**），我们就会觉得很失败和羞愧。我们的潜意识就会不断弱化我们的听觉，启动自我保护的机制，这就是心理学中的负强化效应。

我们再来看视觉。同理，如果爸爸妈妈和老师总是用奖赏或看得见的行动来肯定和支持我们，我们就会觉得很开心和有价值感，我们的视觉就被强化了。相反，如果爸爸妈妈和老师总是用看得见的人、事、物来对比批评和羞辱我们（**爱欲**），或者我们的物质条件总是很差，我们就会觉得很自卑和羞愧，我们的视觉就被弱化了。

最后来看感觉。同理，如果家庭和学校的氛围总是很开心，很温馨幸福，我们就会感觉到很开心和幸福，我们的感觉就被强化了。相反，如果爸爸妈妈和老师总是板着脸，莫名地发脾气（**爱欲**），氛围很不好，我们就会感觉不舒服和无助，我们的感觉就被弱化了。

好的，现在我们回到上面的故事中。我的听觉肯定被强化了。因为从小学习成绩都是第一名，谁见了都会夸几句。我现在还清清楚楚地记得小学的郑华老师常说："你要是我的儿子该多好啊！"

失觉：当我们觉得沟通不顺畅的时候，就要警觉我们是否已经变成了只会听、只会看、只会想的"残疾人"

小时候家里穷，我是最小的一个，穿的衣服、背的书包都是最差的。现在想起来都还会觉得不自信，更别说当时了。所以，我的视觉被弱化了，后来还近视了。

小时候爸爸长年不在家，妈妈一个人要带四个孩子，日夜操劳，又经常犯胃病和牙痛，所以常常会板着脸或发脾气。后来，因为发生了"13岁事件"，我的情绪就更封闭了。我的感觉被极大地弱化了。

综合起来，我就是典型的听觉极强，视觉和感觉都偏弱的人。所以，Gerhard指出我的那些毛病，不是不想改，是因为有失觉这样的心智模式在自动运行。在我不知真相的时候是不太可能改掉自身毛病的。

消除失觉让我跟老婆的沟通变得顺畅

在开始自我疗愈之前，我只知道自己见不得别人哭，只要有人哭就觉很难受，想赶紧躲避。在诚泉文化的“系列工作坊”学习过程中，让我印象最深的就是我很难感受到别人的痛苦。

在刚开始的一二阶课程里的释放环节，很多学员都立刻哭得死去活来，我却什么事也没有，怎么释放也都没有负面情绪。我突然觉得自己就是一个异类，一个没有情感，也完全不能感受别人痛苦的人。

直到后来彻底处理了“13岁事件”之后，我的心才突然变得非常柔软和细腻起来。也就是说，我被弱化的感觉才重新恢复正常的功能，同时视觉也恢复了。我也才突然知道我的老婆是“感觉+视觉型”的，她的听觉被弱化了。

在此之前，我觉得自己对老婆Stella很好，因为我一直用甜言蜜语夸奖她，而她总像听不到一样，认为我觉得她不好，这经常让我觉得很撮火。相反，每次我过生日，她都会给我买礼物和办派对，但就是说不出我最想听的话。所以，我总觉得她好土，根本不懂浪漫，心里总是很失落。

后来我才知道，原来是失觉导致我们的“频道”对不上。我喜欢听好听的，所以就说好听的给她听。可是，她喜欢的却是有人能随时理解她的感受和能看得到的东西和行动，而这两样正好是我弱化掉的，是我不太感兴趣的，所以我既不会主动给她这些，也收不到她对我的“好”。

最近，老婆告诉我说，在我们相处的第一年，整整一年的时间，她几乎每天都会在上下班的地铁上流泪，而我从来不知道，也很难感受到。当我恢复了视觉和感觉之后，才真切地感受到她那时候的痛苦和无助，自己的眼泪就不禁流了出来。

是的，在自我疗愈的这几年里，我哭了很多，把二十多年来的眼泪都补回来了。最重要的是，我和老婆都消除了失觉，完全恢复了感知能力，可以随时爱到对方了。

其实，我想不仅我和老婆是这样，很多夫妻都是这样，大家因为失觉，跟对方产生了频道对不上的情况。同事之间，朋友之间，亲属之间，都存在这样的问题。

读者如何测试并优化与失觉者的沟通

首先来说测试，方法很简单。

一种是直接测试，就是让对方闭上眼睛，然后给他描述一段有画面（视觉）、声音（听觉）和情感（感觉）的场景，然后问他印象最深的是什么。他说（最好是写）出来的内容和顺序就是他现存的感知类型和排序，漏掉的就是他弱化掉的失觉。

例如:（先请被测试者闭上眼睛）“请你想象自己走在海边的沙滩上，放眼望去，蓝蓝的大海一望无际，直接跟天空接在一起。这时，远处有一艘游轮驶过，发出了长长的汽笛声：嘟——近处的海面上有很多人在游泳和嬉戏，穿着各种颜色和样式的泳衣。”

“你自己走在沙滩上，感觉脚下的沙子很烫，烫得不敢再往前迈脚了，因为只要站在原地，把脚往下钻就会感到一丝丝的凉意……”

“好的，现在请睁开眼睛，把你自己印象最深的感受简单地写出来。”

在他们写出来的结果中，如果只写了沙滩、大海、天空、泳衣等看得见的事物，就是典型的视觉型；只写了汽笛声“嘟”的就是典型的听觉型；只写了沙子烫脚和凉意的就是典型的感受型。没有写出来的就是失觉的部分，如果写出了两种或三种，那么排在前面的就是相对敏锐的感觉。

另一种测试就是隐蔽测试，可以在对方不知情的状况下，问他对某段多媒体资料或一个场所的最深印象是什么，然后根据他的回答内容（可视的、可听的或可感受的）进行判断。

至于怎样与失觉者有效地沟通，对于纯听觉型的，对付他们最省钱了，不用买礼物，最高效的方法就是嘴甜，特别是领导、客户和爱人，要多用语言夸他，和他说事情也最好用语音说。

对于纯视觉型的，千万不要光说不练，要少说为佳，多做实事。如果是爱人和客户，就一定要常送礼物；如果是领导，他一讲话就要装模作样地做笔记，汇报工作一定要拿着笔记本或文件去。

对于纯感觉型的，相对不容易搞定，最关键的就是要能随时随地、精准地明白他的感受。否则你给他送礼，他会说你俗气；你说话多了，会嫌你啰唆，说不到点上。这类人有些孤独和清高，所以要经常关注他们，嘘寒问暖效果就比较好。

如果对方是两种混合型的，就两种都要注意。如果三种都有就无所谓哪种了。做以上所有这些的前提是你自己先要完全恢复三种感知能力，否则你想给也可能给不了。

我有一个球友叫满义，东北人，人如其名，很仗义。测试的结果显示他是典型的感受型。他觉得非常受启发，就经常带着朋友一起来参加我的沙龙。他在微信里分享说：

“2017年2月27日，星期一。像往常一样，每周一次的篮球活动如期而至。当天中午跟朋友约在朝阳大悦城附近吃饭，吃完离篮球活动开始还有五六个小时，刚好此刻在篮球队的微信群看到罗伟（球友）说一会儿去张伟（球友）那边聊些事儿。之前就知道张伟在球场附近有个工作室，我也在“疯说真相”的群里，由于群太多，没太关注这个群的信息，就知道有这么个地儿。正好去张伟那里看看，晚上顺便一起打球。于是，我马上赶到工作室与他们二人见面了。其间张伟跟我做了一个小游戏，就是关于视觉、听觉、感觉的类型分类。我是典型的感觉型，张伟对于我性格的解读太靠谱了，直中要害。了解这些对自我察觉的提升特别明显，也让我体会到每个人都是那么不同，让我变得更加平和和包容，给我的工作和生活带来了非常大的积极影响。”

恩爱的满义夫妇

满义在信诚人寿保险有限公司工作，他对人特别忠诚用心。迄今为止，他已经给近百人测过心智模式和感受类型，为他们了解和疗愈自己打下了很好的基础。

去年8月，我应邀去给一家在焦作的珠宝公司做辅导，其中有一部分就是给团队测感受类型和失觉分析。他们听完之后恍然大悟，不仅知道了内部沟通不畅的主要原因，也知道了销售成败的一些规律。对于听觉型的客户，要说得好听他们才会买；感受型的客户直觉很强大，也很主观，必须要一两句话就说到他的心坎里去，否则他可能立刻就走了；视觉型的客户不喜欢听，喜欢自己先看看再说……

至于如何能恢复三种感知能力，因人而异。通过测试，比较轻度的只要自己有了意识就可以逐渐留意和恢复，而大部分人都需要先处理完自己的**心魔和原复模式**，并实现自我疗愈后才能逐渐恢复。

失觉的测试、讲解和恢复是对每个人增进了解的最基本的工具和方法之一，也是获得真相能力最简单的办法之一。凡是我辅导过的企业和个人，我都会给每个人做测试，这对提升个人、家庭和企业的沟通效率都有显著的效果。

小提示　本篇发现的心智模式和实修正悟是：失觉。

10. 原复模式：我的家庭环境不好怎么改变？

小测试 10：原生家庭和谐指数

如果满分是 10 分的话，你觉得你的原生家庭的和谐指数能打几分？

回答选项：A. 满分 10 分　B. 7 分以上　C. 5 分左右吧　D. 太糟糕了！低于 2 分

选项说明：

不管你选择了上面的哪个答案，都建议你好好读一下本节内容，因为每个人受心智模式的影响，评分的标准可能不一样。

另外，为了便于准确评估，读者可以扫码发“小测试 10”进行互动咨询。

原复模式——我自动继承了父母的好坏特质

我生平第一次清晰地感觉到父母对我的影响是在上大学的时候，因为我是班长，所以老师积极推荐我写申请书入党。可是，我却总不以为然。我性格有些清高自傲，虽然大学期间给学院、班级和同学们的贡献很大，人缘反而一般。

毕业后到国企工作也是如此，由于条件好，开始工作就走上了领导岗位，但仍然自视清高，特立独行。除了工作干得无可挑剔以外，最扎眼的就是把在商业活动中收到的好处费如数上交，一分不留。结果，三年下来，我把系统内上上下下的领导、同事和供应商都搞得十分尴尬，自己也觉得没意思了，只好走人。

其实，我这样的性格一直没有改变过，我总结这主要是受我爸爸的影响。他兢兢业业地奉献了一辈子，好不容易在1982年可以入党的时候从外省调回了四川。他特别崇拜毛主席，觉得在毛主席时代，大家都廉洁奉公。

爸爸对奶奶很孝顺，还特别注重兄弟情义。爷爷在爸爸5岁时就死了。爸爸说长兄如父，一直把大伯当成父亲一样对待，对二伯也很好。我们小时候有好吃的都先给奶奶吃，父亲早年在外挣的工资寄回来也是分成四份，奶奶、大伯家、二伯家和我们家各一份。

另外，爸爸对妈妈很好，还很有情调。我们家在1980年左右就有了收音机和《大众电影》杂志。过春节的时候，爸爸还会给我们放烟花，天上飞的、地上转的、七彩斑斓的烟花绝对算是视觉盛宴了！爸爸很会讲故事，而且还几乎不打人，这在那个年代是很少有的。

我的妈妈既温柔贤惠，又吃苦耐劳。妈妈对爸爸好得不得了，对老人也非常孝顺，也很明事理。早年她白天在村小教书，下课后还要干活挣工分。后来，有了我之后，负担太重，她就只能干活挣工分了。妈妈对我最大的影响就是最疼爱我，总是夸奖我，在被窝里给我讲励志的故事，鼓励我要有出息。

妈妈还是一个非常有智慧和远见的人。她跟爸爸结婚几个月后就鼓励爸爸不要满足于在村里当干部，要出去工作，见世面。妈妈在1984年就省吃俭用，却花2.4元"巨资"给我买了一本让我大开眼界的课外读物。妈妈还连续当了几年镇人大代表，有时候还会看见她在学校大操场上的主席台上发言。

当然，妈妈很多时候也是一个充满委屈和软弱无助的人。她胃不好，经常牙疼，月子里又受了风寒，身体一直不好。爸爸长年在外工作。所有这些导致她的脾气不太好。我印象最深的就是妈妈的眼泪和碰到事情后无助慌乱的眼神，想起来就心疼。不过，这早早地培养了我担当的能力。

我在1998年左右曾经总结过，我特别喜欢父亲孝敬感恩的品质、兄弟和睦的情义、正直无私的品行、爱妻爱子的情怀和风趣浪漫的情致。我特别喜欢母亲的智慧和远见，培养了我要出人头地的梦想；喜欢母亲的慈爱和赞美，给了我安全被爱的自信；喜欢母亲的信任和包容，让我勇于担当，自立自强。但是，我不喜欢父亲性格里的固执和迂腐，还怜悯母亲性格里的软弱和无助。

可是，从1998年到现在已经过去了20年，现在回头看，我当年列举的父母的这些好的和不好的品质，几乎无一例外在我的身上呈现了出来。这是为什么呢?

实修正悟10（原复模式）：我们出生和成长的家庭叫作原生家庭。在婴幼儿时期，我们会具有一种无选择性吸收的心智模式，这种心智模式会让我们直接把原生家庭中抚养者的性格和行为特点完全吸收内化，并合成自己的心智模式，继而成为抚养者心智模式的复制品。本书简称其为原复模式。

很显然，从我上面和前面讲的所有故事都能看出来，我几乎完全复制了父母的优点和缺点，从而形成了自己特有的心智模式。

我好的和光辉形象的一面，就完全体现了父母的优秀品质。我在外有梦想，有追求，正直无私，自信担当，勇于挑战和创新；在内孝敬父母，扶持兄弟姐妹，对老婆和儿子也不错。

我自己讨厌和嫌弃的一面，也完全呈现了父母不好的品质。例如，我在工作上的各种不如意，都是我的固执和迂腐所造成的；我在13岁时发生那件事情后，正是我的软弱和无助把这件事情给无限放大了。所以，我就是父母的原复模式。

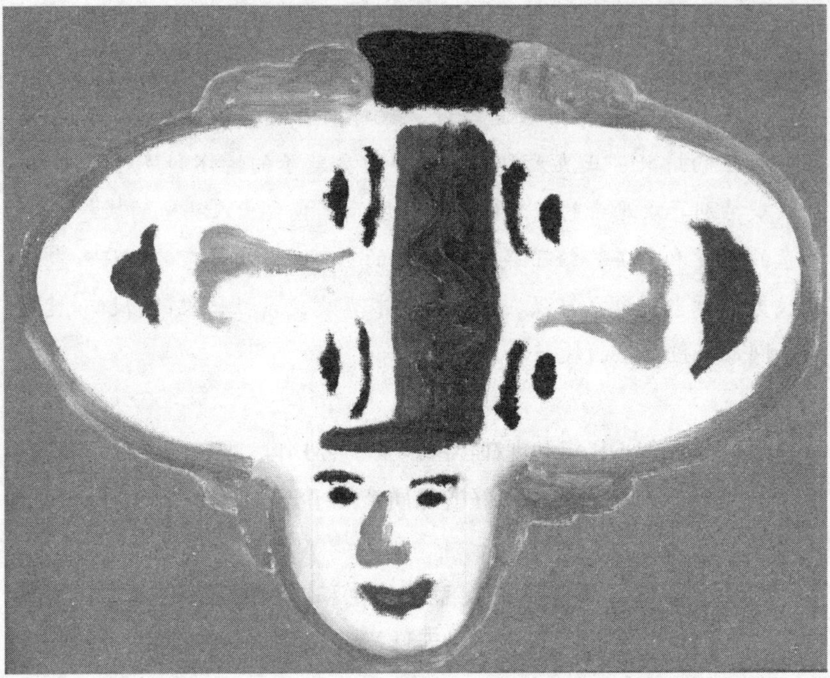

原复模式：父母的想法和意识就像形成的模具，孩子的想法和意识就是用这个模具生产出来的

需要说明的是，这个实修正悟中的抚养者是指婴幼儿在成长中的监护人，也就是直接支配和管理孩子日常行为的人，如果父母不在身边或者已故，就是指把孩子带养大的其他成年人，例如爷爷奶奶等。

同时，家庭中还会有其他子女存在，也就是我们的兄弟姐妹，大家一起构成了共有的原生家庭。由于时间、经历、心态和环境状况的不同，父母对每个孩子的态度和行为也不可能是一样的，所以同样的父母，不同的孩子复制，结果可能会非常相似，也可能会截然不同。

终于可以摆脱原复模式做自己了

2012年至2013年初，在海文颖老师的点拨和诚泉文化的疗愈下，我又陆陆续续地学习了很多书籍和课程。

首先是张德芬老师的系列书籍。我看完才知道，为什么在老婆抱怨我不管孩子、不干家务活的时候，我总是觉得很无辜，还有些莫名其妙。原来是因为从小我爸就没在身边，我潜意识里形成的心智模式就是“孩子小的时候就应该全部由妈妈照顾，爸爸不用管”。当这个模式自动运行的时候，我不但不会觉得自己有什么不对，反而会觉得老婆可笑，总是提出一些荒唐无理的要求。这就让她感到更受伤、更委屈了。

爸爸在外地工作，在我11岁以前，我们家没有全家六口合影的照片

而且，虽然我老婆是我的第四任女友，但我最终跟她结婚的根本原因就是，她是内在性格最像我妈的那个女人。可以说，张德芬老师

的书就像智慧的钥匙，让我有了顿悟的感觉。

后来我上了蔡敏莉老师的“萨提亚家庭治疗课程”，在课程里通过更多真实案例的模拟和呈现，才清晰地知道了原来父母的言行会对子女产生如此大的影响。

我爸爸是工人，能挣钱，所以在家庭中处于强势的地位；我妈妈是农村户口，没有稳定的收入来源，在家庭中处于弱势的地位。当他们之间发生分歧或意见不同的时候，爸爸就会理直气壮地指责妈妈，妈妈就会被动地承受和讨好父亲，所以他们之间的应对模式就是：爸爸是指责型的，妈妈是讨好型的。

我和老婆之间的应对模式也的确同样如此：我是指责型的，老婆是讨好型的。难怪老婆总说我越来越像我爸了，而且说的时候还带着一种不认可和无可奈何的神态。现在我终于明白了！

如果一个原生家庭中有四个孩子，那么相互之间的应对模式可能就是这样的：有一个是英雄，一个是捣蛋鬼，一个是开心果，还有一个是被经常忽略的。在我们家，大姐是英雄，二哥是捣蛋鬼，三姐是被经常忽略的，我是开心果。

还有，在我听了九型人格课程，了解了家庭序列排序课程之后，就更加惊讶原生家庭对人的影响是如此巨大。我终于知道很早就听说过的蒙台梭利的吸收性心智有多厉害，也才明白为什么国际华文蒙台梭利协会的苏小妹老师要说“对0~2岁的孩子最高的境界就是不教”了！因为大人教得越早，对孩子“污染”得就越早！

这些课程的学习对我的影响、触动是巨大和有益的。我开始经常留意自己的无意识行为，然后稍微中断一下，问自己这样的做法和选择是不是我想要的，是启动了原复模式，还是在做我自己（真爱自己）。

读者怎样发现和叫停原复模式

要发现自己的原复模式，简单的办法用两种。

一种是直接感觉法。直接把你不喜欢父母的地方写出来，努力寻找自己在什么时候、什么情况下也是这样子的。

我有一个上海的学员叫陈薇，是一个非常优秀的女孩。目前还没有成家，她一直跟爸爸妈妈一起住。她跟我说，她跟父母在一起过得很不开心。特别是，她觉得妈妈很自私，很不懂事，就像没长大的孩子一样。我让她每天都留意自己的行为，并把自己的观察和感悟发一段语音给我。

第一天晚上，她兴奋地留言告诉我："张老师，我今天想在客厅打电话，就让妈妈到她的卧室里去看电视，可她慢慢吞吞，就是不想去。我突然觉得她很自私，心里的火立刻上来了。这时候，我想起了您的话，瞬间意识到原来我跟她一样，因为我也想用客厅，不愿意去我的卧室里打电话。我也很自私和不懂事。我自己的确发现了一个真相，觉得很有成就感，心里特别开心，就立刻给您发语音了！"

在我闭关写书之前，这个学员已经坚持近三周了，每天都有不少新的发现，自己也改变了很多。我闭关后，把她委托给上海的邬菲老师。我坚信她现在的收获肯定更大、更多了。

另一种心智模式测试法，我常用的是场景绘图法和微信头像分析法。这两种方法已经在正悟 9 中讲过了，这里就不重复了。

其次，在我们发现了原复模式之后，如果是对我们有利的，就不用管它，如果是不利的，就要学会立刻叫停并让自己重新选择，然后再行动。

有一天，我正坐在沙发上看手机，突然听见老婆在抱怨说："你又在玩手机，怎么不管管孩子！"这时，如果我没有觉察和干预，我的无意识选择是直接不管她或者产生莫名其妙的愤怒情绪。当我留意到了以后，就问自己："我想要的是什么？"如果现在自己真的不想去管孩子就直接跟老婆说"我现在不愿意去管他"，如果我想要的是让老婆和孩子开心，就会立刻给老婆正面的回应，过去跟孩子玩。

随着每天这样的留意和训练，我早已经可以轻松地阻止那些无益的原复模式自动运行，从而开始自主选择和创造。这令我非常开心！不仅如此，现在不管是在我的小家，还是在我们的大家庭里，我都会鼓励大家随手叫停原复模式，一起来参与和创造完全不同的家庭生活。

我们家别具造型的温馨合影

在我们家族里，我一直是那个"没大没小"的"开心果"。大家都喜欢有我在，因为我就是童趣源，就是开心的源泉。只要有我在，特别是在休闲聚会和游玩嬉戏的时候，大家都会跟我一起叫停自己的原复模式，都会忘了年龄和身份。即使 70 多岁的老人跟我在一起，也会欢快地蹦起来照相，并摆出各种只有年轻人才会摆的姿势。

只有能够不断地发现并叫停我们的原复模式，我们的人生才能变得自主、自在而有创意。这也是我终身的愿景：让人人过上自在、喜悦、富足的高品质生活。

小提示 本篇发现的心智模式和实修正悟是：原复模式。

第三章
学业回顾：应用软件安装

2012年6月8日，我在新浪博客里写道：

就要重回汶川了

重新工作以后我同时在做很多事，简单地说，就是忙并快乐着！

但是，我给汶川孩子们的那个承诺一直在我脑海里翻腾着。真的很想他们了，最近也一直接到孩子们打来的电话。我必须在六年级孩子们考试前赶去看他们。

机票订好了——6月30日飞往成都。汶川和汶川的孩子们，我就要回来了！

我那次在汶川待了不到一周，挨家挨户给每个村里的人都拍了全家福照片，洗出来送给了每个家庭。那时候的我仍然胸痛，所以就开始对自己的意识形态进行了更彻底的排查。受汶川孩子们的启发，我对自己的受教育过程进行了一次梳理。

这就像对修复后的电脑做应用软件管理和插件清理一样。

11. 驯顺：我的学历不高怎么办？

小测试 11：学历影响指数

你觉得学历对自己的人生影响有多大？

回答选项：A. 没有什么影响　B. 有影响，但是不大　C. 很有影响 D. 太有影响了，否则我的人生早就不一样了

选项说明：

选了 A，恭喜你！选了 B，还不错！选了 C，提醒你，可以多阅读几次本节内容！选了 D，建议你，阅读本节内容至少 10 次！

另外，为了便于准确评估，读者可以扫码发“小测试 11”进行互动咨询。

驯顺——学历教育的实质性成果

2010 年 6 月，我们一个高中校友来北京了，我的同班同学曹容便牵头组织大家一起聚会吃饭。

这位校友是我们同年级二班的，他在成都的一家证券公司工作，主要业务是辅导和帮助一些公司上市，听起来挺牛的。他有个同班同学是中国人民大学毕业的，当时是北京某传媒公司的老总，混得也非常不错。

我们班一共来了四个人，一个是一家上市公司的副总裁，另外一个和曹容一样，自己在北京做企业。我当时刚刚当上了德国 MBG 公司

我的高中毕业照（第三排最右侧戴眼镜的是曹容）

工业部中国区的总经理。应该说，这次聚会来的人都混得不错，挺有面儿的。

大家开心地吃着饭，聊着上学时候的各种趣闻，关于老师的，关于同学的，关于女生的，关于恋爱的，关于调皮的，关于挨批的，等等。总之，氛围非常轻松有趣，大家越喝越能聊，越聊越能喝，在场的人都喝了不少。

这位成都来的校友当然最开心，也是喝得最多的。他的语气变得越来越有豪气，有点飘飘然了。当然，毕竟来者是客，大家都没觉得有什么不好的地方。

聊着聊着，话题就聊到了大学的经历，因为我EMBA是在中国人民大学上的，所以就先跟那个传媒公司的老总喝了杯酒。这时，这位成都来的同学问我大学是在哪个学校上的，我告诉他是中央民族大学，原来叫中央民院。他一听就乐了起来，并满怀轻蔑，手舞足蹈地说："民院啊！我觉得你们那个学校呀！就是个动物园！"

如此夸张的言行一下子激起了我心中异常强烈的情绪，我噌地站了起来，愤怒地瞪着他，拿起自己的酒杯狠狠地砸在桌子中间，起身走出了包间。其他的人赶紧跟出来劝我。一场聚会就这样不欢而散了……

很显然，正如我们在正悟 7 中所说，导致我愤怒的原因并不是这个事件本身，而是因为引发了我积累的压能失衡。

其实，我高中的时候偷偷谈恋爱，所以高考考砸了，结果只上了个自己并不满意的大专。后来，我考上了北京化工大学的专升本，又因为工作变动而辍学了，最后只好花 20 万上了个不算学历的 EMBA。显然，我内心关于学历的伤痛一直没有疗愈，所以一下子被戳到痛处了。

那么，我为什么会那么痛呢?

实修正悟 11（驯顺）：教育是把已知的规律、规则和现有的经验和知识传授给别人的过程，其本质是一种利远远大于弊的驯化。所以，学历教育体现的不仅是人们的知识和技能水平，更是人们对规律和规则的敬畏和臣服。有了对规律和规则的敬畏和臣服，才能顺应潮流，获得更多的成功和收益。本书简称其为驯顺。

其实，我心里很清楚，上学的时候学习成绩好，又是班干部，老师格外开恩，所以自己的很多毛病一直被纵容了（不是**真爱**）。例如，一年级我从来没做过家庭作业，但每天都会去检查别人的作业，即使被发现也是如此。字也写得很随意、很糟糕……

作为团支部书记，初中、高中时我都无视学校规定，偷偷地谈恋爱，虽然天资聪颖，结果连个本科也没有考上。毕业时，为了早点挣钱，老师推荐的“专升本”也放弃了。工作后，通过了“专升本”考试，却又随意辍学了。（产生了新的**心魔**）

大家发现没有，在整个学历教育期间，我根本不愿意**驯顺**，对很多规则没有敬畏之心，一直都在跟权威对抗，玩小把戏。所以，尽管我毕业后直接走上了领导岗位，而且业务能力超强，但总是跟上级领导搞不好关系，在每一家公司都是这样！（**心魔自动驱使，慧能、天责和童趣就没有了。**）

在我彷徨失意的时候，就会在网上搜那些特别喜欢和向往的工作岗位，往往发现自己的学历硬件不够，就会觉得特别懊恼和后悔。其实，自己本可以轻松拥有很高的教育学历，并在驯顺后产生敬畏之心，获得更大的平台和空间，就像那位做传媒的校友一样，但我却错过了。

驯顺：教育会让起初趾高气扬的人学会低头前进和攀登，最终看到更多的光明，获得更多的展示机会

当然，有读者可能会质疑：为什么有些没怎么读过书的调皮鬼学生后来反而成了企业家和老板，混得挺好的呢？很简单，因为这些人在辍学后到社会上受到了更多的打击，迫使他们更快地学会了敬畏和臣服。实践出真知嘛，所以在实践面前就驯顺了，当然易于成功。不仅如此，因为驯顺了，他们反而比那些自命清高的好学生（例如我）更加感恩老师，更加易于成功。

我上面提到的组织聚会的曹容同学就是一个典型的例子。他上学时就很调皮捣蛋，被老师修理得很惨（得到的真爱多一些），现在却混得很好，对老师特别感恩，班主任李老师经常说曹容是最让他感动的学生。

三个问题让我重新开始了驯顺的旅程

2013年2月，由于诚泉文化对我的疗愈和提升特别大，我推荐了不少朋友去学习，所以一直是培训中心的“人气王”。有很多机构和平台向我抛出了橄榄枝，希望我能加盟。其中很多我都不感兴趣，只有三个我觉得还不错。

一是诚泉文化的创始人孔伟良先生愿意培养我成为工作坊的导师；二是晟德智业文化传播有限公司的王跃文老师想邀请我去做他的合伙人；三是北京华德创业环保设备有限公司的冯炳坤总经理想邀请我重回原来的行业大干一场。我觉得这三位都是我人生中的贵人，机会都不错，到底选谁，我心里很纠结。

这时候，我突然想起了一个朋友，他叫李俊逸，也是浩途家庭俱乐部的高级会员和诚泉文化的学员，还曾经担任过淘宝网的品牌总监。我总觉得这哥们儿仙风道骨，很有智慧，就给他打了个电话。

他听完我的困惑后，什么也没有说，只是问了我三个问题：“你觉得你做什么最有价值？”“你觉得自己最擅长的是什么？”“哪家公司最能让你做最擅长并且最有价值的事情？”

他的这三个问题像三记春雷，虽然声音不响，却一下子把我震住了，问傻了。我心里想：“是呀，这三个问题问得太好了！我为何从来没想过呢？如果没有搞清楚就去哪一家了，我这种谁都不服的性格，会不会又跟人家搞不好关系呢？我得先放下，好好想想再说。”

想到这里，我就岔开话题，打趣说：“俊逸兄，好奇怪！才两个月没见，你为何一下子变得这么厉害了？三个问题就把我问傻了，你太牛了吧！跟谁学的呀？”

他有些得意地说：“是吗？那么厉害！我最近在跟一位精通经典国学的老师学习‘总裁教练’呢！这三个问题太小儿科了，你要是感兴趣，也可以来试试哟！而且，他正好需要个CEO，没准儿你还可以考虑一下。”

于是，在他的引荐下，我认识了北京福慧诚诚文化发展有限公司的W导师。

在我上孔伟良导师主讲的“智泉课堂”之前，我就是一个典型的崇洋媚外的家伙，总觉得西方的东西很好，对中国传统国学的东西一直持嗤之以鼻的态度。作为中国人，对自己老祖宗的东西都这个态度，可见有多桀骜不驯了。（没有驯顺）孔伟良导师也在课堂里提醒过我要认真体会“臣服”两个字。

后来在“智泉课堂”里，孔伟良导师给我们简单讲了一些易经、佛学和儒学的东西。虽然我还不能完全听懂，但记住了当有人笑话这些学问的时候，他说的一句话：“上士闻道，勤而行之；中士闻道，若存若亡；下士闻道，大笑之，不笑不足以为道。”

所以，正是因为有了孔伟良导师的铺垫，我才没有像以前一样排斥国学，有幸认识了W导师。现在看来，W导师才是对我人生影响最大和最深的一位贵人。他对我的指导和磨砺为我后来驯顺蜕变和自成体系打下了坚实的基础。

学历不高的人如何获得驯顺的收益

首先就是要改变心智模式，学会对所有规则和规律的敬畏和臣服，包括所有的法律和规章制度。因为只有这样，你才会相信这些规则和规律，相信之后你才能接收到它们带给你的收益和好处。

2015年的一天，我去原来工作过的国企找毛毛姐咨询补办党员手续的事。毛毛姐是1995年跟我一起分配到这家公司的。

我刚进公司的大堂，就来了个电话，正接着电话，就被保安轰出来了。我打完电话后又去大堂，跟他们说我是毛总的朋友，约好要上去找她。前台的姑娘和那个保安一听就立刻温柔而亲切地说："哦，找毛姐的呀！您稍等，我先跟她说一声。"他们前后态度的变化没有让我觉得奇怪，让我惊讶的是，从他们的言行中流露出的那种对毛毛姐由衷的敬畏和喜爱。

一种巨大的反差瞬间涌上我的心头。要知道，当时我在这家国企的那三年，可以说是平步青云，无人不知。而那时候的毛毛姐仅仅是一个财务小职员。而现在，毛毛姐已经是受人尊敬、营业额近百亿国企的核心领导成员，持有改制后的股份，公司以后可能还会进入资本市场。

那段时间公司好像正在搞一个几十周年的回顾展览，毛毛姐就带我去二楼的展厅参观了一下。我还在其中的一张照片中清清楚楚地看到了自己……

这件事情让我感慨万千：一方面由衷地为毛毛姐感到高兴，另一方面知道我有一些方面比毛毛姐强很多，但在驯顺这一项上就差得太多了。

不过遗憾的是，像我这种情况的人其实挺多，有的甚至远比我的情况还要糟糕。

2015年5月，我所在的公司在厦门机场开了一家工艺品店。在进行人员招聘的时候，有一个20岁出头的小伙子脱颖而出，他之前在鼓浪屿岛上帮老板打理一家工艺品店。

经过民主投票，他很快当上了实习店长。上任后发现他虽然个人的销售能力极强，毕竟学历低，又长期受个体户的思路熏陶，所以他的管理和沟通能力实在欠缺，导致门店业绩始终不能达标。

为了弥补门店店长经验和能力的不足，我们就做了一套标准的门店运营管理体系，并做成了实用的手册。可是，他不愿意执行，认为公司管得太多了。他觉得不自在，把直接管他的运营经理都给气跑了。在三个月门店业绩都不能达标的情况下，我们就劝他自己创业或最好找一个适合自己个性发挥的个体门店工作。

结果，他不仅听不进劝告，还胁迫所有的店员跟他一起辞职，并到处告状，说公司的种种坏话，要一些不合理的赔偿。为了不牵扯和浪费大家的精力，尽量减少公司的损失，作为主管运营的常务副总经理，在多次劝说无效的情况下，我决定自掏腰包，用两万多块钱把他们给打发走了。那天是 8 月 28 日，我在微信朋友圈里发了一句话：“言悖而出者亦悖而入，货悖而入者亦悖而出。”

今年 4 月的一天，他给我发微信，说他家里出事了，想跟我借三万块钱。我问他：“为什么会想到来找我借钱？”他说：“因为当年你说过以后有需要可以来找你。”我问明他家的具体情况后，回复说：“本来我的确可以帮助你，可你在两年前把缘分给破坏掉了，而且差不多也是近三万块。抱歉，我现在帮不了你了。”他回复说：“好吧，知道了。”

真心希望这个小伙子能有所醒悟，早日体验并得到驯顺后的巨大收益。

其次，就是不要放弃，要不断努力提升自己的学历，包括取得各种个人和企业所需的资质和证书（启动天责）。因为这样做可以快速获得三个方面的收益：一、切实提升自己的技能和知识水平。二、获得更多的资格和条件准入。三、获得内在的成就感。

唯一需要注意的就是，千万不要造假（不是真爱自己），因为即使你可以通过造假快速获得一些资格和准入，你的内心也会因此产生压能，从而降低你的能量值。同时，你的技能和知识存在的不足很有可能让你的提前获益毁于一旦。很多失败的个人和企业家的案例已经证明了这一点，在此就不再列举了。

小提示 本篇发现的心智模式和实修正悟是：驯顺。

12. 供需学校：我对学校的各方面都不满意怎么办？

小测试 12：学校的功利指数

你觉得现在的学校功利吗？你怎么看待这种功利？

回答选项：A. 没觉得，也是在满足社会的需求吧　B. 有是有，但是可以接受　C. 很功利，有些接受不了　D. 太功利了！已经远离了教育的本质

选项说明：

选了 A，嗯嗯，你看问题比较客观。选了 B，你也不错啊。选了 C，提醒你，多品味一下本节内容。选了 D，抱抱你，这篇文章会让你感觉好一些。

另外，为了便于准确评估，读者可以扫码发"小测试 12"进行互动咨询。

供需学校——学校功利表相下的实相

1987 年 6 月，在"小升初"考试中，我双科考了 186 分，超出了城区考生录取线 6 分。但是，由于家住农村，我失去了去县城苍溪中学上重点初中的机会。

1990 年 6 月，我在中考中考出了 637 分的高分成绩。我的目标就是要考大学，所以没有报考中专，只报了苍溪中学，因为它不仅是省重点中学，还是国家级的示范高中。我觉得这个好成绩肯定可以高枕

无忧了，就天天到处撒欢儿，只等来了通知就去报到上学。

转眼就到8月初了，上学通知一点动静也没有。有一天，我正在镇里的小桥边玩，同班同学林凌看见我，很奇怪地问我："咦，你怎么回事？上个月"苍溪中学的老师来学校复试你怎么没有参加？""啊！我不知道啊！怎么没有人通知我！"我立刻傻掉了，非常委屈和焦急，眼泪都快出来了。林凌赶紧宽慰我说："没事，听复试的老师们说，他们还要去各个乡镇复试，最后错过的还可以去县城复试。你爸不是在县城吗，你直接去就行了呗！"

我的初中毕业合影（最后一排中间戴眼镜的是林凌）

我一听，这才缓过神来，跟他说了声谢谢，赶紧往家里跑。在回家的路上我才想起来，中考成绩一出来，校长就笑眯眯地把我叫到他的办公室，夸了我半天。校长的意思就是希望我能放弃苍溪中学，就在本校读高中，他们会把我当"国宝"一样对待，保证让我考上好的大学。一切都很简单，是学校故意不让我参加的。

于是，我赶紧去了县城。爸爸一听就把学校和校长给臭骂了一顿。好在我赶上了苍溪中学的最后一次复试，考得非常好，甚至比中考还要好。考完后，我又放心地回乡里玩去了。

9月2日上午，我听到邻居在大声叫我去接电话，原来是爸爸打来的，他训斥我怎么还没有去城里报到上学。我说没有接到入学通知书。他告诉我，他去苍溪中学看过录取榜了，有我的名字，不要等通知了，赶紧直接去报到。

我上学后，每次只要爸爸喝了酒，就会把乡中学的校长拉出来臭骂一顿，不停地骂，足足骂了好几个月，听得我都烦了。这件事情和爸爸的不断强化让我第一次对学校老师这样的做法产生了怀疑、不理解和不信任，甚至觉得他们很卑鄙和自私。

后来在苍溪中学的学习中，学校不让我们这些成绩很好的学生去参加各种兴趣班，也不让我们去担任校级的学生干部。为了让更多的学生在高考中获益，学校鼓励我们主动放弃保送上大学的机会，甚至还会用我们的获奖证书给个别考生作假，或者在考试的时候有意识地安排考生的位置……

这些经历逐渐加深了我对学校的一些负面认知，即使上了大学后也是一样。在外企工作后，我参加了很多国际的学术交流，一些外国人，例如Gerhard就经常嘲笑中国人的文凭和学历造假的太多。这些又进一步助长了我的负面认知。我甚至开始有些讨厌国内的学历和文凭，不由自主地排斥很多国内的教育和学术界的权威人士……

很显然，中考入学事件和爸爸的愤怒（压能失衡）让我对学校的认知产生变化，进而形成了一种批判的心智模式，然后自己就不断通过实例去验证和强化，这种片面的、不客观的认知就逐渐形成了一个新的心魔（慧能、天责和童趣源就被掩藏了）。

那么，学校到底是什么呢？

实修正悟 12（供需学校）：主流学校其实并没有自主选择的权利，它们只是根据国家机关（党和政府）的指导和社会组织（企事业单位、厂矿、学校、家庭）的需求来培养和输送结果（人才、文凭）而已。本书简称其为供需学校。

其实，只要我们静下来想一想，就会发现：一、学校是国家机关教育民众的主要执行机构，一定会有国家机关的某种政治特性。二、学校本身也是社会组织的一部分，所以一定会具有社会组织的市场化特点，也就是说学校会体现国家机关和社会组织的某些复合特点。例如：适当用一些政治手段和策略来实现目标；会适当根据社会需求增加某种紧俏或畅销产品（文凭、证书）的产量等，这些都是正常合理的。

供需学校：学校就像加工车间，根据党和政府的要求，以及社会组织的需求，对送进来的孩子进行教育

所以，我的初中校长用的就是政治手段。从学校的角度来说，留下我就等于提前完成了一个培养大学生的“政治目标”，无可厚非。苍溪中学也是如此。那时候流传一句话叫：“进了‘苍中’等于一只脚已经迈进了大学。”对于地处偏远山区的国家级贫困县来讲，多考上一个就是对全县父老乡亲的回报，不仅有利于巩固百年老校的地位，还能增加县领导的政绩，绝对无可厚非。

至于被外国人嘲笑的，说国内大学“批发”学历，文凭含金量不足，这其实也跟突然猛增的市场需求有极大的关系，出现一些不良现象也是在所难免的。如果同样的问题发生在一家公司里，估计大家就不会觉得奇怪了。

所以，我对学校所产生的偏见和心魔，还是因为自己特殊的心智模式，没有客观、中立地看待而已（**慧能、天责和童趣源被掩藏了**）。

我找到了心灵的供需学校

2013年2月底，我按照约定来到W导师的办公室。W导师跟我一样瘦瘦的，但气色很好，非常儒雅。

他的办公室一进门就有一面照壁，上面挂着一条条写有文字的半片原木，后来我才知道那些文字都出自儒学经典《大学》。过了照壁后是会议室，会议室的左边是公共的办公区域、财务室和W导师的办公室。会议室的正前方挂着一幅传统老者的画像，后来我才认清那是孔老夫子。会议室右侧的墙上有一幅书法，因为是简体，我立刻认识并记住了，写的是：“行有不得，反求诸己。”这个要在以前我肯定不认同，不过现在似乎有点感觉了。

W导师的办公室门口挂着一个富有艺术气息的相框，里面写了一个大大的“爱”字。办公室靠窗的地方有一个小谈判桌，靠墙的位置也裱了一幅漂亮的正楷字，后来知道那是著名的《心经》。这样的办公环境我还很少去过，就是那种让人特别心静的感觉，所以觉得很欣喜。

当我们坐下来聊开之后，才知道 W 导师的经历异常丰富。他从小志愿宏大，博览群书。他做过高管，自己创过业，而且早在 2001 年就在国内的培训咨询圈里颇有影响。他和我类似，也曾经有过郁郁不得志的苦闷，经历了很多内在的痛苦。后来，他发现教练是帮助人们的最好方式，于是潜心研究和实践了十多年。

早在 2006 年，他就出版了畅销书，讲述教练型领导，现在为企业家、高管和一些政府领导做私人教练和培训。他亲自辅导和培训过的学员已经有几万名。他把东方儒释道的智慧精髓与西方的逻辑学、脑科学、能量学和管理学相融合，在国内乃至世界的顶尖教练中独树一帜，颇具人格魅力和行业影响力。

在跟 W 导师的高能量场交谈中，我很快理清了三个问题：一、我觉得最有价值的事情就是在自己有生之年（胸痛减轻了很多，但还有）尽量帮助更多的人，让自己的人生价值最大化。二、我觉得自己最擅长的就是沟通和培训（在中外的公司里做了 20 年销售）。三、我觉得 W 导师的平台就是能满足我这两个需求的地方（我可以通过给有影响力的企业家、高管和政府领导做培训，让自己的人生价值最大化）。

我和 W 导师一拍即合，我们从办公室聊到了小饭馆。我决定接受他的邀请，成为他的合作人，出任北京公司的 CEO，推广 W 导师研发的系列王道教练课程（现已升级为觉商系统）。

那时候我和 W 导师都坚信，现代社会的人走得太快了（爱欲太多，不懂真爱），所以就会迷失自己的内心（掩藏慧能、天责和童趣源）。只不过绝大部分人还没有像我们这样知觉（失觉，不懂真爱），或者即使有了一些知觉（压能和失衡），也不知道该怎么办，所以就假装不知道了（原复模式和心魔）。

而W导师和我想要一起做的事情，就是通过满足这些社会精英的表象需求，潜移默化地疗愈他们内心深处的伤痛（消除心魔），使大家回到中正、自在、幸福和可持续发展的轨道上来（真爱）。

那时候，与其说我们在做一家公司，不如说在做真爱的教育，就是真正的供需学校。我觉得W导师非常有情怀，甚至有点理想化，像堂吉诃德，但我愿意相信他，我们俩就像堂吉诃德和那个相信他的傻子一样（部分慧能、天责和童趣源回来了）。

读者理解了供需学校后有什么用

首先可以客观地理解学校的很多情况，发现自己的心智模式，揪出自己对学校有看法的心魔，释放压能。同时聚焦自己想要的各种技能和学历、文凭，最大限度地得到驯顺后的收益和回报。

我今天在写"驯顺"和"供需学校"这两篇真相文章的时候，真的非常兴奋。因为我发现自己真的很傻，一直对学术权威和颁证机构持藐视和排斥的态度，其实这也是一种不懂规律、规则的意识和行为。

我决定要真爱自己和自己的事业多一些，要多遵循规律和规则。等写完书稿后，就要赶紧放下自己清高的心魔，还要多虚心地向学术权威请教，到培训学校学习，最好多拿几个权威证书，这样才能帮助到更多有需求的人。

其次，如果自己是学校的领导和教辅人员，也可以客观地看待自己的学校就是供需学校。一方面不要思想负担太重，给自己造成心魔，另一方面如果碰到了对学校有误解的家长和领导，也可以坦然给他们解释和说明了。

我有一个朋友在某大学做班主任。她特别羡慕我的自由和洒脱。

她说自己真的快受不了，因为每天都要面对自己不喜欢和不愿意做的事情！

她说："学校大肆考核就业率，我们就不得不跟学生和企业搞好关系；学校要评各种职称和奖项，我们根本没有时间、精力和水平，就不得不胡编滥造各种不实的学术论文和书籍，否则就职位不保或没有资格上课……"

"我们每天都在伪装和掩藏，却要在讲台上教育学生诚实守信……"

"最要命的是，就算勉强应付做完这些，也没有人真的看得起你。不管是学校领导、学生家长，还是学生……"

记得前几年，她因公去美国学习了半年，回来后我问她有什么感受。她只说："我觉得我在美国这段时间里活得像个人！"我很震惊和意外，就问："为什么？"她说："因为不管我水平高还是低，他们都挺尊敬我的！"

2016年12月，我邀请她来参加我的课程。在给她测试心智模式时，我惊讶地发现她有很多心魔，并已经有了出家的念头。我问她，她说是真的。后来，她来我的沙龙做了几次疗愈，对自己学校和工作的看法客观了很多，现在整个人也轻松了。

小提示 本篇发现的心智模式和实修正悟是：供需学校。

13. 职岗教师：碰到让人讨厌的老师怎么办？

小测试 13：讨厌老师指数

你碰到过让你讨厌的老师吗？你怎么看待他们？

回答选项：A. 没有，都挺好的　B. 基本上没有，就算有也过去了　C. 有几个吧，想起来还是很生气的　D. 有好几个！我永远都不想见到他们

选项说明：

选了 A，恭喜你，你很幸运。选了 B，也还不错！选了 C，提示你，本节内容或许能帮助你。选了 D，抱抱你，赶紧看看本节内容消消气。

另外，为了便于准确评估，读者可以扫码发“小测试 13”进行互动咨询。

职岗教师——影响我们学习的最大误区

“糟糕！我的数学练习卷子还没做完！这可怎么办！我得赶紧找卷子！天哪！卷子呢？怎么找不到？我找！我找！我到处找！完蛋了！来不及了！班主任李老师来了……”突然惊醒了，然后发现是一个梦，虽然心脏还在“突突”地跳，可是好开心，因为那只是个梦，不是真的。

这是我自从上高二以后就经常做的噩梦。坦率地说，我的高中班

主任是我一生中最不喜欢的老师。他仅仅比我大9岁，大学一毕业就做了我们的班主任。他个子很高，却非常瘦，看起来有点驼背。

我第一次对他有看法是因为，有一天晚上我们教室有东西被人偷了，他居然怀疑是身为班长的我偷的。他跑到我家找我爸做家访，还把我的班长职务给撤了。我问他理由是什么，他说因为那个小偷留下的脚印跟我鞋子留下的印迹很像。好吧，我原谅他了。不过还好，他后来又推举我当了团支部书记。

他非常严厉，总是一副凶巴巴的样子，只要学生迟到了或者作业没做完，就会把他们赶出教室去。最受不了的是，即使对我这样的“大干部”，他也毫不留情。这跟以前其他的老师不太一样，我有点不习惯。

他性格很急。记得一个夏天下午的课上，大家都很困，他连问了几个问题都没人反应。他瞬间火了，抓起粉笔盒就扔，粉笔被狠狠地扔了一地。那次把我们都给吓坏了。

他脾气很暴躁。有一次上课，有个同学的情绪有点躁，他就用皮鞋不停地踢那个同学的腿，踢一脚问一句：“你躁什么躁！”

他很烦人。因为偶尔会有男生或女生被他修理得受不了，他们就会躲起来或跑掉，我们作为他的主要班干部就得帮他到处找人，不管是烈日炎炎，还是倾盆大雨。

他很可怜。为了调动大家的情绪，有时不得不暂时停下课给我们讲笑话，但每次都讲同一个笑话。刚开始，我们是因为笑话笑，后来就因为他笑了。课间休息时，只要他站在教室阳台的哪一边，那里就一个人也没有，只剩下他那高高瘦瘦孤独的身影。那一刻，我真的很心疼他，有几次都会走过去跟他寒暄几句。有时候，我真的觉得很累，觉得他像个无助的孩子，自己反而像个班主任。

高一的时候，我的学习成绩好，在全班排在前五名。后来，他让我这个团支部书记去帮助我爸爸同事的女儿，理由是我们两家住在同一个单位的院子里，还说她很聪明，就是不懂事，不认真学习。我答应了，也照做了。结果从高二开始，这个女生的学习成绩就一下子变成第一名，而我却变成十几名了。因为我发现自己深深地喜欢上了这个女生。

后来，我越来越不喜欢这个班主任了。因为只要我数学考得不好，他就会非常厌恶地挖苦我："你看你考的这是什么呀！你那个脑壳里头成天想的是啥呀！"我觉得他明知故问，在有意羞辱我！

于是，我开始在心里不爽的时候不跟他配合了。有一次，我作业没做完，他让我出去，我不出去。他瞪着我，我也瞪着他。我的眼神告诉他："如果你敢来拉我，我就会替同学们揍你！"他走开了，我胜利了！第一次跟他正面对抗，我就胜利了！

有一次出早操我迟到了，他让我上午第一节化学课出去补早操。我说："可以第三节去补吗？"因为那是他的数学课。他垂下眼眉说："行。"我又得逞了！有了这些"成功"的经验，我不再害怕自己早恋的事被他知道了。

1993 年 7 月，我高考仅仅考了可怜的 458 分。如果没有因自己是市级学生干部而额外加的 10 分的话，我连大专线都上不了。那个女生更惨，只上了中专线。我除了英语（那个女孩是英语科代表）正常发挥以外，其他科目考得一塌糊涂。而且，我几乎是以满

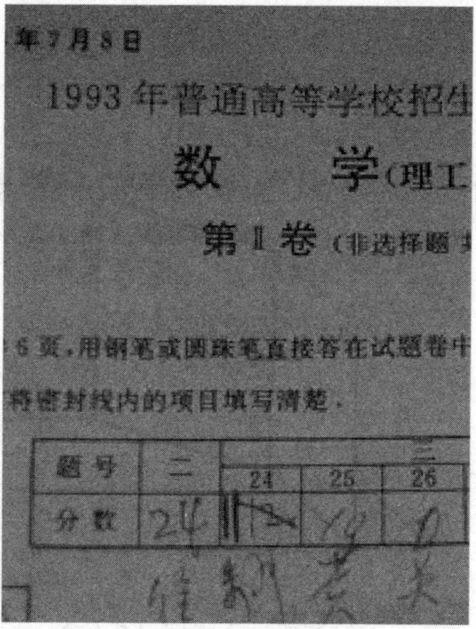

1993 年全国统一高考数学试卷

分的数学成绩考上高中的，在高考时，数学满分120分，我仅仅考了74分。当我看到这个成绩和他失望的眼神时，心里居然有了一丝得意……

是的，我又被另一个心魔（慧能、天责和童趣源被掩藏了）操控了。跟很多学生一样，因为对老师的喜好或厌恶，使自己的心智模式发生了变化，甚至忘了自己的目的，不惜用更差的分数来报复老师，结果也让自己付出了巨大的代价（不懂真爱自己）。

那么，如果碰上这样缺乏经验的“菜鸟”老师，我们应该怎么办呢？

实修正悟13（职岗教师）：在学历教育中，教师是个普通的职业，和其他的职业岗位，如业务员、司机、会计一样，是一个普通的职业岗位而已。本书简称其为职岗教师。

职岗教师：培育鲜花的围墙是由很多石头砌成的，老师只是其中普通的几块石头而已

其实，虽然职岗教师可能都学过一些教育理论和心理辅导的知识，但他们并不都是教育专家和心理专家。而且，他们也需要初期的尝试和经验的积累。他们也都是普通的人（不一定懂真爱），同样也会有缺点、有错误、有个性、有脾气、有好恶，甚至偶尔还会有一些私心和杂念。

遗憾的是，就像我上面的故事一样，我们有很多人会对职岗教师有额外的心理需求、无知的假设和盲目的屈服（心魔）！我们在刚开始会无知地以为职岗教师什么都懂、什么都会，也希望职岗教师什么都懂、什么都会，这样我们就可以轻松获益。所以，即使他们做得不对，我们也不敢，也没有意识站出来纠正。

等职岗教师的缺点和错误发展到一定的程度，我们就会逐渐开始把自己放到道德的制高点上，对他们进行评判和抨击，同时还会无意识地把对职岗教师的厌恶情绪转移到所学习的学科上来。最后，我们会神不知鬼不觉地用牺牲自己利益的方式跟职岗教师（我让你想要的成绩也得不到）同归于尽（心魔驱使）。现在想起来，我觉得不可思议，好愚蠢！

“反求诸己”让我原谅了所有的职岗教师

2013年3月，我正式以合伙人的身份加入了W导师的团队。W导师是董事长，主管课程的研发和交付，我带领公司的其他四位老师负责课程推广、招生和运营。

W导师果然是个高人，他深知我的性格和特点。我到公司的第一天，他就做好所有的交接，把办公室让给了我，自己搬到北京党校的一个小办公室里去。这样做的目的只有一个，就是为了让我不受干扰，按照自己的思路大胆地干，当我有需要时他才过来。

然而，他刚刚搬走，我的考验就来了。当时四位员工中就有三个人对W导师有强烈的不满情绪。他们一起吐槽，讲了很多负能量的话。

总结一下，可概括为两点：一、W 导师的课程非常好，好到他们愿意用一辈子来追随。二、他们不习惯 W 导师在工作中的沟通方式，觉得跟他在课程里呈现出来的不一样，反差很大，让他们觉得不舒服。

后来，我也很快有了类似的感受，觉得很不舒服，就像又回到了高中时一样。好在我早就跟那时候的水平不一样了，我便主动跟 W 导师反馈并向他请教。

W 导师问我："你问我的目的是什么呢？"我一下子有些慌了，定了定神说："是为了告诉您我们团队成员的共同感受。"W 导师笑了笑说："哈哈，我知道呀！我擅长的是课程设计和讲课，不擅长公司的运营和管理，所以才请你来带领他们呀！"说完，他指了指墙上的"行有不得，反求诸己"。我突然明白自己竟然不知不觉地被手下人的情绪给左右了。

就这样过了半个月，在跟 W 导师的讨论和碰撞中，我发现自己的自我反省能力越来越强了，工作进展也很顺利。但是，有一段时间我又不开心了，觉得很委屈，总想说服 W 导师做一些改变，就又去找他请教和探讨问题。

W 导师又问我："你跟我说的目的是什么呢？"这回我不怕了，镇定地说："是希望您的沟通方式也能稍微改变一点点。"W 导师淡定地说："好的，那你跟我合作的目的是什么呢？"我坚定地说："是为了跟您学习和提升自己，也为了能帮助更多的人，同时让团队有好的收益。"W 导师又乐了："哈哈，那你为什么跑来改变我呢？"我又一次发现自己跑偏了。我猛然想起在"领袖才华工作坊"里学到的领袖特质：我的愿景、承诺、诺言主宰我的心态及行动，而不是我的感觉、评估或批评。天哪！我们要改变自己的心智模式真的好难，一不留神就又跑偏了。

又过了半个月，我又跟他杠起来了。最后，他苦口婆心地跟我说："Michael，如果我就是一个永远不可能改变的混蛋，你打算怎么办？"这个问题确实没有想过，我愣了愣说："那就只能有两种选择，一是我不干了，二是我自己忍受。”“如果你是这个公司的创始人呢？”“那我就只能主动改变。”“那就对了，只有这样，你才会从一个职业经理人的思维变成企业家的思维！我们课程的精髓就是要让企业家们随时留意到这一点，不要想去改变别人，只有自己不断地改变，才能在竞争中立于不败之地！”

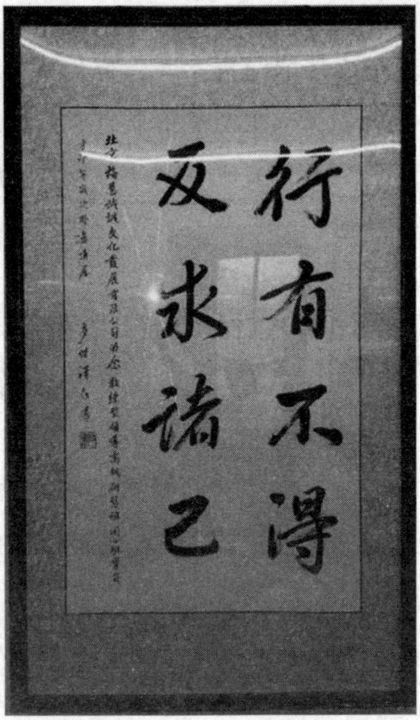

让我终身受益的
“行有不得，反求诸己”挂匾

W 导师的这段话一下子让我茅塞顿开。我发现自己被驯顺后，得到了巨大的收益。只有当臣服于老师和权威之后，才能真正明白他们的良苦用心（真爱）。我之前之所以成功有限，就是因为自己不愿意臣服，总是希望别人改变，别人不改我就不玩，跑了。这就是典型的打工者的心智模式（心魔）！

事实上，在后来两年的合作中，W 导师为了让我在很多点上实现质的突破，他一直不惜让自己成为我们眼里的“魔鬼”。他说他自己足够强大，不必在乎自己是什么，他只在乎能否真正帮到我们。其实这就是真爱。

这也让我想起了小学和初中时的班主任——杨中平、杨志和两位老师，他们批评我最多，甚至会把我说哭（真爱），但我却最感激他们。对于高中的班主任，我现在内心的想法是：一、如果那时候他能对我更狠一些，把我给弄服气了该多好啊（多一些真爱）！这样我和那个女生就都可以考好了。二、自己水平高一些，就跟现在一样学会臣服（驯顺)，那就不用指望老师，自己改变该多好啊！

读者理解了职岗教师有什么用

第一，可以让你原谅那些可能伤害过你的职岗教师，因为他们真的是普通人（不一定懂真爱）。他们也曾经想做得很好，可他们也许跟你一样无助和无奈。原谅他人就是解救自己（消除心魔）。

第二，大家不要把自己的假设和过高的期望投射给职岗教师（识别爱欲），只关注自己想要从职岗教师那里学到的东西就好。别再跟高中时的我一样，因为不喜欢职岗教师就把自己的高考给弄砸了（不要让心魔驱使）。

第三，对于职岗教师们来说，首先要真爱自己，要理性地对待别人的投射和期望（爱欲），要避免产生压能、心魔和失衡。只有这样，才能真爱到自己的学生，创造好的成果。

在我写本节内容的时候，我在百度输入了我高中班主任的名字，一打回车，立刻出现关于他的介绍。

其中最让我激动的文字是："他是教育部、人事部表彰的'全国模范教师'；是省政府表彰的'四川省特级教师'、教育专家后备人选；荣获第八届中学数学教育界全国性大奖'苏步青数学教育奖'一等奖，成为'苏步青数学教育奖'自设立以来四川省唯一的一等奖获得者。"

其实，虽然上学的时候非常不喜欢他，但自从心魔被驱除后，我的内心对他充满了感激。他真的非常有智慧和远见。他在高考前给每个学生都做了最优的志愿填报策略，还特别让我和那个女生都填报了北京的大学。正是因为他的良苦用心，我才能在考砸了的情况下仍然来到首都北京。

在 2003 年学校建立 100 周年校庆的时候，他因为骑摩托车伤了腿，没能参加庆典。我们去他家里看望他，他还向我们道歉，说当年的自己刚刚毕业，缺乏经验……

说实话，对所有的职岗教师来说，教高中年级学生的阶段毕竟是压能最大而且最容易失衡的一个时期。在那样的环境下做班主任，一个人要带近 60 人的大班，谁都会起急的，而且越有责任心（天责）的人越会起急，真的不容易。

2016 年，我的公司开业时的合影（正中央是田老师）

在毕业后二十多年里，班主任李老师一直对我们无欲无求，即使我们多次想做点什么去回报，他也根本不愿意接受。其实，我最想说的就是："李老师，您是我们一生的骄傲！我们也会是您一生的骄傲！"（我的心魔去掉后，真爱、慧能和天责又回来了。）

2016 年 8 月 28 日，在我自己创办的公司开业的那天，我专门邀请我上大学时曾担任我们系书记的田老师来参加我的开业仪式。我曾经对她有一些看法和误会。田老师说："我已经退休很久了，已经'过时'

了，帮不上你什么忙，就不用去了吧。”

我非常坦诚地说：“田老师，跟您说实话！我上大学的时候太傻，很不懂事，您当时的很多教导都听不进去。现在懂些事了，您来吧，还有很多感悟想跟您说呢！”

那天，田老师的到来让我们的开业仪式现场蓬荜生辉，她还给我送了一个玉石的工艺笔筒，还说在我开业的讲座上学到了很多新的知识和理念。

再次感恩李老师、田老师和所有的职岗教师！你们虽然也都是普普通通的人，但其实你们每个人都不普通，都是平凡而伟大的人！

小提示 本篇发现的心智模式和实修正悟是：职岗教师。

14. 爱教：职岗教师怎样跟学校争取正当的权益？

小测试 14：学校满意度指数

你对学校的教学和教务工作满意吗？你怎么看待学校的教学和教务工作？

回答选项：A. 满意，挺好的 B. 还可以，凑合吧 C. 不太满意，问题不少 D. 很不满意，他们水平太差

选项说明：

选了 A，很幸运哟！选了 B，也不错！选了 C，提示你，可以认真看看本节内容。选了 D，抱抱你，多读几遍本节内容，去去火。

另外，为了便于准确评估，读者可以扫码发“小测试 14”进行互动咨询。

爱教——学历教育最容易迷失的部分

1983 年 9 月，在村里的勤俭小学读完二年级后，我们全班被一起转学到了乡上的东溪完小。

虽然说从条件简陋的村小转到条件不错的东溪完小是个好事，可对我来说也需要一些适应的时间。一是原来自己永远都是第一名，现在却发现“三一班”的孙权总是比我考得高一两分；二是我们班上原来都是村里的土孩子，现在跟乡里的洋孩子一起上学了，突然发现从穿着和气质上都有些不自信了。特别是在节日表演节目和制作手工的时

候，发现那些乡里的孩子们真的很有才华，我们真的好土。

幸运的是，在三年级下学期评选全校大队长的过程中，我居然超过孙权，当上了正大队长。而且，副大队长还是班里美得像洋娃娃一样的女同学伏蓉。在“就职仪式”那天，当校长当着全校师生在主席台把印有“三道杠”的袖章别在我们胳膊上的时候，我兴奋得快晕倒了。刚开始的几天，上课听讲的时候，我都会时不时故作镇静地用眼角余光瞟一瞟那红艳艳的“三道杠”。

当选大队长一周后，校长把我和伏蓉叫到办公室，说要给我们订阅如何做好大队长的指导书籍，让我们每人交3块5毛钱。在那时候，这可是跟一年学费相等的大数目哟！回家后，我主动陪妈妈去一里外的水井挑水，然后跟妈妈要钱。妈妈一直没有说话，我能感觉到妈妈很为难，不过两天后妈妈就把钱凑齐给我了。遗憾的是，我们交了钱却一直没有拿到大队长相关的指导书籍。

也就是说，我是在没有什么具体指导和建议的情况下当大队长的。给同学补课并提升学习成绩，好像太难了。在穷乡僻壤，组织同学们搞活动又没有什么能力和资源，搞一次爬山就歇菜了。剩下的就只有监管同学们遵守纪律了，例如：检查、监督各班自习课、做课间操和眼保健操、外出春游和放学后的纪律。

有一段时间，学校要求同学们放学后必须尽快回家，不能在操场上逗留，并让我去监督大家的执行情况。我们班有个男生不听话，一直在操场上打乒乓球，我就把他的拍子给收走了。我本想第二天交给班主任老师，但她没来，就放在她讲桌的抽屉里了，结果拍子后来丢了。

于是，这个同学每天缠着我要他的拍子，我拿不出来，又不敢跟老师说，怕挨老师批评，更不敢再跟妈妈要钱去买，所以每天都很难受。后来有一天放学后，他把他爸爸叫来在路上截住我，找我算账。我非常害怕，就哭着把实情跟他爸爸说了。他爸爸虽然可怜我，但觉得不解气，就指着马路下面狭窄的涵洞说："那这样吧，你要是从这个洞里钻过去，我就不让你赔了。"

没办法，我只能从那条狭窄、肮脏的涵洞里爬了过去，衣服和裤子都湿了、脏了，当时感觉受尽了屈辱。这件事对我的触动很大，从那以后就不敢在学校里多管事了，但心里又会觉得自己没有尽到职责，对不起胳膊上的"三道杠"。就这样，在这种内心纠结中，我度过了四年级和五年级。

小学五年级时的全家合影（最左侧的是我）

后来，在上六年级的时候，我们全班又被转回了勤俭小学。我当时天真地认为，就是因为自己这个大队长没有当好才会被转回去的。

其实在从幼儿园当班长到大学当系学生会主席的过程中，这样的困惑和委屈就一直困扰着我。我相信这也是一个非常普遍的现象。成绩优异的学生没有任何管理经验，就被老师轻易地委以重任，要协助老师，甚至独立完成很多管理任务。而很多管理任务，甚至连老师自己也恐怕不知道如何处理。

那应该怎么办呢?

实修正悟 14（爱教）：因为教学是老师把已知的规律、规则和现有的经验和知识传授给学生的过程，这其实也就是真爱的过程。事实上，因为受个人成长环境和主观因素的制约，老师本身很难达到真爱意识，也很难用真爱的方式把真爱传授给学生。所以懂真爱的教学不是一个简单的“老师教、学生学”的过程，而是一个复杂的“老师在教中学、教中用、用中教和学生在学中教、学中用、用中学”的过程。本书简称其为爱教。

一方面，老师首先要不断学习、更新各种规律、规则、经验和知识，其中就包括学生（施教对象）的各种心理和生理规律、知识等，让自己懂得真爱，这就是“教中学”；其次就是要在实际教学（包括工作和生活）中去用和验证自己所教的东西，这就是“教中用”；最后把验证后的经验补充到教学中并不断予以修正，这就是“用中教”。

另一方面，老师要鼓励学生在学习中多互动和反馈，告诉老师哪些方式会让自己学得更好、更多、更深，让老师可以真爱到自己，这就是“学中教”；其次就是要在实际生活中去用和验证自己所学的东西，这就是“学中用”；最后在实际验证中更新、归纳和升华自己的所学，这就是“用中学”。

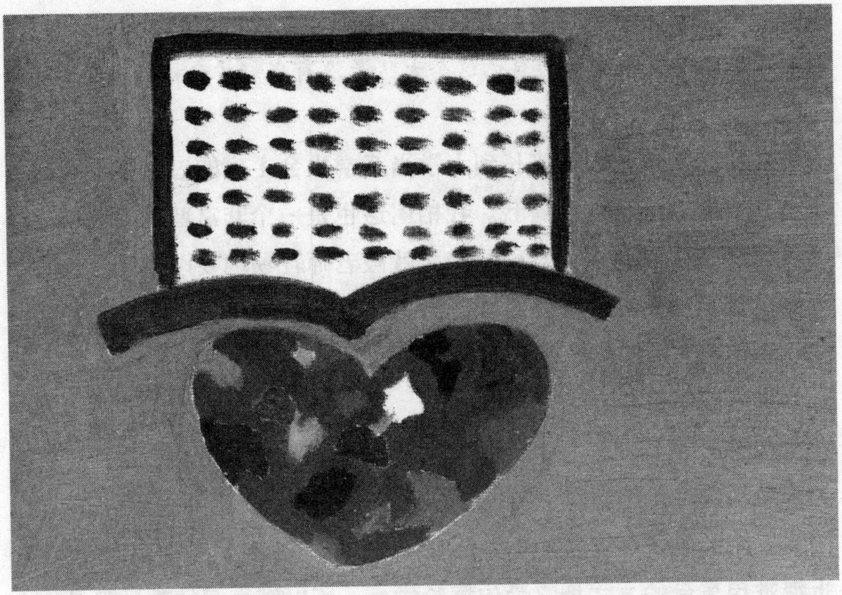

爱教：只有懂得真爱的人才能教出真爱；
如果施教的人本身拥有一颗残缺的心，那么就要先从真爱和疗愈自己做起

在我上面的故事里，老师们本身就不太懂真爱，没有提炼出实用的方法，除了给我们布置管理任务，从来就没有培训过我们，也没有对我们实行爱教，导致像我们这样有天赋的学生干部就只会用权力进行监督和管理（更多的是爱欲），却极不善于沟通、激励和领导（更多的是真爱），从而逐渐在压能（同学会有不满和反抗）下有了心魔（被羞辱后有了恐惧），过早地失去了一些童趣（有了内心纠结）和天责（不敢多管了）。

爱教让我对孩子的教育变得异常轻松

2013 年 12 月 6 日，我在博客写下了这篇博文。

儿子在两节课内被老师批评了 4 次，该怎么办

昨天我忙完工作，回家已经很晚了。今天早上一起床老婆就悄悄

地跟我说，儿子昨天在两节语文课上被老师批评了4次，而且老师还专门嘱咐同班的小朋友把这个情况告诉孩子的家长。

他们描述的情况是：在第一节语文课上，老师发现儿子在给别的同学传字条，而且还把字条顶在头上，所以就批评了他。过了一会儿，老师又发现他在跟别的同学用哑语比画，就又批评了他。后来在第二节课里，老师又发现儿子有两次在发呆，让他站起来复述讲课的内容，他也答不上来，所以再次批评了他。

听完这些，我心里非常平静，也有些好奇。坦率地说，现在这样的情况对我来说从来不是什么事。这也是老婆一般会让我来处理这些事情的原因。

当我们一家三口开车行驶在路上时，我们仍然和往常一样，一起玩“看车牌，做联想”的游戏。在一片欢笑声中，我开心地问儿子：“宝贝儿，听说你昨天挨老师批评了，是吗？”

儿子爽快地说：“呵呵，是的。”“爸爸很好奇，想知道发生了什么事，你给我讲讲好吗？”

感觉儿子在后面没有了动静，坐在副驾驶上的老婆这时说话了：“宝贝儿，跟爸爸说说吧，爸爸只是想知道发生了什么呀！”“嗯……”“你知道你爸爸现在是不严厉的，你就自己说说吧！”“嗯……”“那我来替你跟爸爸说说情况可以吗？”“那……好吧！”

于是，老婆开始复述昨天发生的事情，刚说两句就发现儿子在后面用双手捂着耳朵，调皮地把头埋在后座里，像一只打了败仗的小公鸡，逗得我俩哈哈大笑起来。这一笑之后，儿子也坐起身来平静地听完了妈妈的复述。

我乐呵呵地问儿子：“你传的字条上写的是什么好玩的东东呀？”“嗨，就是有个同学给我传字条，让我把耳套（老婆前几天给儿子买了十几个耳套，让儿子可以送给跟他合得来的同学）给他，我就把字条顶在头上告诉他不行，在上课呢！”

“那你又在比画什么呀？”“他又比画着跟我要耳套，我就跟他比画让他听课，现在不能要。”“那你后来又为什么发呆呀？”“不是发呆，是走神！我在想妈妈是不是已经搬到新的办公室了，能不能看见我呀（老婆公司最近要搬到儿子学校旁边的楼里，老婆在座位上就可以看到儿子的学校）。”

儿子的回答让我陷入了深深的思考。一方面，我真切地知道儿子是一个特别真诚、有爱心、孝顺和懂事的孩子，同时因为他在班里的年龄最小，有时候的确会走神和管不住自己。另一方面，我也完全能够体谅老师，她的批评也是有必要的，但对于老师经常让别的小朋友给家长带话的事我还是有保留意见的。于是，我就开始反思自己，我应该为这件事情负什么责任。

我先想了想自己跟家人在一起的时候有没有走神和不专注的情况，不用说，肯定有，所以以后多注意和调整。另外，由于前一段时间一直想把儿子转到体制外的华德福学校去，所以就没有意愿去跟儿子的老师多作沟通。现在的决定是，从今天开始就跟儿子的老师多作沟通和交流。第三，马上跟儿子直接沟通，对他进行引导。

想到这里，车已经快到儿子的学校了。我问儿子：“宝贝儿，告诉爸爸，以后上课时，别的同学再给你传字条，你应该怎么做呀？”“那就告诉老师！”老婆坏笑着在旁边插话。“对不起，我在问儿子呢！”我也坏笑着瞪了一眼老婆。“我就专心听课，不理他。”“那他用手跟你比画呢？”“我不看他。”“如果你忍不住要走神了呢？”“我就看老师的眼睛！”

喜悦！幸福！我又一次坚信，我是如此欣赏和深爱我的老婆和儿子！他们都是我最好的老师！

估计大家都能从这篇博文里看出来，那时候的我已经有了非常大的变化，路怒症早已经没有了（轻松地玩“看车牌，做联想”的游戏），原复模式也没有自动运行（没有下意识地去指责），心魔也没有了（听到儿子被批评了 4 次后，心里很平静），对职岗教师有了客观评价（理解老师，也保留自己的意见），自己也驯顺了（没有责怪老师，先反省自己），充满了慧能（没有强烈的逻辑和负面情绪）和童趣（好奇，始终跟玩似的），用自己的天责（决定立刻沟通）对儿子进行满是真爱（弄清楚所有规律和真实情况并按规律沟通）的爱教（我在教中学、教中用、用中教，儿子在学中教、学中用、用中学）。

知道了爱教能解决什么实际问题

如果我们是家长、职岗教师或者领导，我们就可以用这种方式来教育自己的孩子、学生和下属。这样，在爱教的过程中，不仅会成果显著，而且双方都会心情愉悦，很有乐趣和价值感。

从 2012 年中旬开始，由于我不断吸收各位老师们的智慧，慢慢地悟出了爱教的理念。在我们家，儿子逐渐跟我建立了非常紧密的信任关系；老婆也逐渐开始把各种棘手的事情交给我来处理，结果我都用爱教的方式妥善而轻易地将问题解决了。儿子很服气，还给我封了个“无敌老爸”的称号。

2012 年 8 月，我们一家三口的合影

如果我们是学生、家长或下属，我们也可以启动自己的慧能和天责，向老师或领导推荐或建议他们使用爱教的理念。

对于老师给我们反映的孩子的不良表现，我们不会立刻根据老师的观点去批评和指责孩子，而是要从孩子的角度听取他的真实描述和感受，然后再根据实际情况分别跟儿子和老师沟通和反馈，就像上面故事里描述的一样。

2016 年，我在儿子学校的家长会上作分享

后来，我在跟老师的沟通中明确地表达了我的观点：因为我家儿子的生日是 8 月 21 日，他比其他孩子要小一些，可能自制力方面会与别的孩子有一些差异，希望老师能尊重和留意这个规律，并建议她以后有事最好直接跟我们沟通。老师十分理解和认同我的观点。后来我家孩子有情况，老师会主动跟我联系，一起商量决定。我们相处得非常融洽，就像亲人一样。

2014 年至 2015 年间，我多次去儿子班上给家长们分享我的爱教理念。2016 年，自从我开播了“疯说真相”系列公益课程后，我儿子班上有十多个家长经常来参加我的沙龙。他们的班主任魏老师也亲自来参加了一期，他们的马校长也看过我的系列文章。我的助理李晶老师就是我儿子同学的家长，也是我儿子学校家委会的骨干成员。

小提示 本篇发现的心智模式和实修正悟是：爱教。

15. 共育：家长和学校起冲突了怎么办？

小测试 15：家校和谐指数

你或者你的同学、孩子有被老师劝退过的经历吗？如果有，你怎么看待这样的事情？

回答选项：A. 没有，没看法　B. 好像有过，不过没什么看法　C. 有，觉得好无奈，没有办法　D. 有很多次，觉得老师都太不负责任了

选项说明：

选了 A，恭喜你，很幸运。选了 B，也不错！选了 C，提示你，可以认真读一读本节内容。选了 D，拍拍你，看看本节内容有没有可以借鉴的地方。

另外，为了便于准确评估，读者可以扫码发“小测试 15”进行互动咨询。

共育——义务教育中家校关系的误区

2002 年 7 月，爸爸妈妈带着哥哥 10 岁的儿子张尧从老家来到北京，哥哥嫂嫂也从打工的太原来到北京。我们一家人开心地聚在了一起。

那几天，大家聊得最多的就是张尧的事情。哥哥嫂嫂长年在外，张尧主要是我的爸爸妈妈在照顾。一方面，爸爸妈妈年纪大了，而且孩子多也养烦了，带孩子的耐心不足了。另一方面，他们在我们的鼓励

我们一家在天安门广场的合影，照片中的孩子就是张尧

和支持下，已经有了自己痴迷的爱好，爸爸每天去钓鱼，妈妈每天去打麻将，所以精力也有限。

在这样的环境下，张尧的性格从小就有些孤僻，不爱说话，不爱学习，对电子游戏却极度着迷。总之，像他这样的留守儿童，出现的问题比较多。

我妈妈最难受和丢面子的，就是经常受到张尧班主任的紧急召见，妈妈想躲避时就会推给我爸爸。我爸爸性格固执，有时不搭理她，一扭头就走了，妈妈只能自己硬着头皮去见老师。

老师的固定流程都是这样的：先跟我妈妈列举张尧的各种问题，然后提出一堆要求和条件，如果我妈妈不同意，就让她立刻把孩子领走，说他们教不了这样的孩子。我妈妈第一次去肯定是满口答应，后来再去的时候老师就要增加一个控诉家长不听话的流程。我妈妈没办法，只能向老师求情、说好话，还建议老师实在没办法，对孩子该打就打，反正能管用就行。这样一来，挨老师的打就成张尧的家常便饭了。

可是，有一天，我妈妈发现张尧的脸被老师打伤了，就去找老师理论。没想到老师一见面就火了，说她批评张尧的时候，张尧就把头往墙上磕，吓得她不敢再教张尧了，要求他立刻退学回家……

我妈妈说到这里，难过得眼泪都流出来了，哥哥嫂嫂和我们也都感到无可奈何，只能一边安慰我妈妈，一边摇头叹气……

其实，早在张尧之前，大姐的女儿王欢也出现过类似的问题，只不过远远没有张尧的问题严重。作为家族中学历最高，也被大家看作家族领袖的我，一直都在思考这些问题。那么，对于这一普遍存在的问题，到底应该怎么办呢？

共育：学生是孩子，家庭是妈妈，学校是政府给孩子找的爸爸，所以学校和家庭是夫妻关系，要共同承担、不离不弃

实修正悟 15（共育）：在国家义务教育的体制中，家庭就好比是学生的生身母亲，学校就好比是负责教育的父亲，所以学校和家庭的关系就是夫妻关系。既然是夫妻关系，就不能相互推诿，而是应该不离不弃，共担共育。本书简称其为共育。

所以，按照共育的真相，我的哥哥嫂嫂首先就应该对孩子的学历教育有天责的意识。一方面应该主动取得老师的联系方式，经常主动跟老师沟通情感、情绪和孩子的情况；另一方面还要经常主动跟张尧和我的爸爸妈妈沟通情感、情绪和表现情况。

其次，我的爸爸妈妈也要主动和老师沟通，或者要求哥哥嫂嫂主动跟老师直接沟通，而不是逃避责任和简单应付。同时，还要对张尧进行心理疏导和关爱。

第三，老师应该学会和使用爱教。很简单，如果老师懂得真爱，就要去了解这些留守儿童的原复模式和心魔，就不会导致自己失衡和生气打人，也不能采取让孩子退学这样的极端方式来跟家长和孩子沟通处理。

不过，很遗憾，那个时候的我根本不可能有现在的理解和领悟。同时，根据我在汶川支教的经历来看，在留守儿童较多的山区任教，职岗教师的压能是非常大的。因为孩子从小心理偏差就很大，心魔较多，职岗教师负担很重，很容易失衡，发脾气。我在汶川支教时就深有感触，所以我不仅要给孩子们做心理辅导，还要借各种机会给职岗教师做心理疏导。

让我折服而跪拜的共育理念

2012 年 4 月 18 日，福建大厦，“唤醒王性”的课堂上。

在经过了一个多月的磨合后，在团队共同努力下，我和 W 导师合作的第一期“王道教练课程”如期在北京开班了。因为之前没有上过，所以我本期也会作为学员全程参与学习。而且，根据 W 导师的要求，我还支付了半价学费。

这期课程由 W 导师亲自设计并督导，由徐嫣娜老师主讲，由骆杰中老师担任班主任，由刘涌、金聚楼、谢庆、谢冰四位企业家和邢杨、刁红艳两位老师担任助教。W 导师的资历不用多说了，徐老师是中国光大银行支行的行长，骆老师是业内经验极其丰富的资深教练，四位企业家助教也颇具实力，两位老师也是长期追随 W 导师的资深老师。

可以说，这样的师资阵容放在国内任何一个培训场合都是顶尖的。

学员的招生也非常顺利，VIP小班30人的限额早就满员了，最终确定的报名人数达到了36人。本来我心里挺美的，觉得自己的第一场招生硬仗就打得挺漂亮的。课前的问卷也全部收回备好，"学员须知"也都给大家发过了，一切准备就绪。

在开课前一天，徐老师和骆老师来北京后，就开始审查学员资料。他们把6个不能保证全程参加的企业老板给"踢"掉了。这几个老板正好是我比较看重的优质学员，都被劝退了。我的情绪一下子就上来了，立刻就跟他们和W导师理论起来。W导师说："我们开课的目的不是为了赚钱，而是要让学员有收获。这种课程是需要学员把心静下来才能收到效果的，不能保证全程参加的人，心就不定，所以来了也没有用，既浪费时间，又浪费钱。"我本来还想反驳，但看到W导师坚定的眼神就想到了"臣服"两个字，就接受了他们的决定。

然而，在开课的第一天，有一个老板朋友带着下属晚到了两小时，结果又被W导师给劝退了。那个朋友很生气，临走时甩下一句话："我是给张总面子才来的，你们竟然还这么牛。"后来，W导师问我："如果学员是以给你面子的心态来学习，他的收获能有多少呢？"我摇摇头说："不会有多少！"

这三天的课程给作为学员的我震撼极大，除了徐老师的讲授行云流水，沁人心脾以外，助教从上课的第一天早上起就会发短信或打电话，来跟我们互动。在三天的课程期间，他们还会根据每个学员的心智模式给予不同的点拨和指引，这些点拨和指引既精准又恰到好处。

课程涵盖了人生整体评估、个人心灵呵护、家庭关系处理和事业目标达成四个部分。国学《弟子规》的完美植入让我们正好反躬自省。很多学员在课堂上感慨万千，声泪俱下，课前的诸多纠结和困扰在三天后居然荡然无存。课程结束时，有近一半的学员都给课程的内容和组织打了满分5分，其他的评分也都在4分以上。

说实话，虽然之前诚泉文化的课程里也有这样类似心对心的服务，但W导师的这套课程更是由高水平导师和助教一对一、心贴心地按学员自身的心智模式和接受程度来进行辅导，而且不急不躁，不离不弃！总之，培训机构的老师和助教就像对待新生婴儿一样，全身心投入去爱每一个学员。

还让我特别感动的是，哈哈科技的谢庆董事长，也是我们的助教，在课间眼含热泪，握着我的手说："张总啊！您是诚诚教练的CEO，就是企业家们的'黄埔军校'的校长啊！我们看好您！支持您！加油啊！"

在毕业典礼上，我感慨万千，之前对W导师的一些不理解瞬间消失殆尽。我当场双腿长跪在地，朝着W导师就要磕头，W导师赶紧过来扶我。我跟他解释说，这是尊师重道。我跪拜的不仅是师，更是道。W导师这才一边鞠躬回礼，一边欣然地接受了。后来像我这样在毕业时情不自禁跪拜的行为也时有发生……

王道教练的一阶课程"唤醒王性"的课堂

坦率地说，现在我自己课程和咨询里的很多东西都源于并借鉴了W导师课程体系给我的启发。很显然，我之所以这么崇尚W导师的课程体系，是因为这些课程的设计是建立在人的心智模式和原复模式、心魔、失觉、慧能、天责、童趣等基础上的关于真爱的课程，课程的讲授也是由懂得真爱的导师和助教用爱教的方式进行的，而且还是一种心连心、不离不弃的共育模式。

更值得尊敬的是，对于那些因为不能全程参加，或者迟到 30 分钟以上而被拒绝的学员，W 导师都要求我们课后给学员全额退款并跟他们沟通，即使没有进入课堂，也要让他们看到自己的心智模式、原复模式和心魔，让他们也能因此受益。

W 导师常给我们说："你们要永远记住，我们做教育的目的，不是为了赚钱，而是要让人有收获！"这就是我甘愿跪拜的师和道！

读者如何享受共育理念的福利

首先，家校双方都要主动与对方建立亲密的关系，随时互通信息，并经常组织各种活动，在活动中增加互信和亲密感。

我儿子所在的呼家楼中心小学是朝阳区的重点学校。2013 年，我本来准备把儿子转到体制外的华德福学校，可去参加了一次他们的家长会之后，便打消了这个念头。因为他们学校的教学理念好到让我都不相信这是一所体制内的学校。

学校秉承"每个孩子都精彩"的教育理念，用"发现、唤醒、点燃、激活"的方式与孩子互动，同时还实施了"培育人文素养，传承民族精神"的三礼教育，而且每月都会有一次社会实践活动。

班级和学生及家长共有两个大群：一个叫"花儿与少年"群，主要用于平时关于作业的沟通和辅导事宜。一个叫"永远的 ×× 班"群，主要用于让大家闲聊、进行互动分享。老师们做得太棒了，我们家长几乎每天都能看到关于孩子的图片和视频直播，这个群一直都是我们家长中最活跃的微信群。

学校会经常组织我们参加家长会和一些有益的分享和培训。对于家长提出的每一个问题，从校长到班主任老师都会认真解答并通报给我们。我们这些家长特别愿意参加学校的各种活动，同时我们也会经常自发地组织家庭聚会，并邀请班主任老师参加。大家彼此非常亲密，甚至到了一个月不见都会思念的程度。

今年6月，儿子就要毕业了，大家都非常舍不得。4月份开运动会的时候，家长和老师提到即将到来的分别，眼泪都止不住地流了下来。

家长们和我儿子的班主任老师魏欣（前排左三）的合影

其次，如果发生了事情，双方不要互相推诿，而是要不离不弃，共同担当和解决。

2016年春节前，儿子的一个同班同学产生了强烈的厌学情绪。他本来非常聪明，智商极高，被称为班里的“科学家”。可是，他有一个习惯，喜欢用自己的缺点去和别人的优点比较，结果把自己比得不敢去上学了。

事情发生后，这个同学的爸爸、老师和我们一些家长一起想了很多办法。我记得这个爸爸和孩子的老师跟我商量了好几次。这个爸爸特别有智慧，干脆带着孩子去三亚住了一段时间。最后在大家共同的努力下，这位同学终于又开心地回到学校重新上学了。

像我们和儿子学校之间的这种亲密关系，就是典型的共育。这所学校也是整个北京市被美国同行认可的三所小学之一。

我们这些家长跟孩子们一起拍了一天毕业留影

那一天，我在对本书进行最后一次修改。上午我去参加了儿子班级的毕业纪念摄影活动，这个活动是由全体家长自发组织的。不仅孩子们依依不舍，家长和班主任老师也是依依不舍。班主任魏欣老师自豪地说："这个班是我带过的最好的班集体！" 我们也由衷地说："您也是孩子们最好的班主任老师！"

小提示 本篇发现的心智模式和实修正悟是：共育。

第四章
能力测试：应用软件调试

2012年9月，我在博客中写道：

英雄和领袖

记得在大学入党时，曾经被组织部的老师问过雷锋精神和个人英雄主义的区别。那时自己并没有太多的认识，而是用一个真诚的反问让组织部的老师措手不及，面红耳赤，后来侥幸过关，最终入党了。

因为认识水平还没有达到一定程度，自己也就一直重复个人英雄主义的情结直到现在。虽然在过去的人生中确实取得了一些可以聊以自慰的成绩，但也很清楚那些总也逃不过自欺欺人的嫌疑。

所谓英雄，其焦点是向内的。虽然他们也有承诺和付出，却更在乎得到了什么，所以即使付出自己的生命，也可能是以换取认可和赞扬为出发点的。

而领袖，其焦点则是向外的。发心是承诺实现和无限接近一个足够大的愿景。为了这个愿景，可以抛弃一切个人感受，而不再纠结于得到了什么。

我写这篇博文的时候，正在诚泉文化的“里程”阶段学习，并带领一群同样有一些困惑的精英们在做自我探索、自我激励和自我疗愈。

从那时候开始，我就又对自己所获得的各种能力进行了总结和梳理，这就像对电脑的应用软件进行调试和更新。

16．教学次第：学什么以后会最吃香？

小测试 16：懂规矩指数

你觉得现在的年轻人和小孩子懂规矩吗？你怎么看待规矩？

回答选项：A. 挺好的，规矩必不可少　B. 还凑合吧，规矩很重要　C. 不太懂规矩，也没什么办法　D. 都不懂规矩，我们也搞不清了

选项说明：

选了A，恭喜你，你的环境不错哟。选了B，也不错！选了C，提醒你，你自己也要注意了。选了D，警示你，你需要立刻认真对待这个问题了！

另外，为了便于准确评估，读者可以扫码发“小测试 16”进行互动咨询。

教学次第——社会乱象产生的根源

在 1999 年至 2011 年期间，我先后服务了一家瑞典企业和两家德国企业。这三家公司都是在世界范围内在本行业排名第一或第二的。公司的产品在全球用户中享有极好的口碑和极高的信誉，特别是后两家德国公司。在与同行的市场竞争中，我们在营销中有中国人的灵活和变通，加上德国人的高品质产品和严谨的作风，立刻独树一帜，所向披靡。

在此期间，由于业务方面的原因，我经常会去德国和欧洲其他国

家，所以就对德国的文化和优势进行了一些研究。

首先，德国人的规则感是从小就训练出来的。比如在上幼儿园时，老师就会教孩子们乘坐公共交通回家、遵守交通规则、在公共场合不可大声说话、进行垃圾分类等社会秩序教育；还会教育孩子盛入自己盘中的食物一定要吃光，必须先吃完饭菜，才能吃零食。德国父母基本不会在未经过孩子同意的情况下就去翻阅孩子的东西，也告诉孩子要尊重别人的隐私。德国家长首先会以身作则，并经常告诉孩子，要遵守约定，不能轻易许诺，答应过的事情，要在规定的时间内做到。他们经常鼓励孩子参加集体活动，“Wer alleine arbeitet, addiert. Wer zusammen arbeitet, multipliziert（一个人的努力是加法，一个团队的努力是乘法）”。

其次，德国人遵守规则的意志品质也是从小锻炼出来的。我的老板告诉我，他们从小就会参加游泳训练，所以永远不会穿秋衣、秋裤，否则就会被别的小朋友嘲笑。他从小就是这样被冻出来的，我们经常看到在寒冷的下雪天，德国人也只穿一条单裤子和衬衫西服。

我每次去德国都会对他们的守法意识赞叹不已：限速5公里就会开着车慢慢地爬行，即使路上一个人也没有；乘客耽误了时间，开车的司机到了下班的时间，就会让乘客下车，并说自己不能破坏法律规定；大工厂会给学徒工设置封闭的小工厂，学徒工干满三年或考试合格后，才能到大工厂上线工作。

德国的违法监控和违法违纪登记也非常严格，一旦有违法违纪行为产生，便会被终身记录。例如：如果小时候逃过一次公交车票，那么你的信誉度就会立刻降低，后面的人生就会为此付出很多代价。

德国人很务实。高中分文理科，“数理化”不是必修的。高中毕业后大部分人会选择技校，然后走上工作岗位。要继续读大学就可以申请 Abitur 考试，Abitur 成绩最好的是1分，最差的是5分。如果你考了3分，就基本可以上大学了；如果你考了3分，又想上最好的大学，那么就可以先工作两年，每年可以增加一个学分，然后就可以入学了。德国企业非常喜欢录用从技校毕业的学生，也更喜欢工作后再上大学的人，认为他们更有实力，这跟国内正好相反。不过如果你取得了博士以上的学位，就会在德国受到极高的尊重和认可。

在我原来工作的德国公司总部，每天早到的人都会自动把车停到最远的地方（最左下侧），而把离办公室（最右上侧）较近的停车位留给晚到的人

相对而言，在我22年的职业生涯中，我发现一方面求职者众多，人满为患，另一方面企业却无人可用。我永远记得自己刚毕业在国企工作的场景，我的手下有6名35岁以上且经验丰富的老员工，可他们不仅不好好干，还会经常作梗。无奈之下，我只好听从领导的建议，带着两个保安和一个打扫卫生的临时工干活，同时还得提防他们搞破坏。

后来到外企，在积累了用人经验后，只要看到传真机上发来的简历上显示求职者的学历是研究生以上，我就会立刻把他们的简历放到碎纸机里碎掉。我认为，他们在我们这样的销售型公司里接不了地气，在和客户的沟通方面也有所不足。

再后来，随着吃亏更多，经验也更多，我就跟很多企业家和高管们想的一样了，新人来了先看会不会做人，对于不忠诚、不听话、不扛事的人，即使他们能力再强，我都不敢用……

看到这里，大家可能会觉得奇怪，人们不是常常羡慕有能力和才干的人吗？为什么反倒不敢用了呢？

实修正悟 16（教育次第）：教学（教育和学习）本来是有先后顺序的。首先要教学基本的规律和规则，主要包括生存法则、安全常识、道德本分、纪律规则；其次才是科学知识、经验技巧和专业技能；然后才是理论探索和科学研究；最后是著书立说。这才是教学应该有的次第。本书简称其为教学次第。

1989 年 3 月 23 日，中央军委主席邓小平在人民大会堂会见应邀来访的乌干达共和国总统约韦里 · 卡古塔 · 穆塞韦尼时说："我们在十年中最大的失误是在教育方面发展不够。"是的！而教育最大的失误就是把教学次第给搞乱了！在我上面所讲的故事中，德国人的教育就是按照正确的顺序在进行。先学基本规律和规则，然后才学经验和技能，最后才是科研和探索，等等。

我们社会目前的教育就比较麻烦了。最痛心的就是对基本规律和规则教育的严重缺失（缺乏真爱，不是爱教），例如我的那 6 名下属老员工，当然也包括一直不愿意臣服和桀骜不驯的我自己（不懂真爱，没有驯顺）。绝大部分的教育一上来就是学知识、学技能，总想一步到位，先有个一技之长再说，甚至还要一步登天，想直接搞研究。

可是，没有了最基本的生存法则、安全常识、道德本分、纪律规则作保障，连基本的规矩都不懂（不懂真爱，没有驯顺），这样的人才谁敢用呢？所以能力和才华就成了"空中楼阁"，甚至连就业都要托关

系，找人担保才能搞定。

教学次第：如果忽略了规律和规则的培养，
再多的知识、经验和技能也仅能建成空中楼阁，出入都会困难

如果连续两三代人的教学次第都出现了混乱，就必然会引起家庭、企业和社会的道德、规则和秩序的紊乱，整个社会乱象百出就不奇怪了！

经典国学让我重新找回了教学次第

2013 年 3 月，我之所以会跟 W 导师结缘，就是因为那位叫李俊逸的仁兄问了我三个问题。

当我带着这三个问题跟W导师探讨时，W导师笑着跟我说："对呀，《大学》中说：'知止而后有定，定而后能静，静而后能安，安而后能虑，虑而后能得。''物有本末，事有终始。知所先后，则近道矣。'你要先知道自己想要的究竟是什么，这就是'止'；知道到了想要的就会留在一个地方，这就是'定'；留在一个地方心就不会浮躁，这就是'安'；不会浮躁就会用心钻研，这就是'虑'；用心钻研就会有成果，这就是'得'。按照这个规律来工作和实践就是'得道'，就容易成功。"

我一听觉得太有道理了！坦率地说，自己的每一份工作也都是这样做的，所以都取得了阶段性的成功。可问题是，每每到了一个阶段，自己就又改变目标了，老是换来换去，最后换得自己也晕了。亲朋好友刚开始都挺鼓励我的，后来老换来换去的，别人也都不知道该说啥了，结果也把自己给整抑郁了！

后来，在4月18日的课堂里，W导师又巧妙地把《弟子规》融入课程里了。"弟子规，圣人训，首孝弟，次谨信。泛爱众，而亲仁，有余力，则学文。"反复阅读后，发现这里面说的顺序是先要懂得孝敬父母和团结兄长，然后养成严谨守信的习惯，接着要跟所有人搞好关系，然后要跟德行和水平高的人一起相处和学习，最后有了多余的精力才去学习知识和文化。自己这么一读，发现我哪条都没做好，没做到位。而且，我还发现在课堂里，水平越低的人越没这样的感触，越是成功的企业家越觉得自己差得还远。天津哈哈科技有限公司的谢庆董事长读得声泪俱下，见谁都鞠躬，都快鞠到对方的脚面了！

5月22日，W导师亲自主讲的第二阶课程"成就王性"在广州开课了。开课的第一天，我们都满怀期待，想尽快感受大师的授课风采。结果，W导师上来就给我们写了三个字：人，本分。然后，他给我们打开了两种民国早期的配图课本。一种课本的第一课是讲“人”，另一种讲的是“职业”。在讲职业的课本中，写着这样一句话：“猫捉鼠，狗守门。各司其事，人无职业，不如猫犬。”W导师淡定地问我们：“请问大家对‘人’了解吗？对自己的‘本分’了解吗？”

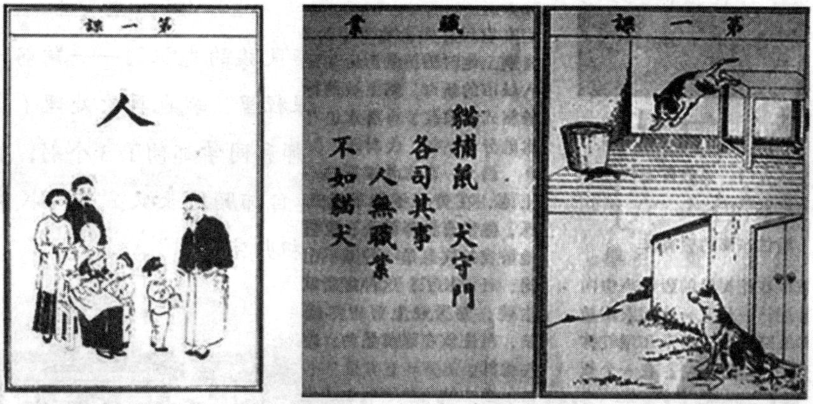

民国时期课本的第一课

这次课程对我的震撼更加巨大，我首先发现我对自己和别人都不了解。其次，表面上看起来我的本分尽得不错，而实际上呢？孔子说：“父母在，不远游，游必有方。”作为儿子，我虽然在物质上对父母照顾得不错，可每年连回家看他们一次都保证不了！作为丈夫，我老婆有一整年流着眼泪上班，我都不知道！作为爸爸，孩子小的时候我几乎没有管过！对自己呢？搞不清楚不说，还让自己得了重度抑郁！

还记得在诚泉文化的课程里，孔伟良导师曾经问过我们“修身、齐家、治国、平天下”的前一句是什么，现场几乎没有一个人说得出来。那就是“格物、致知、诚意、正心”。所以连起来理解，就是求学和实践的次第：首先要懂得事物的规律和规则；接着学习知识和经验，才能不欺骗自己，不欺骗别人，也不被别人欺骗；才能发心纯正；然后才能端正自己的言行；跟家人处好关系；做好自己的工作；最后才能影响和奉献社会。

而我们呢？基本上都是直接从学知识跳跃到工作了，所以就本末倒置，不清不楚！每次想到这里，我都惭愧不已，但也很庆幸，幸好自己之前当的官不大，要不然就不仅把自己搞得抑郁死了，也会把很多人给搞得抑郁和死掉了！

在这次课上，W 导师还组织我们给中华民族的先祖们一一鞠躬行礼。后来在 6 月份孔伟良导师的智泉结业课程里，我也再次处理了自己的孤傲，用近 15 分钟给在场的近 80 名老师和同学都鞠了 3 个躬，最后长跪在地，泪流满面，一边磕头，一边发自肺腑地长叹："中华民族的列祖列宗啊，我这个不孝之子终于回来认祖归宗了！"

W 导师列出的中华先祖图

我特别感恩孔伟良导师和 W 导师给我的指引和点化，自从我认祖归宗和回归正常的教学次第以后，内心就有了无穷的力量，胸痛几乎没有了，身体上下通畅了，自己说话的发音就不再是仅从口腔里发出，而是从胸腔和腹腔发出来了。听我说话的人都会说我的底气很足（终于驯顺了，并彻底清除和释放了压能）。

不仅如此，我发现自己看问题的思路和角度也发生巨大的变化，变得更客观和中立了，处理事情的能力也提升了一个档次，而且几乎没有强烈的情绪起伏，也没有再大发脾气了（懂得了真爱，放下了爱欲，恢复了慧能）。

毫不夸张地说，符合规律的教学次第不仅可以便于我们功成名就，还能帮我们化解烦恼，让我们身心健康。

读者如何调整和纠正教学次第

首先，要立刻把教学次第清晰地列出来。

第一类，最优先和最基础的是规律和规则。例如安全常识、求生准则、道德本分、礼节习俗、法律法规、公共秩序、纪律规则，等等；第二类才是科学知识、经验技巧和专业技能；第三类是理论探索和科学研究；最后才是著书立说。

2016 年 5 月的一天，我开车送儿子和他的同学小亮去参加“外研杯英语大赛”的北京市初赛。为了让儿子顺利过关，我们提前多次核对参赛规则并做了几次演练。

在去的路上，我关切地问小亮：“你表演的英语节目是什么呀？”他说：“我打太极。”我说：“哦，你赶紧看看参赛规则！太极可不是英语节目哟！”他说：“没事！我以前参加过类似的英语竞赛，而且还拿过全国一等奖，所以肯定没问题！”

听他这么肯定，我倒是有些迷糊了。所以，在他们进去参加比赛的时候，我就问了一下外面的老师，老师肯定说太极不符合要求。

等他们出来以后，我就跟小亮说："我刚才问老师了，他们说太极不符合要求，你要不要再换个节目表演一下。"小亮不服气地说："谁说的？那我表演的时候，老师没说不合格呀！"我说："好吧，我只是担心你会因为这个不能晋级。"小亮非常生气，他不停地骂我说："哼！你分明不安好心，就是希望我晋不了级，你就是黄鼠狼给鸡拜年！哼……"

那天我屁股上刚做了一个小手术，开车来回几十公里，路上一直很疼。我就跟他解释，我这么辛苦来送你，怎么会有坏心眼呢。结果他不仅不听，还哭着骂了起来。

当天晚上，我就给他爸爸打了个电话，把这个事情的原委跟他说了一下，他爸爸一个劲儿地给我道歉。我说："你没有必要给我道歉，是你的儿子要给我道歉。"他爸爸说："嗨，我家儿子就这样，脾气很倔。他经常这样，我们也拿他没有办法。您就给我个面儿，别跟他计较了吧！"我说："兄弟！我说句实话，就算你不交我这个朋友了，我也建议你要求你儿子跟我道歉！"后来，过了近十分钟，小亮才用微信勉强地给我道了个歉："叔叔，我不该说你是'黄鼠狼给鸡拜年'。"

后来的结果证实了我所说的，他被淘汰了。

说实话，我不是圣人，我做不到对小亮没有任何成见和看法。从那件事情以后，我们两家的交往自然就少了。我坚信小亮是个很优秀的孩子，得过不少全国竞赛的奖项，甚至以后还会得更多的奖项，学到更多的特殊技能。不过根据他那天的表现，他对规则和规矩那样的理解，如果他不改变，我不会喜欢他，也不会跟他做朋友的，这才是一种顺应规律的真爱。

其次，要在生活中不断发现、纠正和调整。即使面临诱惑或压力，也要坚持，不要轻易乱了教学次第。

就是在这次比赛中，我家儿子在没有参加任何训练班的情况下，仅仅靠自己的临场发挥就进入了全国总决赛，虽然没能进入最后的“冠亚季军争夺战”，但儿子表现得很淡定，还安慰我说：“爸爸，咱们就是来度假的，顺便拿了个全国二等奖，可以啦！”

最让我感动的是，在7月22日的颁奖晚会上，我的心里一直酸酸的，有种想哭的感觉。可是，儿子却一直欢欣鼓舞地为每一位嘉宾、每一位志愿者和每一位上台领奖的选手鼓掌。临回家前，他还特地为获得“十佳选手”的校友送去一份真诚的祝福。

其实，那天我还是流眼泪了。不过，不是因为儿子没有进入“全国前十”，而是儿子那种大度、真诚的表现，让我肃然起敬，让我内心感到了一种震撼和欣喜！我偷偷地抹了几次眼泪，内心早已把儿子送上了冠军的宝座！

儿子在为每一位颁奖嘉宾和获奖者鼓掌喝彩

我真的很感恩这几年来各位老师，特别是 W 导师对我的培养。让我对自己及时进行了纠正，我的变化很快就在儿子身上得到了体现和验证。相对于技能和冠军奖杯，我更欣喜于儿子对规则的遵守和表现出来的赛场礼仪。

老婆订了热播电影《摔跤吧！爸爸》的电影票。电影是 19 点开始，老婆下班直接过去，我和海龙两个人骑共享单车过去。在我们骑行不到三公里的路程中，我居然发现有近百辆各种各样的三轮车、摩托车和自行车迎面逆行而来，而且有的速度之快，让人不知所措。这真的让我感到不可思议！

我一路上至少提示过二十个人他们在逆行，很危险。海龙打趣说："可能是您闭关写书久了吧，怎么看起来倒像是没有遵守规则的那个人！"我说："是啊！虽然看起来没人搭理我，但我还是会不断反省和坚持提醒，因为我相信总会有人会听懂的！"

当然，我并不是不食人间烟火，我知道逆行的人是为了方便和节约时间，特别是那些送快递的人。事实上，我们是有办法来解决并遵守规则的。例如：骑行距离较远的，多于两个街区的，就不要怕麻烦，一定要过马路到右侧去骑行；骑行距离较近的，小于一个街区的，就要选择步行，这样就可以杜绝逆行这种违规行为了。

其实，我写的这本书，特别是书里的观点，也就像在提醒很多骑车逆行的人们一样。虽然我知道有很多人会不以为然，又或者看不懂，但我一定会做，并坚信会有越来越多的人能够懂得的，因为这些都是最基础的规律和规则！

另外，我这几年还有一个很深的感悟就是，很多的国学经典都是学习规律和规则的最好工具书，研读它们都是非常符合教学次第的。例如研读《心经》可以感悟意识的规律，研读《弟子规》可以感悟家庭和社交的规律，研读《大学》可以感悟企业经营和管理的规律。当然，每部经典至少要坚持诵读上百遍才会有明显的效果。

小提示 本篇发现的心智模式和实修正悟是：教学次第。

17. 道德规则：我老觉得缺德的人很多怎么办？

小测试 17：缺德指数

你觉得身边有很多人缺乏道德观念吗？ 你怎么看待道德这个问题？

回答选项：A. 没有，人人都要遵守道德规范　B. 偶尔有几个，我偶尔也有不道德的行为　C. 有很多，都有道德的问题　D. 太多了，道德已经沦丧了

选项说明：

选了 A，恭喜你，你和你的环境都不错。选了 B，你自省的能力还不错！选了 C，提醒你，你的自我价值观不强。选了 D，警示你，你已经很消极了。

另外，为了便于准确评估，读者可以扫码发“小测试 17”进行互动咨询。

道德规则——行为管理的重大误区

我从初中开始就酷爱打篮球，当时主要有两个原因：一、这是学校场地最大、最多的体育项目，很容易参与。二、运动对抗性强，赢了球很有荣誉感。

可是，我的运气很不好，整个初中和高中都进不了“班队”，连进“二队”训练的机会都没有。一是因为自己青年时代身体比较单薄，运动能力和天赋较差；二是因为班里学习不好的体育特长生很多；三是

篮球活动一般是体育特长生们说了算，我们这些学习好的跟他们混不到一起，自然就会受到一些排斥了。由于没有正规训练，我就只能凭着自己的理解瞎打，玩“野球”了。

到了大学我可美坏了，因为几乎没有了体育特长生，打球的男生很少，我不仅能进“班队”，而且还能进“系队”，而且还是主力队员。因为咱是谁呀！咱可是说了就算的班长和系学生会主席呀！比赛成绩呢？我们比一次，就一定输一次！哈哈，虽然团队的一些成员对我很有意见，我也觉得挺美的！

工作以后我还是一直坚持打篮球，而且是走到哪里就打到哪里，只要有机会，就绝不错过。有一次去延静里一个小区里打球，一个中年人带着几个年轻人在玩。我们想跟人家一起玩，人家不理我们。我觉得他们不仁义，心里不服气，就不理他们，直接拿着球上去投篮。结果，我被那个中年人上来推了两把，跟我一起去的兄弟赶紧把我拉走了。

2004 年，我在草原和当地孩子打篮球

2004 年，在我们这些老业主的强烈要求下，我们家小区建了自己的篮球场。此后，我就一直在小区里打球了。可是，随着大家年龄的增大和各自有了孩子，跟我一起打球的兄弟渐渐都不来玩了，就有很多年轻人不断加进来。到最后，我成打球里面资格最老的人了。

2002年，姚明加入了NBA，我又开始看NBA比赛，这让我对篮球有了新的理解。我打篮球的目的就变成了：一、可以锻炼身体，同时释放压抑的情绪。二、因为篮球这项运动既有激烈的个人对抗，又有团队的巧妙配合，所以既可以彰显个人英雄主义，在关键时刻“单骑救主”，获取膜拜，还可以发挥组织和领导的才能，激发团队成员取得胜利，体现自己的“雄韬伟略”。三、篮球是一个需要分秒必争并能创造奇迹的运动，我特别迷恋有难度的进球和最后时刻绝杀对手的感觉。

当我有了这样的想法之后，又觉得自己是这里资格最高的一个，所以就会比较霸气和张扬一些，经常对别人指指点点，让他们懂规矩。结果，我经常被一些二十几岁的年轻人挑战，甚至有人对我嘲讽挑衅，说我是无身高、无技术、无弹跳的“三无”球员。这让我极其郁闷，跟他们急吧，又犯不上，忍着吧，又很难受。于是，我就歇了一段时间，没打篮球。

后来有一天，我发现早上居然还有一拨人在玩，就去玩了几次。感觉也不爽，因为他们年纪太大，比我要求还多，总是说我这、说我那，没意思。而且，时间也太早，早上6点钟就得开干，我睡不醒，所以也放弃了。

后来，我改成上午去打球，虽然天气热点，但不会受窝囊气。结果，有很多跟我相似经历的中年人慢慢地聚到这个时间段来了。我们逐渐形成了一个三四十人的群体。

一个周六的上午，在打球的过程中，我觉得一个哥们儿的做法不太合适，就好心好意走过去跟他说两句。结果，这哥们儿火了，上来就掐我脖子。大伙赶紧把我们拉开了。我很纳闷，旁边比我大几岁的老陈对我说：“可能是你当领导当惯了，打球的人不习惯你的一些做法吧！”

可是，我还是觉得自己说的是对的，心里很郁闷……

这就是篮球场上的我，大家对我既喜欢又讨厌。喜欢我，是因为我对篮球如痴如醉，二十多年痴心不改，经常第一个来清扫场地，给大家带来了很多便利和鼓舞；讨厌我，是因为我经常对别人指指点点、评头论足，这让人很不舒服。这是为什么呢？

实修正悟 17（道德规则）：道德受个人主观意识的影响和制约极大，因而仅适合用于自我约束和激励。法律和规则相对公平公正，所以适用于大家共同遵守。道德一旦被用来要求别人，就是失德和缺德，不仅对自己和他人无益，最极端的还可能成为践踏规则乃至生命的帮凶和刽子手。本书简称其为道德规则。

在上面的故事里，随着年龄、资历的增长和对篮球理解的变化，我慢慢把对篮球场上的一些理解形成了我认为应该遵守的道德。例如：我觉得年轻人应该多尊重我们这些老球员，同样的场合中，要多体谅和稍微让着我们一些。

按理说，这样的理解也基本符合社会公德，可年轻人们却并不这么想，他们的理解可能是：你们已经风光过了，而且不能倚老卖老，就应该尊重我们，这才是运动本身的规律。

但是，另一方面，因为我们都是业余爱好者，大家对篮球本身的规则也是一知半解，所以当我们不懂、不会用篮球的规则来规范大家的行为，而是根据自己所理解的道德去要求对方，结果自然事与愿违。这就是不懂道德规则的必然结果。

同时，大家可以想象，当我以年长者自居，用我的道德标准来要求你的时候，你是不是就本能地觉得我不道德了，甚至是缺德呢！

所以，道德只能用于自我约束和内修，也就是向内使用，一旦被误用，用于对外去要求别人，就是缺德！严重时甚至会伤害别人的声誉、身体，甚至生命！

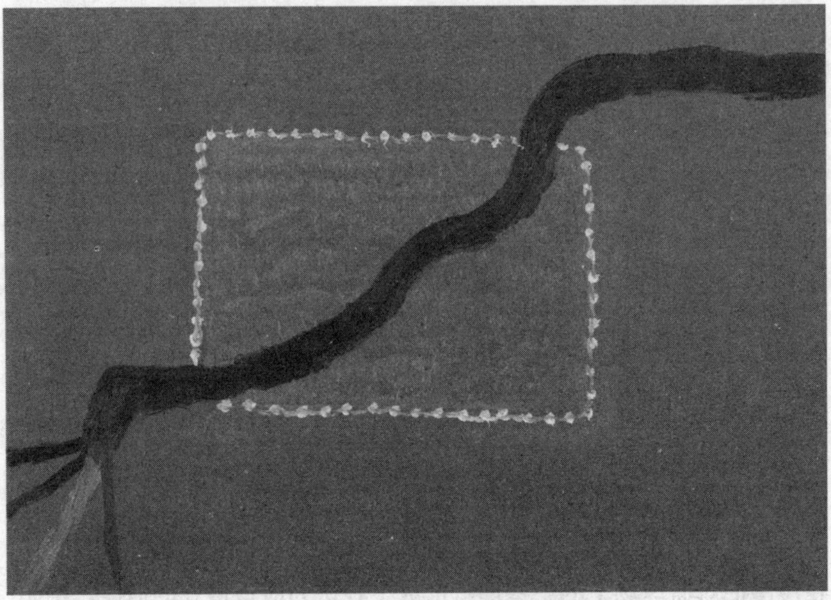

道德规则：规则就像白色的栅栏，是所有人参与制定并通过的，它保护着绿草的生命；道德就像大人物留下的深色足迹，可能会导致出现践踏栅栏和绿草的行为

像这样不懂道德规则，以道德的名义去绑架和要挟对方，最终导致冲突和惨案的例子太多了。仅举一个最极端的例子：近20年来，美国用人权、自由和美国国家利益受到威胁的道德名义，无视联合国规则而发起的致数万人死伤的局部战争就已经有多起了。

内求让我懂得了道德规则

2012年12月，我们经常一块儿打篮球的兄弟，在一起喝酒吃饭。我本来已经不喝酒了，但大家难得聚在一起，所以就喝了两杯啤酒。

在球友中，我有一个好兄弟叫张臣。他是东北人，特别仗义，是做房地产中介服务的，我们一起打球已有五六年了。我上完诚泉文化的课后，觉得很好，就推荐他去上了。他二话没说就去了，结果收获很大，上完后不到一年，就自己创业当老板了。

他对我很感激，上来给我敬酒。我心里很美，跟他说：“好兄弟，不用客气！对了，上了诚泉文化的心灵成长课程，也对我做一些‘贡献’吧，给我提提建议，说说我缺点啥的啊！”

他一听，立刻很夸张地严肃下来，认真地问我：“大哥，真的可以提啊！”屋子里所有人瞬间都会意地哈哈大笑起来。我莫名其妙，又大概知道啥原因，只好也跟着笑起来。

等大家笑得差不多的时候，张臣给我满上一杯酒，自己也倒上满满的一杯，然后说：“大哥啊！幸好您让我去上了那些课，要不然，我还真不敢当着您的面说！来，我们先干一杯，给我鼓鼓劲儿，我再跟您说！”我也豪爽地说：“好！”然后，大家仰着脖子喝完了啤酒。

我用鼓励的眼神盯着张臣，他又满上了酒，然后看了看大家。大家都用眼神给他鼓励。他清了清嗓子，发自肺腑地说：“大哥，我知道您人很好！这些年您帮了我不少！我在地产中介公司打工的时候，您公司租办公室的活儿给我了，给您钱您也不要。我很感激！可是！您打篮球时的表现，真的让我怀疑您的人品！”

他的这一席话，听得大家一会儿点头，一会儿摇头。说完之后，整个屋子立刻陷入一片沉寂。说实话，我心里有准备，毕竟这一年已经收到很多这样的直接回应和敲打，可当着这么多的兄弟，用这样的分量说出来，对我来说还是有些意外的。我觉得自己的脸有些轻微的抽搐和发紧。

不过，我心里立刻又想，我自己的确是打“野球”的，而且这些年打篮球也确实不痛快，得罪了不少人。估计很多兄弟背地里没少嘲笑和议论我。他这样当面说总比背地里嘲笑我好多了。咱得拿出大哥的胸怀和气魄来！我改！想到这里，我就端起酒杯站起来说：“谢谢张臣兄弟！你能说真话，就是真的看得起我，相信我可以变得更好！好，从今天开始，我绝不倚老卖老，认真学习篮球的各种规则！来，我敬所有兄弟们一杯！”

于是，所有的兄弟们一起碰杯喝酒，然后详细探讨和分析每个人的技术动作，哪些是犯规的，哪些是合理的……

我和球友们的合影，身穿 37 号球衣的是张臣

后来，在跟 W 导师学习了国学之后，我便更加注重自己的德行了。一方面，我们都开始学习和注重篮球的统一规则和判罚尺度；另一方面，出了问题我都会主动找自己的原因。每次碰到争议球，我都会尽量去虚心询问对方或者直接让给对方。

后来，我慢慢听到有人夸我球品好了，而且也能感受到他们对我发自内心的尊重多了一些。

说实话，我真的很感激张臣这个哥们儿，在他用这种相对比较“极端”的方式指出我在篮球场上的无意识行为后，我也举一反三地反省了我在其他场合的表现，发现我在家族中的行为也跟球场上的表现很类似。确切地说，只要在我有优势或有较深资历的场合，我的这种心智模式都会表现出来。

我也发现了，只要我们不再用道德去要求别人，只用道德来要求自己，同时用统一、明确的规则来要求自己和大家的时候，彼此的关系和整体的氛围就会特别融洽和谐。

简单地说，道德规则就是一句话：道德是仅适用于自己一个人的规则；规则是普遍适用于所有人的公共道德。

而且，这也是我们每个人，特别是每个小孩最应该知道的最基本的规律和规则，否则就会导致家庭和社会秩序的混乱，所以大家要赶紧警醒并做出调整！

读者如何在生活中实践和运用道德规则

第一，一定要把对道德的追求作为提升自己修为的私事。这就属于自己个人的喜好，就跟其他个人爱好一样。最好只跟自己兴趣相投的人一起分享和探讨。

第二，要放下自己的爱欲，尽量不要以“我觉得你应该”或者“你就应该”这样开始的语句，开始与别人的交谈，还要尽量避免说“我以为”或者“你以为…… 就……”这样的语句。简单说，就是不要用自己认为正确的价值观去衡量和要求别人。

第三，如果发现大家总是有分歧和不同看法，就要尽快与所有人沟通，并组织大家探讨，制定出统一的规则，并发出通告，让大家执行。

2017 年春节前，我们所有的球友又在群主张臣的召集下一起吃年饭了。

我先敬了群主张臣一杯，感谢他给大伙创造了可以长期打球、锻炼和交流的平台和机会。

然后，我又倒了一杯酒，敬所有的人。我说：“很抱歉，我是打野球出身的，没有受过一天正规训练，在打球的过程中肯定有很多不规范的动作，请大家原谅！另外，我酷爱篮球，打球的另外一个目的就是释放能量，所以可能打球的过程中有一些激烈的言行，感谢大家的包容和理解！谢谢大家！”

大家都纷纷回敬，并表扬和鼓励我说，我已经比以前好多了。这时候，有一个不太熟的哥们儿急了。他瞪着眼珠子说：“你来释放情绪！那我们不就惨了！你还老走步！我一看别人都不说，我也只好不说了！”

这时候，有哥们儿说：“没事儿，NBA 也有‘明星哨’，詹姆斯就经常走步。老张可以享受明星待遇。”其他人也说：“对，对，对，来喝酒！”2017 年的我早就和以前不一样了，我一看就知道这哥们儿的心智模式。他性格比较孤僻，除了跟带他来的兄弟沟通，几乎不跟其他人说话。我知道他说的那些话跟他自己的性格有关系，所以不但没有生气，还笑着说让他消消气，并招呼他吃饭喝酒。

春节后，大家都觉得平时打球时很多人的犯规行为太多了，这样一是容易受伤，二是增加了发生分歧和纷争的概率。于是，我组织大家讨论并制定了以后尽量不犯规和严重犯规会加罚的规则。最后，经过群主张臣的认同，在群里公布执行。

为了方便大家，也为了能长期运营，我建议我们实行“AA 制”，群主购买的篮球钱，大家一起分摊。同时，我去跟球馆旁边的小卖部大姐沟通，先预付 300 元押金，这样就不需要我们每次都专门买水了，而且公用的篮球也可以存放在那里。我的这些提议都被大家一致通过了。

现在我们打篮球的氛围可好了。当我这个年纪最大的“黑老大”懂得了真爱和道德规则，放下了自己的爱欲和道德评判，用民主的方式与大家共同制定并严格执行统一的规则后，出现这样和谐的氛围就是必然的了。

2015 年的一天晚上，我开车回家太晚了，在小区里转了三圈，也没找着停车的地方。我凑合将车停在两栋楼中间的一个小路口边。我下车还专门看了看，虽然车停得有些“别扭”，但也不会影响别人进出，就放心地回家了。

第二天，我一看见车就忍不住乐了。有人在我车的引擎盖上，划了四个非常醒目的字："混蛋！缺德！"

我乐的原因有两个：一是写字的人肯定没有体验过开车回来晚了没车位的痛苦，或许他很快就会体验到的。二是写字的人如果不"混蛋"和"缺德"，就不会在别人的车上写这四个字。

小提示 本篇发现的心智模式和实修正悟是：道德规则。

18．自信成功：老外为啥会说中国人不自信？

小测试 18：中国人的自信指数

很多外国人都说我们中国人缺乏自信，即使有点自信也是“窝里横”，你觉得呢？

回答选项：A. 我觉得中国人很自信　B. 都会有吧，外国人也会有不自信的时候　C. 中国人从小就被批评和打压惯了，哪里能有自信啊　D. 是的！中国人就是没有自信！特丢人

选项说明：

选了 A，恭喜你，很不错！选了 B，嗯嗯，是的。选了 C，提醒你，可以好好读一读本节内容！选了 D，警示你，你已经很偏激了！建议你再多看几遍“正悟 7”那一节的内容和本节内容。

另外，为了便于准确评估，读者可以扫码发“小测试 18”进行互动咨询。

自信成功——自信让我成为了关键人才

我特别感谢我的妈妈从小给我的呵护和鼓励。记得很小的时候，我们被送到医院做体检。大夫要把我们放到一个箩筐里称体重，我一看觉得很好玩，就哭着耍赖要第一个去称。结果他们没办法就只好满足了我的要求。

这样的“得逞”和满足让我变得很任性，看见大人背背篓我也要

背，看见大人下地干活我也要去，看见别人喝生鸟蛋，我也非要妈妈给我找鸟蛋。俗话说"皇帝爱长子，百姓爱幺儿"，妈妈不仅没有打压我，还很疼爱我，经常在被窝里搂着我给我讲故事，畅想未来我做了大官，成为了不起的人，然后开着小汽车回来接她去享福。

后来，我的名字被改成了张伟，大人们都说："哇！这个孩子叫张伟，伟大领袖毛主席的"伟"！他以后肯定不得了，一定当大官！"这样不断的强化和影响就让我更加自命不凡了。后来上幼儿园和小学后，不管学什么我都想："不怕，我肯定都能学会！"结果，果然学啥会啥。

而且，我还特别有想法，胆子也很大。别的同学一看见老师来了就跑，我就不跑。别人问我为什么不跑，我说："我又没有犯错误，怕老师干吗！而且，老师是用来尊敬的，不是用来怕的！"别的同学都怕考试，一到考试前就赶紧复习，我不这样，考试前反而玩得更欢了。妈妈总是满怀喜悦和好奇地跟别人说："你说我们家这个四娃子，他总是大考大耍，小考小耍，不考不耍！你说，他长大了会做个啥?!"别人就会说："嗯嗯，这个娃儿好厉害，以后肯定有大出息！你以后就要享清福了！"

我的"奇特"表现以及因此从别人那里得到的正向鼓励，让我变得更加外向和喜欢表现自己了。后来，在13岁发生那件事以后，虽然我很懊悔和羞愧，但因为有小时候自信的底子，所以还是一样自信。

但是，高中的学习生活和高考的发挥失常对我的信心还是有一些打击的。后来大学期间我当了班长和系学生会主席后，我的高傲也让自己的信心受到打击。再后来在国企"辉煌"后的被迫辞职，也让我的信心再次受到了一些影响。好在我当时把这些原因都归到了老师和国企领导们身上，所以一到了外企，我的自信心又立刻爆棚，并且给自己定下五年之内必须在北京买房的誓言。当时我就想，一定要给那些误会和看不起我的人好好看一看。

我的第一个“五年计划”在2003年准时实现了。随后的“五年计划”比我预计的提前一年实现了。我大学学的是环保，毕业后在国企做零售商业，干得不错。1998年辞职后开始做排水机械设备的销售工作，干得也很好。2000年又开始做环保设备，干得也不错，在行业内知名度极高，当时经常在国内国际的研讨会上发言和交流。2004年，我刚到德国MBG公司的第一年，公司说中国矿山市场很大，你去做矿山行业吧。我二话没说，用一个月的时间学习准备，然后就代表公司在北京天坛宾馆举办的“第八届国际矿山充填研讨会”上，用英文做了主题发言，并跟世界各国的专家们进行了交流和探讨。

在我参加的很多国际会议上，美国人都说我是德国人，德国人都说我是美国人。跟我的德国老板和很多初次见面的中国朋友一样，他们都觉得我不像中国人，因为中国人很少有像我这样自信的。

2001年，第一次出国，在德国的第一个晚上，
我组织来自各个国家的同事玩游戏，大家非常开心

我的第三个“五年计划”是在2012年成为外国公司的中国区CEO，实现年薪百万的目标。2010年5月，我觉得时机成熟了，就跟时任中国区CEO的Tomas沟通，说我想要“坐”到他的位置。因为我需要用这个名分来抬高身价，两年后就能跳槽到更好的地方，而且我不会亏待他的，会推荐他到董事会挂职。然后，我直接跟新来的老板Roppot摊牌。我告诉他：“我要做CEO，如果你不同意，那么谢谢你帮我做了决定，我会立刻注册公司，自己去做老板！”他问：“那Tomas怎么办？”我就跟他说了我的想法。

后来，我很快就上任了。不过2011年，在上任后的一年，我就因为抑郁加重而辞职不干了，同时也拒绝了多家外资企业的高薪邀请。

我以前一直想不明白，为什么我那么自信，那么牛，却还是觉得心里很空，甚至一无所有，而且还抑郁得那么严重？

实修正悟18（自信成功）：自信是一种自我肯定的意识，能量值在200~310之间，是一种比较高的正能量。拥有这种意识的人会拥有安全感，做事积极主动，对人真诚友善，更容易取得成功。虽然自信是成功和成才的关键，但往往也是取得更大成就的阻碍！本书简称其为自信成功。

首先，自信的意识能量值为310，是一种积极主动的状态，拥有它，更容易取得成功。成功学和很多成功人士已经充分验证了这一点。

同时，因为自信的人表达力往往富有逻辑性，所以必须要用事实来不断地证明自己。而更大的成功则需要突破这一个层级，达到宽容（不分对错）以上的意识能量。这就是很多水平较高的人会对“成功学”和“鸡汤党”比较排斥的原因（能量值310以下，不是真爱）。

当然，我后来才明白，其实我的那种自信成功也是一种因为内心的自卑和愧疚而逼迫出来的自信（有心魔），就是成功学中所讲的那种要不断给自己“洗脑”“喝鸡汤”的自信。而且，拥有这种自信的人，会倾向于去分对错，需要不断去证明和强化自己是对的，是有价值的。这样，就很容易引起嫉妒和嗔恨的心理。

自信成功：自信就像一个有了漏洞的杯子，需要不断地找水来维持杯里的水位，找来的水越多就越会成功；只有把漏洞堵上以后，才可以不用每天辛苦地找水

所以，虽然我很优秀，能创造很多不可思议的业绩，但我身边的人总会有一种被我踩着爬上去的感觉。这让我很容易成为脱颖而出的人才，但却不一定能受到更多人的衷心拥护，进而阻碍我取得更大的成就。

各种打磨让我慢慢地突破了“自信成功”这个怪圈

在诚泉文化的课程学习中，我推荐了两个内蒙古的同学来参加。

其中一个叫王灏，另一个叫巴特尔。王灏上学时就一直是个乖乖男。巴特尔就不一样了，是个真正的蒙古族人，性格豪爽，长得还极帅。他上大学的时候根本不学习，但能说会道，体育还很好，是我们系里的体育明星，颇得女生的喜欢和男生的嫉妒。

他上完诚泉文化的课程后，就总跟我说："班长啊！你的笑容虽然很灿烂，很自信，但是不真诚！"我并不惊讶，因为我也听过类似这样的评价，还有人说我的笑容里有伪善的成分。我相信巴特尔说的有道理，虽然他学习不好，不良习惯也很多，但我觉得他是一个活得非常真实和纯粹的人。所以，我就不断琢磨他的话，并开始留意和思考自己的自信源头和过程。

有一次上亲密关系课程，课间去吃饭时，我们发现同桌有几个非常漂亮的美女。我一看到美女就会特别注意，有精神。很简单，我要特别自信，把自己最好的一面展示出来。结果，其中最漂亮的美女有些嫌弃地对我说："不喜欢跟你在一起，你是那种会让女人很紧张的人。"这位美女的话，让我回味了很长时间。后来我明白了，那是因为我内心很紧张，表面上却表现出很自信的样子。

后来，在课程里彻底处理了 13 岁的那件事情以后，我终于放松了。我逐渐发现，其实在各种场合，原来的我都会很紧张，但却要自己百分之百打起精神，不让自己给别人留下不好的印象。于是，在后来的"智泉"小组活动中，我就开始有意识地允许自己表现得不好，甚至可以直接把内心那个清高、傲慢、好色、自卑、我行我素的自己展示出来。当我觉得他们说得比较肤浅或没有意义的时候，就干脆闭上眼睛内观，即使别人看不顺眼向我抗议，我也嬉皮笑脸，不予理睬。

2014 年春节前，由于跟 W 导师合作的课程招生不理想，公司没有任何盈利。在放假的那天，我满怀愧疚地给几位老师象征性地发了几百块钱。把他们送走之后，我突然有了一种生平从未有过的挫败感。

一股难以名状的苦涩从胃里升起，逐渐充满口腔，我瞬间觉得全身无力，一下子瘫倒在了地板上。

是啊，我从 2011 年辞职到现在，不仅一分钱没有挣到，还足足花出去了好几百万。现在突然意识到要回家过年了，而我却没有钱给父母和老婆孩子包红包、买礼物！我没有眼泪，只有一种从未有过的无价值感和无存在感，甚至比我之前抑郁得快要死了的时候还要惨！至少那时候我兜里有的是钱！

那个春节是在上海岳父家里过的。我过得很低调，从来没有过得这么低调。我还破天荒地主动请老眼昏花的岳父给我剃了个头。这可把老岳父给乐坏了！这可是以前他老人家一提议，就会立刻被全家人拒绝和哄笑的事情！

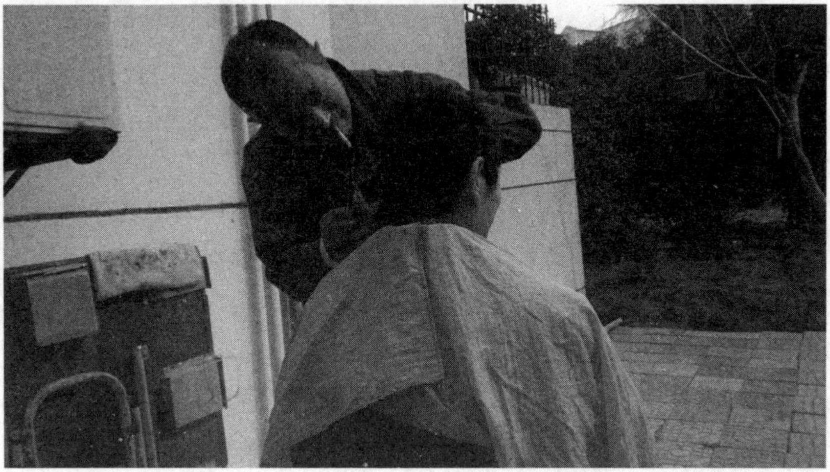

老眼昏花的岳父正在帮我理头发

然而，在过完这个我内心最没有底气和自信，却最温馨的春节之后，我发现我真的变了，变得包容多了，可以不太在意去分对错和刻意地证明自己了。

这些看似偶然，其实也是必然的过程，印证了孔伟良导师在“大师”课程里说的那句话。我们人一生下来就活在一个求存的范畴里，我们每天都要用各种表现和业绩来证明我们是对的，我们是有价值的。这就是一种自信成功，是一种必然的社会性选择，是人们需要经历的一个过程。

可是，这种自信成功也会有一些负面的作用，因为它会像不停闯关的电子游戏一样，让我们深陷其中而不能自拔。如果我们不能从这个游戏里出来，就得一辈子不停地要求和鞭打自己，甚至还会像我一样抑郁成疾。

感恩我人生中的各位老师和贵人！幸运的是，我终于突破了这个怪圈，来到了一个不分对错、不用再证明自己的新高度和新维度。

读者如何拥有并突破自信成功

首先，拥有自信成功就先要给自己建立一个充分拥有自信的逻辑故事。一类是正向激励法，例如因为有好的名字、家族历史显赫、有好运气等，由这些积极因素而形成的故事。另一类是负向激励法，为了脱离或消除某种困境，例如家贫如洗、父母重病、被很多人看不起、被人羞辱过、被所爱的人抛弃等，而激励自己必须成功的故事。

其次就要不断地用这套逻辑故事来让自己的大脑相信，并用自己的每一个成果来验证和强化这种相信和记忆，直至形成一种固定的、成功的心智模式。

现在国内已经有数千家像诚泉文化这样的心灵成长工作坊，它们分布在北京、上海、重庆、广州等全国各地。它们的课程一般分为三个阶段，每个阶段的叫法可能不太一样，但内容都差不多。所以通常叫三阶段教练技术。

第一个阶段叫“探索”，是通过压力性的互动体验让我们发现自己的思维盲区和限制性信念；第二个阶段叫“蜕变”，是通过更高压的训练让我们被迫抛弃过去的观念并重新给自己定义一个新的身份和愿景；第三个阶段叫“历程”，就是要给自己在个人、家庭和事业三方面各定一个目标，然后用新的身份和愿景在实际生活中去创造并达成这些目标。

显然，这种课程的设计是非常科学并很有时效性的。参与学员的内心伤痛都会一步步地被唤醒和扒开，接着就痛不欲生地给自己编一个必须要成功的逻辑故事。在最后的三个月里，培训机构会每周召开一次小组会来检验和强化这个逻辑故事。

我当时重新定义的身份是“我是一个自信的男人”，我的愿景是“我要创造一个真诚、负责任、充满爱的世界”！

我先后参加了两次、历时三个月的“里程”。在第一个“里程”里，由于我当时处于自我疗愈的休闲期，没有工作，就有些盲目地听从别人的建议收购了一家小公司，结果公司没有做起来，还没学习完课程就辍学了。

在第二个“里程”中，我的个人目标是完成一部小说。当时是凑合写完了，可是品质一般，写完后就写伤了，不过对我现在写这本书是个很大的促进。我的家庭目标是建立和谐的家庭关系，这个完成得很好。我不仅在结婚12周年的时候跟爱人补拍了婚纱照，还跟爱人和儿子建立了紧密的关系，这个非常受用。我当时还完成了一个有百人参加的慈善拍卖会，很多朋友都把自己珍藏的东西，例如绝版的连环画（我爱人的同事房俊龙提供的）和清朝时期的车轱辘（广仁书院黄海红院长提供的）等，拿来拍卖，这让我非常意外和感动。

参加我的慈善拍卖会的部分朋友合影，后排最中间的两位就是房俊龙和黄海红院长

在这样的学习体系里，很多学员都创造了奇迹，提供了很多成功的案例，如开办个人演唱会、求偶结婚、创办公司、职位升迁、业绩翻翻，等等。坦率地说，如果不借助这样的培训平台，这些成功恐怕他们一辈子也没有勇气去尝试，仅靠自己的力量也很难完成。基于这样的原因，我就推荐了近二十个人去参加这种学习，其中很多人很快就取得了不小的成功。

张臣，我的球友。我推荐他上课时，他还在“21世纪不动产”做销售经理。上完后一年内，他就开了自己的公司，买了辆奥迪车。公司名字还取得特别牛，叫“北京华一创联房地产顾问公司”。我问他为什么公司叫这名字，他说：“中华第一，创造联合。”我一听，好嘛！这个逻辑故事更强大了，肯定行！最近刚听他说，他已经开始做国有资产盘活了，目前开发运营的项目有大望路电影产业园、爱喜大厦，等等。真牛！

罗伟，笔名墨雨，我的球友，当时在我家小区边上的电信公司做保安。上完课后，他没有选择升职当保安队长，而是开起了自己的书画培训学校。现在，他已经在北京创办了三家水墨年华书画院，并创办了中国书画培训网。一起打篮球时，他说想组织几百个家长，让我给他们讲讲课。我上网一搜，这家伙已经成了百度百科的名人了！更牛！

2017 年，我和球友聚会合影，图中右下侧背对着的是张臣，站立的是罗伟

所以，对我们大部分普通人来说，这种学习就像是一种更落地的成功学，所以也是一种很不错的选择。

我有一对夫妻学员，老公叫朱彦昆，老婆叫李伟。来的第一天，我通过心智模式给他们做了测试，发现这两个人很有意思。他们的心智模式里都有相似的一面，都极度缺乏安全感。还好，老婆是双重性格，还有不缺乏安全感的一面。

老公朱彦昆的心智模式让他要不断地用事业证明自己的价值，同时还要不断结识和挑战那些他眼中的高人来提升自己的优越感。一旦发现自己不如别人了，他就会很沮丧和羞愧，就会立刻躲起来，对自己的老婆也是如此。只要“一犯病”，他就会抛下老婆和孩子离家而去，甚至把老婆的微信都会删掉。不过，一两天过后，当他找到自信后，就又好了。

当然，他这样的个性也有不少的好处。只要他想办成的事，就会全力以赴，排除万难都要做到。他和老婆成立了“北京坤巍防水科技有限公司”，专门做防水业务，其中的“坤巍”，就是他们夫妻俩名字的缩写，也在讲述着他们夫妻俩的创业故事。

非常有意思的是，老公只适合做公关和“打前战”。虽然所向披靡，全北京的五星级酒店都能顺利拿下，但他很容易分对错，容易跟客户起冲突，所以项目的施工和后期维护就只能由老婆来打理，因为她老婆的另一面是内心有安全感，而且包容性很强。

防水专家朱彦昆、李伟夫妇

这两个人经常来我的沙龙，老公也曾经来挑战过我。他们两个人都非常真诚和实在，我感激他们给我的帮助和给我提供的机会。现在两人的变化也很大，一直在做内在的醒觉和疗愈，相信他们的事业也将逐渐取得更大的突破和提升，并演绎一段事业和爱情双丰收的行业佳话。

当然，当我们拥有了很多成功之后，我们会发现自己已经不再满足这些了，甚至对之前做的事情也突然间失去了兴趣，这是因为当时编的逻辑故事已经失效了。这时我们就可以听从自己的内心，调用自己的慧能，让慧能和天责带着你去体验。我们会发现自己可能会去尝试完全不同的职业、行业或领域。如果你在新的职业、行业或领域里经受了挫败，并发现我们之前的成果和成就不再能证明自己的存在和价值之后，我们就自然超越了自信成功的求存范畴。

我很认同这一点，我自己就是这样走过来的。我相信，浩途俱乐部的海文颖老师也是这样走过来的。不同的是，她比我早几年开始，而且还在适当的时候提携了我。

小提示 本篇发现的心智模式和实修正悟是：自信成功。

19. 硬实力：什么样的能力才是可靠的？

小测试 19：白手起家指数

假如因为各种特殊原因，你突然被放到了一个完全陌生的城市，身无分文，而且不能跟任何家人和朋友联系，你觉得自己能在这里住多久？

回答选项：A. 想住多久住多久，干什么都可以养活自己呀 B. 住下来是没问题，可能过得不太好吧 C. 应该能活一段时间，大不了我可以打工挣钱 D. 受不了，我肯定不是疯了就是饿死了

选项说明：

选了 A，恭喜你，你有绝对强大的生存和发展能力！选了 B，你也不错！选了 C，提醒你，你的生存和发展能力需要提升。选了 D，警示你，你非常缺乏生存和发展的能力！

另外，为了便于准确评估，读者可以扫码发“小测试 19”进行互动咨询。

硬实力——源自于妈妈故事里的理念

在我很小的时候，妈妈经常给我们讲包拯的故事。妈妈说包拯从小就是一个特别孝顺父母，还非常有本事的人。他做官后一心为民，秉公断案，不仅深得皇帝的赏识，更是深受老百姓的爱戴。老百姓都管他叫“青天大老爷”，不管走到哪里，人们都非常尊敬他，请他住最

好的房子，请他吃最好的饭菜。

妈妈还会给我们讲一个有钱人和穷人的故事。她说，有一个有钱人请一个穷人朋友来家里吃饭。饭菜上好了却发现桌子不平，有钱人就拿出金元宝来放在桌腿底下垫上。后来这个穷人也请有钱人吃饭，也发现桌子不平，他就把自己的四个孩子叫出来，让他们每人抱着一个桌子腿。这样桌子不仅平了，还可以随意挪动和升降。后来有一年发生大灾害，富人虽然有钱，却买不到吃的东西，所以就饿死了。

每次讲完后，妈妈都会由衷地感叹："娃儿们啊！你们看像包青天这样有本事的人，走到哪里都会有吃的、有住的，还受人尊敬，所以呀，有本事还是要比有钱好！你们长大了一定要做一个有本事的，不愁吃、不愁穿的人啊！"

妈妈的故事和启发对我产生了非常大的作用。从小开始，不管学到什么我都会立刻想怎么把学到的东西在生活中用出来，以便以后不愁吃、不愁穿。这种想法和理念非常有效果。学了语文后，我就用来沟通和表达；学了数学后，我就积极帮妈妈算账；学了物理和化学后，我就用所学的知识帮助家人解释生活中的各种现象。学了唱歌就天天在家唱歌，学了英语就自己在家说英语，还收听英文电台。

所以，在很小的时候，我就经常帮助邻居修理东西，操作说明书文字是英文的音响和设备，帮他们写信、编撰公文，解释一些物理和化学现象……爸爸转业回到县城后，只要一放寒暑假，哥哥姐姐怕我告状，就建议妈妈赶紧把我带到县城去，我自然也是愿意去县城见世面、开眼界的。我很快发现县城里卖的中药材和乡上的有价格差异，自发在假期做了一次中药材生意。

这种从小养成的能力和习惯让我非常受益，老师很容易发现我跟别的学生不同，所以我从幼儿园到大学期间一直是班上最大的学生干部，在工作以后也是如此。在大学期间，我还有幸在人民大会堂亲眼见到了江泽民主席和李鹏总理，参加了中央电视台"五四"青年节晚会节目录制，还在建国45周年庆典上担任了代表11亿人民的民族护旗手。

1994年10月1日，天安门广场，
在建国45周年庆典上担任代表11亿人民的民族护旗手（左一）

1995年大学毕业后，我和两位校友一起到了一家国企工作。在实习的第一个月，我们都被派到商场去做调研。每天汇报时，其他两人都是随口一说了事，而我会给领导交一张表，上面是每种商品的详细情况和对比信息。结果，实习期满后，我直接被任命为一家大型超级市场的部门经理了。

1999年，我刚加入瑞典ITT公司三个月，在上海参加公司一年一度的产品销售知识和技能的大比拼。我力压群雄，战胜众多优秀的老前辈，一举夺得了冠军。

在后来十多年的销售生涯中，我对客户的心理做了非常深入的研究和总结。每次跟客户一起吃饭喝酒，我都会使出浑身解数，让他们开心喜悦，流连忘返。

另一方面，我把产品的应用技术也研究得很透，设计院的工程师们都喜欢直接使用我的选型和方案。同时，针对每一个最终客户，我都会做一份完全为他们量身定做的PPT演示方案。在我离开原来的行业近十年后，现在仍然有设计师给我打电话咨询产品选型和应用知识等事宜。

2017年6月19日，我又收到原来行业工作人员的技术咨询电话。我让她留下联系方式，并转发给原来的同事

不仅如此，在我做设备销售期间，我熟悉环保行业和泵送机械行业，深入研究并服务过污水处理厂、污泥处置场、煤矿、电厂、金属矿山、危险肥料处理厂、生物垃圾处理厂、水泥厂、钢铁厂、海上采油平台、啤酒厂、饮料厂、建筑材料加工厂、液体炸药生产厂等企业。

我这样的经历的确很奇特，所以很多人一听我的讲述就送给我两个字：杂家！这也让我产生了一种困惑，就是觉得自己什么都能干，什么也都干过了，那这样对我自己又有什么好处呢？

实修正悟 19（硬实力）：真正过硬的实力不是经验、知识，也不是方法、技能和财产，不是背出来，也不是考试考出来的，更不是用钱财买来的，而是一种能随时随地学以致用的生活态度和无我融合的能力！本书简称其为硬实力。

硬实力：硬实力不是知识和技能，而是一种随时随地都能打动人的生命状态

其实，在经过了大量的训练和实践后，我的确具备了一种特殊的硬实力。从 2008 年开始，我就再也不会害怕自己没有工作，也不会担心自己赚不到钱。因为我发现自己缺什么就会学什么，学什么就能会什么，会什么就能卖什么。而且，只要愿意，我能很快跟客户和合作伙伴融为一体，不分你我。

这种特殊的能力让我无论在哪里都可以快速适应并脱颖而出，由此产生的最大好处，就是让我对自己的工作和收入变得无忧无虑，根本没有了后顾之忧。

不过，正如我前面故事中所讲的一样，这只是当时我阳光的那一面，也就是我在上一篇中所讲的自信成功中的那一面。因为我内心有心魔，所以当时就缺乏对自己的学习能力和让内在两个完全不同的“自己”融合相处的能力（缺乏真爱），在这一点上，我是缺乏硬实力的。

教练让我的硬实力实现了升级

我在销售上的成功让我有了深厚的底气，这也是我敢屡次选择跨行业重新开始的主要原因。所以，在 2011 年辞职后，我便开始尝试了好几个不同的行业。我在老家跟我哥合作盖房子，去汶川支教，跟海老师学家庭教育，跟诚泉文化学成年人的心灵重塑和辅导，跟 W 导师学习教练和国学。

在这个过程中，我对自己的内在有了很大的发现和了解，并去除心魔，消除了内在分裂，让两个“自己”不再相互排斥并完成了融合。这个学习和融合的过程让我逐渐具备了疗愈自己和他人的能力。

2013 年年底，在我们自己营销比较艰难的情况下，我选择了跟国内顶级培训公司和平台合作的方式。在 10 月份一次国际教练协会的研讨会上，我认识了长松咨询集团旗下的长建咨询的付春雨总经理。销售公关是我的强项，在我跟付总第一次交流中，我们便一拍即合，确定了合作关系。后来在我俩的撮合下，W 导师和贾老师见了面，确立了正式的合作关系。

2013 年，长松咨询集团发展势头很迅猛，在贾长松老师“求真、务实、接地气”作风的影响下，集团在全国共有近 80 家分公司和代理商，拥有近 2000 人的地面推广队伍。所以，跟他们合作后，我们如虎添翼，只要协助他们做一些课程推广和招生的工作就可以了。于是，我们团队的老师就开始到长松咨询集团的各个分公司去给员工和客户作宣讲和培训。

国家教练协会ICF主席Dr Damian Goldvarg

在2013年12月至2104年6月半年期间，我开始在全国各地巡回做《企业核心教练》课程的培训和辅导。我把在W导师那里学到的各种理念和工具都用在日常的生活和培训当中，先后为数千名员工、企业家和高管作了培训和辅导，我也惊喜地发现教练式的管理真的非常高效实用。

在我做辅导和推广OPP[①]的讲课中，我会让参训的学员提出他们的任何问题和困惑，不管是企业家、高管还是员工，只要提出来，我都会在现场用教练的思维和工具给他们解答。让我自己都感到惊喜的

---

① OPP指机会营销，具体指会议营销、招商会营销、上门演讲成交营销（电视营销、网络营销、拍卖会营销、招标会营销等）。

是，自始至终，所有的学员都对解答的结果非常满意。这也正如W导师一直所说的，其实每个人的问题只有他们自己最清楚，只要我们用对了教练的思维和工具，就可以帮助他们把最好的答案找出来。

参加第一期《企业核心教练》课程培训的学员合影留念

于是，我逐渐有了一个更欣喜的发现，我原来跟别人讲课时说：“如果有一天世界发生灾难，那么最后饿死的人一定是做销售的，因为他积极主动，创造性极强，而且从不放弃！”现在我把这句话做了修改：“如果有一天世界发生灾难，那么拯救世界的一定是个懂销售的教练，因为他随时可以把身边的人变成最好的销售人员！”

销售人员的硬实力就是能通过各种方法和手段去实现自己和团队想要的目标。可是如果没有了目标，或者目标本身出现了偏颇，那么就可能出问题了。教练则不一样，特别是W导师创建的王道教练体系就更不一样。

王道教练体系是要让我们永远活在叩问和自省之中，要不停地启用自己的慧能，明确我们最想要的是什么，然后再由天责综合利用各种资源去实现这个目标和想法。

在这样反复的叩问中，我们的目标就慢慢地从自己的个人需求，提升到了团队的需求，企业的需求，国家、社会的需求，乃至全球及整个宇宙的需求，也就是说我们的格局和维度提升了。与此同时，这也就从一个人行、一个人干和一个人好，变成了所有人行、所有人干和所有人好。这就是我体会到的高维度的硬实力，我也因此逐渐拥有了对所有人真爱的能力。

读者如何快速拥有硬实力

很简单，就是十二个字：随时随地，学以致用，无我融合。

2007 年 4 月，我在网上看到一则消息："我国的前世界马拉松冠军艾冬梅和丈夫无奈地选择在北京通州一个市场上摆地摊。因为迫于生计，她又在网上出售职业生涯中的奖牌，换钱维持生活。"这条消息对我触动很大，我当时想跟她联系，把她的金牌买下来。

从那时候起，我就觉得很多国人对专业和特长的理解非常偏颇，大家都觉得有能力就是要有一技之长，所以很多人早早地把自己的孩子送去学这样那样的特殊技能。我觉得这样的选择很可笑，也很可怜。

在有了孩子后，我就绝不会强迫孩子这样做。特别是在学习了苏小妹老师和海文颖老师的理念后，我就更加坚定了这一原则。我的亲身体验告诉我，不管我在哪里和做什么，只要我能随时随地地学以致用和无我融合，就具备了强大的生存力和适应力。

于是，我们家就不会刻意地给儿子报各种兴趣班，而是根据他的兴趣而定。他有一段时间喜欢钢琴，我们就给他报钢琴课和租钢琴，他兴趣一过，我们就把钢琴还掉了。他的很多兴趣和爱好，我们都是这样对待和处理的。不过，我会特别在乎培养那些能在我们日常生活中随时需要和使用的技能。例如：各种棋类、各种牌类、唱歌、搞怪、对诗对句以及俯卧撑类的简单运动挑战，还有家庭主持分享、英语会话、篮球、台球、乒乓球、野外探索和手工制作，等等。

我儿子的各种娱乐和训练活动

在我这种看起来有些“实用主义”的熏陶下，虽然儿子看起来跟普通的孩子区别不大，甚至没有很多孩子得的奖项多，可他却具备了一种特殊的能力，可以在不需要任何额外培训和辅导的情况下轻松比赛并获奖。

在儿子的很多奖项中，除了去年的“全国外研杯英语大赛”是我全程陪他去参赛的，他得的很多奖项，包括几个全国一等奖，我们都不知道他具体的参与过程。很多奖项，他都是在我和他妈妈不知道的情况下就拿回来了。

说实话，我们对这些奖项并不是特别感兴趣，我更欣慰的是发现他是一个在哪里都有得玩、有得聊，而且跟谁都有得玩、有得聊的，

有趣的、受欢迎的人。我坚信这就是我想要儿子具备的绝对硬实力！

今年3月，为了让我参股的营口中储物流有限公司有更大的突破，我决定给创始人彭文华夫妇和所有高管们做一次内训。为了互相启发和激励，我对外开放了6个陪读名额，特意把地点选在了位于北京平谷，由贾海珍老师创建的乐和仙谷。

在这次内训中，我意外地发现了一个叫朱去疾（实修正悟6中提到过）的很特别的人。他是我的球友满义（实修正悟9中提到过）带来的，我之前并不认识他。

训后合影，前排左二、左三分别是彭总夫妇，
左四是贾海珍老师，后排左二是满义，右二是朱去疾

朱去疾无论从外表和气质上看都不太像地道的中国人，更像那种ABC（在美国生长的中国人）。他有四个特别明显的特点：一是跟陌生人见面时非常自信大方，可以形容为秒熟；二是他学以致用的速度极快，我刚讲过的，他很快就能用自己的言行展示出来；三是快速融入，不管是乐和仙谷的餐前感恩和自理文化，还是中储物流的核心团队，他都可以很快融入；四是他很幽默，在游戏过程中很搞怪并很享受。

总之，就是一句话：我看到了一个跟我一样具有硬实力的人！所以在第三天，我便直接邀请他配合我在课程上给大家做一段很不错的分享。我们俩一见如故，相见恨晚，我当即邀请他做我的合作人，他欣喜地答应了。

后来，我才知道他出生于高干家庭和书香门第，而且在信诚人寿保险有限公司的体系里享有颇高的声誉。

很多人经常诟病我的一点是，胆子大，学点东西还一知半解时就敢用，而我觉得这反而是我具备硬实力的地方。因为我总是即学即用，如果不会或感觉不对，马上向老师请教，并做出调整。这就是我们在正悟 14 中所说的爱教。朱去疾也是我这样的人。

前几天看了一段有关马云的视频，他说未来的机器人将取代人们的绝大部分工作，人们可能每周只会工作四五个小时，所以如何消遣和游玩便会成为一个最大的课题。我觉得他说得很对，未来那些会生活的、有趣的人才是具备硬实力的，最受欢迎的人。这一点，我和朱去疾聊起来就感到和对方同频共振，兴奋无比。

2017 年 3 月，我在上海好友郇菲（实修正悟 8 中提到过，是我老婆的闺蜜）的家里开沙龙。沙龙结束后，我和他们一家三口做了关于未来的一个小探讨。我们大家一致认为未来最受欢迎的人的第一个特质就是有趣好玩。

事实证明，只要我们随时开启慧能和天责，我们就会具备硬实力，可以做出跟现代最优秀的马云一样的预测。

小提示 本篇发现的心智模式和实修正悟是：硬实力。

20. 教化：我总是心有不甘怎么办？

小测试 20：不甘指数

你觉得现有的各种规则和秩序合理吗？你愿意遵守和服从吗？

回答选项：A. 合理，愿意服从　B. 还好吧，不愿意也没有办法　C. 不太合理，不太愿意　D. 不合理！很多的规则我都不愿意遵守

选项说明：

选了 A，恭喜你，你是一个很讲规矩的人。选了 B，你也不错！选了 C，提醒你，你需要留意。选了 D，警示你，你需要多读几遍本节内容。

另外，为了便于准确评估，读者可以扫码发“小测试 20”进行互动咨询。

教化——优秀人才苗子的切肤之痛

在我 10 岁以前，哥哥姐姐们正值青春期，他们都比较叛逆。如果家里出现了什么差错，妈妈就会“拷问”大家是谁干的。如果没人承认，妈妈就用好吃的来引诱我说实话。我会立刻“叛变”，如实地招供并指认“凶手”。于是，我就逐渐变成了一个双方都“又爱又恨”的特殊角色。当然，我也就自然地学会了从中“受益”。

后来，当我爸爸从外省转业回到县城后，只要一放假，哥哥姐姐为了能让自己逍遥自在，就赶紧劝妈妈带我去县城陪爸爸住。其实过

来人都懂，那时候爸爸的宿舍只有一张床，带着我很不方便，所以妈妈并不是很乐意带着我这个“电灯泡”。于是，哥哥姐姐们和我非常默契地演戏，让妈妈感觉到不带我一起去就会有很多麻烦。

在这样的大人跟一群小孩子斗智斗勇的游戏中，妈妈最终肯定输定了。结果就是，哥哥姐姐们既不用照顾我这个玩不到一起的小捣蛋鬼，同时还排除了爸爸妈妈布下的“眼线”。而我，自然愿意去县城开眼界和长见识了。

小时候吃得不好，大脑发育不完全，所以半夜总会尿床，尿了床也会被妈妈打屁股。还有，我小时候很聪明，所以放了学几乎没做过作业。妈妈虽然很疼爱我，但对我的这一点，她是很讨厌的，只要发现我不做作业，就会用黄荆条打我一顿。而我几乎每天都不愿意主动做，妈妈也就每天都要打我，这样的情况一直延续到我上初中的时候。

1987 年的一天，因为周末做作业的事，妈妈又拿着黄荆条打我。这次，我不仅没有哭，反而一下子把妈妈手中的黄荆条夺了过来。我愤怒地把条子撅成几段，扔到屋外的陡坡下！在没有踮脚的情况下，我把妈妈放在蚊帐顶上的所有黄荆条全部拿下来，全部撅断，扔到了屋外的陡坡下！

妈妈被我这突如其来的行为惊呆了，不知道该怎么办。我扔完这些以后，站在妈妈对面一字一句地说：“妈！从今天起你不要再打我了！我已经长大了！只有没有本事的人才会打人！你天天打我，越打我越不怕！你看爸爸从来不打我，我却很怕他！”

妈妈听后，没有生气，还把这个事情像个神话一样去给邻居们讲。从此，她就再也没有打过我了。不仅如此，家里只要有事情，在她六神无主的时候，就会问我，让我想办法。而我，自然也就像个小大人一样帮她出谋划策了。

1990 年，当我如愿以偿考上高中之后，我便到县城跟爸爸长年住在一起了。小时候爸爸很少在家，所以我们对爸爸一直很崇拜和敬畏。

现在住在一起，我发现爸爸也有一些缺点和不好的习惯，想跟他说却又不敢。

后来，我把老师让我们做的小型化学实验装置带回家，给爸爸演示我们的化学实验。看到爸爸惊讶的眼神，我用既调皮又挑衅的话说：“爸，你能把铁皮点着吗？不行吧，我会！”说完就用打火机点着了一根镁条，得意地在爸爸面前挥来舞去。爸爸大概明白我的用意，白我一眼就走开了。当然，从日后爸爸对我的态度可以感受到，这样的“挑衅”还是很有效果的。

这样的个性和成长经历让我养成了一种特殊的习惯（没有驯顺），只要到了一个新的环境，不管是学校还是单位，我都会下意识地去挑战现有的规律和规则。如果被权威说服了或说服了权威，我就会好好干，否则立刻撂挑子不干了。

教化：最好的教育是让人们在懂得现有的规律和规则之后，可以用手拿起笔来描绘更美好的世界

那么，如果现在面对这样的情况，有没有更好的处理方式呢？

实修正悟20（教化）：最好的教育不仅是让人们去适应社会环境和满足于现状，而是在懂得现有的规律和规则之上，对规律和规则进行升级和更新，从而使所处的社会环境变得更加美好和幸福。本书简称其为教化。

当我带着这样的个性和习惯到了大学校园以后，发现大学里的有些老师们天天讲的都是要适应社会！除了适应社会，还是适应社会！这样的说法不但没有让我信服，反而让我对这样的说教产生了反感。

其实，现在回头看来，我们国家和党的教育方针是很好的。毛主席曾经对留学苏联的学生们说："世界是你们的，也是我们的，但归根到底是你们的。你们青年人朝气蓬勃，正在兴旺时期，好像是早晨八九点钟的太阳，希望寄托在你们身上。"党和国家给我们的教育就是要先让我们懂得各种规律和知识，然后通过自力去改造和美化世界。

最近几年，在给很多企业家做培训的过程中，我越来越明白了"为什么超一流的企业是卖规则"这样的说法。这就是只有在懂得了行业规律和知识的基础上，才可能去制订更好的规则，从而让整个行业和社会受益。我现在特别感恩我大学的系书记田老师，在我当时积极要求入党的时候，她对我要求很严格，毕业时对于我需要提升和注意的地方，还在我的档案里做了记录，其实这才是真爱。如果时间能够倒流，我想我会非常欣喜地接受这样的教化的。

教化让我终于知道了真爱

在跟W导师合作之后，虽然我的穿着有了很大变化，经常一身中式服装，但我的内心经常还是一副"舍我其谁"的德性。这个W导师也是看在眼里，明在心里。

随着相处时间增多，我的各种不良习气开始显现了。先是在一些不该说话的场合里插话，满足自己的虚荣心，接着就是碰到W导师不妥协的时候就发脾气、摔东西，然后直接威胁W导师说要撂挑子不干了。可是，W导师毕竟是高人，他可不吃我这一套。每当这时候，他都会平静地对我微笑说："怎么？又要撂挑子啦？"于是，我就立刻又服气了。

当然，这个过程也并不容易。有一次跟W导师争执后，我觉得自己的能量一下子全部没有了。我回家时开的车也失去了控制，拐弯时把一辆摩托车给撞倒了。幸好速度不快，我赶紧把撞倒的人送到附近的医院看了看，赔了几千块钱。到家时，我又把车的水箱给撞漏了。

2013年5月，我在微信朋友圈里写道："弟子问：'师父您有时候打人骂人，有时又对人彬彬有礼，这里面有什么玄机吗？'师父说：'对待上等人直指人心，可打可骂，以真面目待他；对待中等人最多隐喻他，要讲分寸，他受不了打骂；对待下等人要面带微笑，双手合十，他很脆弱、心眼小，只配用世俗的礼节对他。'"

"所以，我感恩生命中那些对我直指人心的人们，感恩你们的真诚和尊重，是你们让我拥有了信心和力量！你们是我一生都要珍惜的挚友！我也感恩生命中那些对我使用"隐喻"的人们，感恩你们的睿智和圆通，是你们让我拥有了反思和智慧！你们是我亲爱的朋友！我还要感恩生命中那些对我施以世俗礼节的人们，感恩你们的慈悲和关爱，是你们让我拥有了理解和包容！你们是我成长的标尺。我感恩我所拥有的一切！"

2013年12月12日，王道教练的高阶课程"王性修炼"在北京的太申祥和山庄开班了。因为只有上过一阶和二阶课程的企业家才有资格参加，所以学员不多，是我们做的一个精品班。后来我才知道W导师的良苦用心，他是创造机会，要先把我和赵学文老师培养出来。

2012年9月，W导师专门从加拿大请来了衍杰法师，在平谷给我们上了一次为期五天的内观禅修课。后来在W导师的强烈建议下，我在2013年6月初到大同参加了7日的"禅七"课程。在这个课程中，我规规矩矩地做了7天禅修的功课。其中就包括每天做324个五体投地的跪拜，这对消除我的傲慢心和戾气起了决定性的作用。

在这段特殊的日子里，我觉得自己就是那个神通广大，但又顽劣不改的“孙猴子”，W导师就是那个看起来有些迂腐和不接地气的“唐僧”。我曾经冒犯过他，甚至想推翻他，超越他；但他总是很平静，通过几句简单的问话就能让我服服帖帖；同时，他也总能让我见到一些让我更佩服的高人或贵人，如著名的李毅多老师和缅甸的帕奥禅师，等等。

来自缅甸的帕奥禅师

客观地说，W导师给我的就是最好的教育——教化。在他的磨砺和教导下，我不仅明白了很多普通人能够看到和理解的道理，而且还发现了很多普通人无法看到和明白的真相，从而有了更新规则、美化世界的信心和动力。

例如：自己究竟想要什么？人要顺应哪些自然天道和社会规律？什么是真正的爱？什么是真正地对一个人好？教学次第是什么？未来成功的企业家需要有哪些修炼？为什么“上士闻道，勤而行之；中士闻道，若存若亡；下士闻道，大笑之，不笑不足以为道”？……

在W导师的各种点拨下，我惊讶地发现，原来这个世界上的绝大部分人，看到的事情和现象都是正好跟规律和真相完全相反的。例如：我们自己心情不好就骂孩子，结果孩子不服气就顶撞我们，我们就得出一个结论——孩子不好。我们因为内心不自信，就去做了面部整容，可是整容之后又特别害怕让人知道，结果反而更不自信了。我们为了赚更多的钱就自己创办公司，可等开了公司，却发现根本赚不了更多的钱，能撑住不赔就已经很不错了。这就正如《心经》里所说的——颠倒梦想。

衷心感恩 W 导师给我的教化，让我不仅懂得了更多的规律和真相，具备了真爱的能力，还有了通过改变自己去美化和改变社会的力量。

当然，我出版这本书，也是秉持一种教化的理念，就是希望大家都先了解和掌握各种规律和规则，然后在这个基础上去更新和优化，从来让整个社会和世界变得更加美丽和幸福。

如何拥有教化自己和他人的能力

要想拥有教化的能力，就得先接受教化。从现在开始，只要你身边有人比你做得好，你就去跟他学习和请教。不要管人家是怎么做到的，只要结果比你好，你就得服气，就要去学去问。

我有一个切身的感悟：我之所以能成为一个非常优秀的教练，是因为我是一个特别能受到教练启发的人。我的教练之路就是由李俊逸哥们儿的三个问题开启的。所以要想成为一个好的教练，就必须从被教练开始，这跟所有的体育项目都一样。

所以，当你了解的规律越来越多的时候，特别是了解了那些一般人看不到的规律的时候，你就会懂得真爱，就会比别人成功。别人也就愿意主动来跟你请教，你自然就具备了教化的能力了。

我儿子今年12岁，已经快到青春期了。最近他的主意越来越正，脾气也越来越大了。

几天前，我完成写作到家已经过了午夜，进了卧室却发现老婆居然还没有睡。我很奇怪，她说她正在写分享。原来今天儿子因为作业的事竟然叽叽歪歪地发了一个多小时的脾气，直到快12点了才去睡。老婆感触很深，跟我絮絮叨叨地说到了凌晨两点。我一直在倾听和安抚她，让她放心，我会想办法沟通和处理的。

第二天晚上，我不到10点就回家了。儿子还没有睡觉，又在叽叽歪歪地跟妈妈顶嘴。我看到家里的一个塑料垃圾桶和四个空的饮料瓶子，突然有了灵感。我说："来，跟爸爸玩个小游戏吧！"儿子知道我肯定又要跟他讲规则了，就极不情愿地说："我要洗澡睡觉了。"然后，他拿着睡衣进了洗手间。

我坐在垃圾桶前面，比画着这几个空瓶子，心里更有底了，就坐在那里等他。五分钟后儿子出来了，看见我没动，知道熬不过我，就过来悻悻地说："爸爸，你又搞什么呀？"我让他坐下，他不耐烦地坐下了。

我非常认真地说："儿子，你现在就要到青春期了，你自己的主见会越来越多，也会越来越有个性，这就会跟一些规则和纪律产生很大的碰撞，甚至会与别人有很多的争执和冲突。为了让你能轻松和谐地度过青春期，爸爸现在要教你做一个关于规则的游戏，你愿意听吗？"儿子还是不太情愿地点了点头。

我先拿来三个空瓶子，把它们一个一个直直地按次序放进了垃圾桶，跟他说："你看，如果大家都讲规则，就像每个瓶子直直地放进去一样，大家就互不冲撞，相处得轻松和谐。"我接着拿起第四个空瓶子给他演示说："但是，这第四个瓶子因为来晚了，不能正常放进去了，这样它就有两种选择，一是等桶里的一个瓶子出来后再进去，或者自己倒着放进去，这就是先来后到的规则。"儿子听到这里，眼睛一亮，觉得有意思了。

我接着说：“你看，这些瓶子如果想出来的话，是完全自由的。”说完，我把空瓶子全部拿出来了。“不过，现在的情况是，有个瓶子很有个性，不愿意直直地进去，它斜着就躺进去了。第二个瓶子想进去就发现进不去了。它就会用自己的瓶底去撞击第一个瓶子。这就好比你违反了规则，爸爸妈妈和老师会批评你一样。”我一边说，一边用第二个瓶子撞击第一个歪着的瓶子。儿子惊喜地说了一声：“哦，真的耶！”

“好的，这时候，又会有两种情况出现：一种情况是，第一个瓶子受到撞击后自己正过来了并规矩地靠在一侧，那么第二个瓶子和第三个第四个瓶子就都可以直直地进来了。第二种情况是，第一个瓶子不愿意正过来，第二个瓶子没有办法也只好歪歪斜斜地躺在第一个瓶子身上了。最后，第三个和第四个瓶子也都会经过冲撞后歪歪斜斜地躺在下面的瓶子身上了。”

看到儿子忍不住在点头，我停顿了一下，指着桶里的一堆乱瓶子问：“现在的问题是，第一个瓶子如果想出来的话，它能出来吗？”儿子立刻摇头说：“出不来！”我说：“是的，它自己出不来了！这时候，它要想出来，就必须要跟上面的每一个瓶子求情，让它们一个个地让开才能出来。”

看到这里，儿子不禁吸了一口气。我故意把第一个瓶子跟每一个瓶子求情的演示做得更可怜了一些，接着说：“这就跟你撒了谎，或是没有按规定完成作业，或是没有节制地玩游戏以后，爸爸妈妈、老师和同学都会批评你，而且不相信你了一样。最痛苦的是，这个时候就算你想改正，也没有那么容易了！因为人家已经不会轻易相信你了！这就像要一个一个地说服这些堆在上面的瓶子一样！人家不仅不会让你，还说那是你自己先犯了错的，凭什么我们还要让你！”

儿子彻底服气了，他诚恳地看着我说：“爸爸，我知道了，谢谢您！您写书也累了，就早点休息吧！”

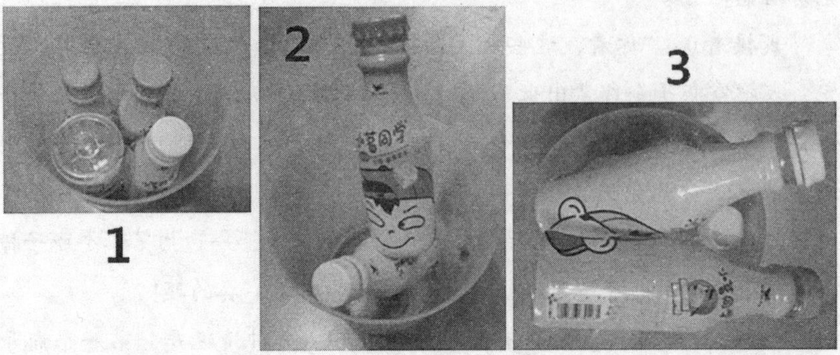

我用垃圾桶和空瓶子给儿子演示的规则：1. 如果每个瓶子都遵守规则，大家就会出入自由，互不影响；2. 如果第一个瓶子自由散漫，就会受到第二个瓶子的撞击；3. 如果第一个瓶子不改正，后面的瓶子就都会歪歪斜斜地躺在上面，结果就是后面的瓶子进不去，前面的瓶子出不来了

当然，要教化一个人并不是那么容易的。最近几天，儿子的一个刚刚转学到杭州的同学因为来北京考试，住在了我们家。他们两个人在一起时，立刻把各种规则给抛在脑后了。我又陆续给他们演示了三次这个关于规则的游戏。

前天晚上，因为不服从我们的安排，那个同学居然在卧室里骂了很脏的话。我破门而入，模拟第二个瓶子冲撞的样子来对待他们，然后继续给他们演示。儿子大哭了一场。最后，他们又明白得深了一些。今天早上吃饭前，我又提到了规则。我说："你们可以想象那个垃圾桶内的桶壁上长满了刺，如果你的手直直地伸进去，就感觉不到有刺，但如果你太有个性，不守规矩，就会被划得鲜血直流！"他们俩几乎同时若有所思地说："哦，原来规则是保护我们的！"

我说："对呀！如果让你们选择的话，那个垃圾桶和那些瓶子，你们愿意做哪个？"他们说："第一个直直的瓶子！"

我说："很好！不过，如果我选的话，我选择做那个垃圾桶，因为我能在遵守和懂得规则的基础上，还可以创建更好的并能容纳更多瓶子的规则。”

当时，我的这句话是完全出乎他们意料的，老婆和他俩听到后，都有一种豁然开朗的感觉，连连点头称是。

佛学的禅宗中有一种最高的境界叫作顿悟，顿悟的手法就是随时随地指物为师。这也是我最喜欢和最常用的方式，我的很多学员也因此得到了很多顿悟的体验，并得到了**教化**。我很感恩他们给我为他们做一些贡献的机会，也期待我们大家一起，不断地发现更多的规律和真相，得到更多**真爱**的能力，让整个社会和世界变得更加美丽和谐。

小提示 本篇发现的心智模式和实修正悟是：教化。

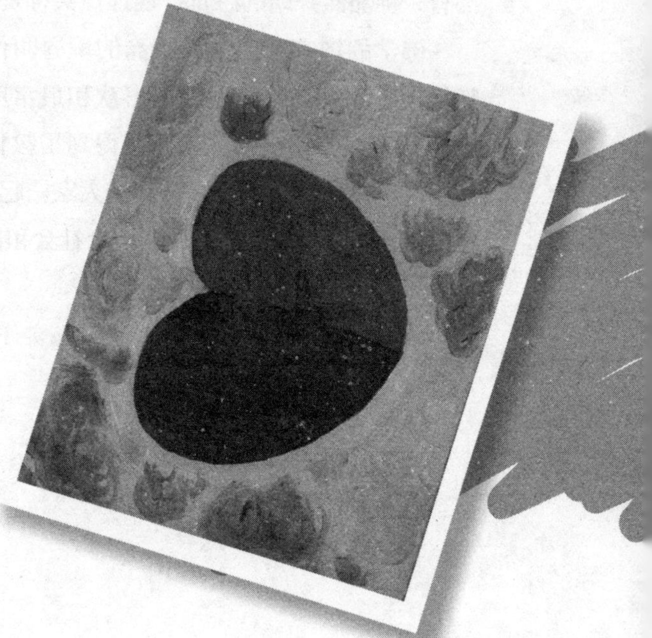

第五章
情感分析：联网兼容性测试

将近40年的生活阅历告诉我，我身边有这样一些不同的人。

第一种，总是真心而客观地赞扬我的人。他们是最可敬的，因为他们心怀大爱，能成人之美。我清楚，他们在很多方面都远远胜过我，他们是我的良师益友，也是我人生的灯塔。

第二种，总是善意提醒或善意批评我的人。他们是最难得的，因为与我赤诚相见，对我苦口婆心。我清楚，他们是最了解我的人，是我的终生挚友，也是我同舟共济的伙伴。

第三种，总是与我平淡相交的人。他们是最真实的，因为他们虽然普通，但不虚伪。我清楚，他们是我比较喜欢的人，也是我比较信任的人，是我的普通朋友或一般同事。

第四种，总是无端挑剔我的人。他们是最可笑的，因为他们心胸狭窄，容易嫉妒别人。我清楚，他们在很多方面都不比我强，是自己不相信自己的人，自然也得不到我的信任。

第五种，总是献媚讨好我的人。他们是最可恶的，因为他们心怀不轨，虚情假意。我清楚，他们跟我格格不入，如果可以选择，是我最不愿意看到的人。

这是2012年3月10日，我在进行心灵成长学习之前写的博文。我所经历的人情世故和世态炎凉也是造成我抑郁的主要原因。所以在学习中，我一直希望找到解除这些情感困扰的方法。

这就像电脑的互联网兼容性测试一样。

21. 悦己：我总是对某个人很着迷怎么办？

小测试 21：我喜欢的人的特质

准备一张纸和一支笔，把你最喜欢的人的特质写出来，注意是特质，不是行为。例如，要写“幽默”，不要写“他总逗我乐”。如果你一下子想不出来，就先想出你最喜欢的人是谁，然后把他身上好的特质提炼出来就可以了。

回答选项：A. 太多了，一张纸都写不下　B. 很多，写了十几条　C. 不多，只有三五条　D. 很少，几乎没有。

选项说明：

选了 A，恭喜你，你很优秀！选了 B，你也不错哟！选了 C，提醒你，你不太喜欢你自己哟！选了 D，警示你，你根本就不喜欢自己！要尽快调整和改变！

另外，为了便于准确评估，读者可以扫码发“小测试 21”进行互动咨询。

悦己——喜欢和被喜欢的真实秘诀

在我上小学一二年级的时候，我特别喜欢两个人。

一个是我的发小李小林。我们俩性格爱好几乎一模一样。我不愿意睡午觉，愿意玩，他同样如此；他喜欢研究和探索各种科学和自然规律，我也喜欢研究这些；我性格温和，不爱争斗，他的性格也是如此；

他总是幻想有神仙存在，想找神仙学艺，我也总是幻想有神仙存在，想找神仙学艺；他有两个“跟屁虫”同学天天叫他师傅，我也有两个“跟屁虫”同学天天叫我师傅。我们也有一些不同的地方，但默契的是：他喜欢看各种书籍，然后讲给我听，我很乐意听他讲，而且一听就记住了；我在山上或者河里发现了什么好玩的东西，就带他去玩，他很喜欢，也玩得很开心。

我们俩都是男孩，每天在一起玩得“如胶似漆”，经常被大人抓住拖走，才回各自屋里睡觉。大人们还经常开玩笑说，我们就像“两口子”一样。

我小学毕业的合影，后排右二是李小林，前排右二是红德

还有一个人是我们班上的一个小女生（名字叫红德）。我为什么会特别喜欢她呢？因为我特别爱我的妈妈，我觉得我妈妈特别温柔，特别体贴，对爸爸特别好。爸爸那时候每年回家很少，但只要爸爸一回

来，妈妈就会开心得不得了。不管当时在半夜里正睡觉，还是在山上或地里干活，妈妈都会立刻去厨房给爸爸做饭。一般都是把平时舍不得吃的鸡蛋翻出来，给爸爸做一碗甜甜的荷包蛋。我们在一旁羡慕得咽口水，爸爸一般会把最后一两个荷包蛋留给我们这些馋嘴的家伙。

不知道为什么，我觉得这个女生跟我妈妈很像，不仅长得像，而且性格也很像。所以，当女生们玩跳房子和跳皮筋的时候，我常常在一旁看着她。别的女生邀请我一起跳，我就不去，如果她邀请，我就会去。当然，仅此而已。

上初中以后，喜欢我的女生很多。我跟一个很漂亮的女生好上了，可我心里非常清楚，那是因为觉得她对我太好了，实在不忍心拒绝。在高中的时候，我确实真心喜欢过一个女生，因为我们有非常多的共同点：我们住同一个院子，我们的父亲都开了一辈子车，我们都很自信，都喜欢打篮球，都喜欢自由，都喜欢唱歌，学习都很好，英语都很好，文笔都不错，内心也都有一份小清高，等等。只可惜，毕业后分居两地，而且产生了一些误会，我们最终分手了。

后来，我经人介绍交了一个北京的女朋友。说实在的，虽然交往了近3年，但始终觉得我们之间的共同点太少，要不是她的父母对我特别好，估计我们早就分手了。2000年11月19日，我在上海培训期间认识了我的老婆Stella。她不仅和我有相似的优点，她的长相和特质都跟我妈妈非常相似。

2001年，当Stella来北京看我的时候，我带她见了我的很多朋友。这些好朋友无一例外在私下非常关切地给我打电话，表达了一个相同的意思：你很优秀，这个女孩配不上你！你对她别当真就好！

他们关爱我的心意我都领了，不过，我非常相信自己的感觉和理智，Stella就是那个最适合我的女人，虽然当时的我并不知道为什么。

实修正悟21（悦己）：我们所喜欢的人的正面特质，都是我们自己

与之同有的正面特质。只不过这些正面的特质有两种存在方式：一种是显性的，自己能直接表现和展示出来。另一种是隐性的，一般会表现为特别欣赏，会允许、配合并鼓励别人展示出来；自己只有在出现危机的时候才会迸发出来。也就是说，我们喜欢的人原本就是我们自己！本书简称其为悦己。

悦己：两个看似不同的小人会互相觉得对方很好，
其实他们喜欢的对方的颜色，正是自己本身具有的颜色

我和 Stella 一见面就发现我们共同的爱好特别多，见面的第一次就在一起打扑克牌，玩得很爽；后来一起打乒乓球、逛公园、逛商场；互相陪着加班，一起说英语，等等。我们的性格也很相似，她很实在，我也很实在；她不喜欢孩子，我那会儿也挺烦小孩的；我喜欢突发奇想和冒险，她也不甘示弱，等等。

后来我们 15 年的婚姻生活证明了，我妈妈的那些优点都变成了我的隐性特质，而我的老婆 Stella 正好拥有这些特质，并可以很好地把这些特质展示出来。当然，这些特质可能跟我那些朋友所喜欢的不太一样，所以他们就不会有感觉和认同了。

显然，仅以我的老婆为例，就可以看出，我喜欢的人就是我自己。这个喜欢的过程就是悦己的过程。

在 2012 年跟浩途家庭俱乐部的一群高级会员在一起共修时，海文颖老师、张毅、安娜、闫耀文和李俊逸等，突然有了这样的共鸣："喜欢一个人，就喜欢跟那个人在一起的自己。"我当时还不能全懂，但现在看来，这其实就跟身心灵作家张德芬所说的"亲爱的，外面没有别人，只有你自己"是一样的领悟罢了。

悦己让我走上了又一条磨砺的道路

从 2013 年 12 月份开始，我发现自己逐渐喜欢上了一个人。这个人有时候对我产生的吸引力甚至超过 W 导师对我的吸引力。他就是在"王性修炼"课程中的学员——孙强。

孙强是我的高中校友，他比我早两届毕业。早年从体制内跑出来在深圳跟史玉柱混了几年，也在那里追到了自己的老婆。现在他已经有了自己的公司，营业额上亿，做得很不错。

我跟 W 导师相互喜欢的优点是：都志向宏大，不仅心系国家和社会，甚至考虑全人类的事情；追求真理和真爱，就算为此而头破血流也在所不惜；为人正直，刚直不阿；乐于助人，就算自己赔了钱，甚至被别人长期误解，也不改初衷，一定要让别人有所裨益。

可是，在跟 W 导师合作近两年后，我突然又有些不相信自己了。原来我们自己招生很费劲，后来跟长松咨询集团合作后，我长期在外奔波，讲了半年课，我的身体吃不消了。那时我总咳嗽，我的老婆和孩子也非常不喜欢这种长期看不见我的状态。

这让我想起了 2012 年，在我有意去诚泉文化做导师的时候，创始人孔伟良导师问了我三个问题。其中第一个问题是："因为要两岸四地来回奔波，每期课程历时 5 天，每周一次，这意味着你的老婆和孩子从此就跟没了你一样，至少前两三年是这样，你可以接受吗？"我记得当时的我连想都没有想，立刻摇头否决了。

还有一个现实的问题是：这两年我不仅没有挣到钱，还倒贴进去很多钱，其中有 10 万还是我的一个哥们儿给的。他叫张志宇，从 1999 年认识后，就对我特别好，我老婆也是通过他认识的。他在 2003 年创办了公司"北京智盛汇通科技发展有限公司"，一直希望我能跟他强强联手，共创大业。2013 年 2 月，当得知我要跟 W 导师合作进入培训行业时，他对我又爱又恨，当即就给了我 10 万现金。他说要无条件支持我，但如果这次再干不好就得去跟他一起干，还逼着我和他用手指拉了钩。

哥们儿张志宇

人的情感就是这样，如果过得不如意，就会很快用一种新的感情来代替旧的情感，不仅爱情和婚姻是这样，就连合作和交友也是这样。我很快发现自己跟孙强有很多相同的优点：我们都是四川同一个地方的人，都很幽默风趣；都是做销售出身，天生乐观积极，接地气；都性格豪放，不拘小节；都喜欢帮助人，并以此为傲；都有一副谁都不服，喜欢比试的豪气。

于是，我开始在心里盘算：如果继续跟着W导师干，并和长松咨询集团合作，我的身体受不了，家人也坚决反对。同时，W导师和贾老师在教练理念上有一些差异，我感觉进入长松课程体系的企业家们似乎大多数是缺乏内省的人，这样做下去效果恐怕也不会太好。

于是，我便跟W导师直接表达了我的想法：我要换一种方式帮助他。我要找三家不同行业的企业，在这三家企业里把W导师的王道教练体系执行并落实下去，一旦他们在所属的行业里做出了名堂，就有了最好的样板和案例，这样自然而然解决了招生的问题。而我要找的第一家企业就是校友孙强的企业。

其实，很好理解，我们每个人喜欢的就是自己，但自己在不同时期和场合时，喜欢自己的点是不一样的。当我还在喜欢传统行业的时候，如果那个叫张志宇的哥们儿来找我，可能我就会跟他一起干了。

当我要转型到教育行业，希望自己每天都有新的学习和发现，并且拥有学员的尊敬和拥护时，我就会迷恋W导师。当我想沉下心来，踏踏实实地做出一个样板企业来的时候，我就会“移情别恋”，喜欢上从实干中走出来的孙强。

这个过程就是典型的悦己。同时，我在跟不同的人合作的时候，那些与他们各自不同的优点就会变成我的隐性特质了。

懂得悦己对读者有什么好处

首先我建议大家再把本节内容开始时的测试认真地做一遍，做完以后你就开始在自己的身上一条一条地寻找，看看自己是在什么场合和什么时候会具有并表现出这些优秀的特质的。

我有一个远在昆明的朋友叫相梅，我不记得是什么时候认识她的。每年在清理手机里的通讯录时，我都想要不要把她的联系方式删掉。每次都是考虑到逢年过节她都会给自己发慰问短信，而且平时从未骚扰过我，十多年了，一直如此，所以每次都把她的联系方式留下了。

2016年9月的一天，她给我来电话了。在电话里一聊，我才知道大概在2003年，我还在做污水处理设备销售的时候，昆明的朋友张慧超带我见过她一次。她在电话里跟我说，自己现在在工作和生活中都碰到了很多问题，自己很不自信，不知道该怎么办。

我在电话里给她做了一个测试（跟本节内容开始的测试一样），测试完之后，就让她把这些优点用一个统一的模式大声读出来。例如：她写了诚实和阳光，就这样念："我是一个诚实的人！我是一个阳光的人！"……

她一听就乐了，问我："这不是我的优点！你不是让我写我喜欢的人的优点吗？"我坚定地说："我知道，你只管大声地念出来！"结果，她每念完善良和真诚等话语后，我就问她："你确认，这是你的优点吗？"她都说："是的。"

后来，当她念到"我是一个自信、智慧和多才多艺的人"的时候，就死活不愿意承认了。她说自己很自卑、很笨，而且啥也不会，怎么可能会跟自信、智慧和多才多艺沾上边。

我问她："你跟我十三年没见过面了，你如果不自信，怎么会跟一个看起来很牛的陌生人打电话？而你却打了，这是不是你的自信？"她欣喜地说："哇！真的是耶！"

我接着问："还有，你怎么会知道我会回你的电话，而且还会这么耐心地跟你聊天，帮你解决问题？你相信我会接，而且肯定会帮你！这是不是你的智慧！"她更加欣喜地说："嗯！就是就是！难怪我的几个朋友老说我有智慧，我就不相信！"

我又问："如果你不多才多艺或接纳和认可，你怎么会知道那些是才艺而不是无聊的东西呢？”她说：“是的，是的，我觉得画画挺好，最近在微信朋友圈里看见您突然画油画了，所以也就想画了。哇！真的，突然好开心哟……”

污水处理行业的设备应用专家相梅

那天，她非常开心，因为知道自己原来有那么多优点（隐性特质），一下子变得自信多了，幸福指数也高了很多，心情也好了不少。

我有一个学员叫李想，看起来特别柔弱。她说特别喜欢我的课程，很希望成为我这样的老师。我给她测了心智模式，知道她是一个内心极度缺乏安全感的人，就又给她做了关于优点的测试。当她明白她所看到的我的优点都是她自己优点的时候，她很惊讶和兴奋，整个人立刻就变了。

后来，她有了更大的想法，说要成立自己的公司，并要做智能家居行业的“董明珠”。我又给她做了“领导人终极目标测试”，觉得她的心智模式的确很适合创业，就鼓励和辅导她立刻付诸行动。结果，她注册了北京八通物联科技有限公司，奇迹般地在一个月内第一次就拿下了一个100多万元的订单。

智能家居行业的新秀李想

合同签下来后，她请我们吃饭，并问我为什么我、客户、供应商和施工方都那么厉害，但还是会出手帮她。我告诉她，那是因为她自己很优秀，特别是在事业方面，所以大家都会帮助她。

后来，李想推荐了很多朋友参加我的沙龙。当然不用说，她的朋友都是跟她自己一样，很有事业心，而且能力很强的人。衷心祝愿她和她的朋友能早日实现各自的远大梦想！

所以，悦己最大、最直接的好处就是：多了解一些关于自己的规律，提升真爱自己的能力，增加自信，不再盲目地去崇拜别人，可以直接提升成就指数和幸福指数。

小提示 本篇发现的心智模式和实修正悟是：悦己。

22. 恶己：碰到了厌恶的人又躲不过，该怎么办？

小测试 22：我讨厌的人的特质

准备一张纸和一支笔，把你最讨厌的人的特质写出来，注意是特质，不是行为。例如，要写“狡诈”，不要写“他总欺骗我还不承认”。如果你一下子想不出来，就先想出你最讨厌的人是谁，然后把他身上不好的特质提炼出来就可以了。

回答选项：A. 很少，几乎没有　B. 不多，只有三五条　C. 很多，写了十几条　D. 太多了，一张纸都写不下

选项说明：

选了 A，那么恭喜你，你的修为很不错！选了 B，说明你的人缘也不错！选了 C，要提醒你，你的人际关系比较紧张吧！选了 D，这是在警示你，你自身的问题很多，需要彻底反省和清理！

另外，为了便于准确评估，读者可以扫码发“小测试 22”进行互动咨询。

恶己——困惑我整整半生的魔咒

2007 年，在德国 MBG 公司供职期间，我和 Gerhard 去拜访一个北京的大型国企，希望能跟它建立合作关系。在这次拜访中，我碰到了一个跟我特别像的年轻人。他叫 David，比我小七八岁，我确信他是一个非常难得的人才。

只可惜那时候David还没有外企的工作经验，也不太会说英文。他当时很想换工作，为了减少我们公司的用人风险和培训成本，我就把他推荐到了一家瑞典公司，鼓励他好好干，争取一年后被我们挖到公司来。

David的能力毋庸置疑，在瑞典公司的那一年干得有模有样，颇得领导赏识，英文也说得挺溜的了。我看时机成熟，便向Gerhard和Tomas举荐他，把他挖过来。我们公司那时候想在国内做大，急需优秀的人才。在得知另外两家公司也在挖他的时候，我还把David的老婆推荐到了我老婆所在的公司——一家法国的世界500强公司里上班。

我那时候在公司的业绩很好，可以说如日中天，虽然Gerhard和Tomas有些犹豫，但见我的态度十分坚决，又为此付出那么多心血，就同意了。

一切安排就绪，但在David来到公司上班的第一个月里，我就发现自己的噩梦开始了。他特别没有规矩，经常从后面在我头上摸来摸去，我觉得这是对我的不尊重。他总是嬉皮笑脸地奸笑，一看就很坏。他总让我跟他去混，但我觉得自己很正经，不能跟他一样不懂事。我苦口婆心地私下劝他，但他根本听不进去，反而觉得我在找他的碴儿。这样一来，我们的关系立刻变得紧张起来了。

有一次，他出差回来，兴冲冲地说带了一份礼物“孝敬”我，那是慕容雪村2002年的小说《成都，今夜请将我遗忘》。他说里面的主人公是成都人，很像我。我还没有看完就差点气死了！我万万没想到，自己在他心目中就是这样一个贪婪好色的坏家伙！我觉得受到了很大的侮辱！

后来，为了离他远点，避免产生冲突，我主动提出让他单独负责几个领域的业务，可以直接跟Gerhard和Tomas汇报。可是，他的个性太强了，总觉得我在压制他，在各种场合不断地挑战我，不断地证明他比我强。如果我给别人介绍他的时候，没有按照他的想法做介绍，他就会立刻不高兴并耿耿于怀。如果他觉得我的业绩很好或太强势，就会跟别的对我有看法的同事站在一起，甚至想伺机取代我。

其实，我的抑郁情绪很大一部分来自于我的工作压力，来自于我当年引进的几个关键人物带给我的伤害。当我辞职的时候，我虽然有些怒其不争，但内心里还是希望把我的位置留给他们，让他们有更好的前途。可是，当我卸任后几个月在跟合作的代理商一起喝酒时，一位老板借着酒劲跟我说了一句："张总啊！您在行业里大名鼎鼎！可是，我们最不佩服您的就是——您居然重用了 David 这样的人！"

其实，即使在当时，不用这位老板提醒，我自己都知道这是很不明智的做法。说实话，我知道他们的毛病很多，但我也隐隐约约地知道跟我本人有关系，具体是什么关系，我当时并不知道。

实修正悟 22（恶己）：我们所讨厌的人的负面特质，都是我们自己与之共有的负面特质。只不过这些负面的特质有两种存在方式：一种是显性的，自己能直接表现和展示出来。另一种是隐性的，一般会表现为允许、配合并迫使别人展示出来，而且特别擅长把别人的某些负面特质用强烈的反差显现出来。也就是说，我们讨厌的人原本就是我们自己！本书简称其为恶己。

很显然，我说 David 不懂规矩，而我自己呢？虽然没有去碰上司的头，但我却经常拿 Tomas 的头发（谢顶）开玩笑，而且经常公然抢他的话；我说 David 的笑容奸诈，我记得有一次 Tomas 就是因为我当着 Gerhard 的面笑他，立刻就跟我急了，说我在藐视和嘲弄他；我说 David 不正经，其实自己在招待客户的时候也会跟歌厅的小姐暧昧一下。

至于他的种种不安分和小动作，那就更是跟我一模一样了。说实话，要不是有德国人 Gerhard 的开导、劝慰和调停，恐怕我早就把 Tomas 或把自己给整跑了。最后，我还不是通过上下串通，通过"逼宫"的方式，取代 Tomas 而成为了 CEO 吗？

而且，在这些负面的特质里面，我的不正经是一个非常隐性的特质，很少有人亲眼看到，我只会在Gerhard这样自认为最可靠的人面前才会流露出来。不仅如此，我还会在David等人面前故作镇定，让他们的不正经凸显得更加明显。这些历历在目，都是证据确凿的恶己！

现在回想起来，当时公司中上上下下有很多人对我不服气，其实这都是完全正常合理的。我的抑郁也是自找的，自己辞职的选择却是充满了慧能和天责的（绝境下激发出来的）。

恶己：两个看似不同的小人会互相觉得对方不好，其实他们讨厌的对方的颜色也正是自己本身具有的颜色

换个角度，如果当年我能从那本《成都，今夜请将我遗忘》中得到启发，即使自己当时不贪也没有那么好色，只要自己愿意从自己的心魔中走出来，不去继续打压自己心中的那个负面形象，也不去随时极力维护那个光辉正面的形象，别人就会少很多错觉，自己也会放松和真实很多。这何尝不是David的一片苦心呢！

懂得恶己让我实现了人际关系的彻底解脱

2012年4月，在诚泉文化的“蜕变”课程中，导师让我们把自己最讨厌的人的特质写出来。我的脑海里依次出现了生命中对自己影响最大的人和他们的负面特质。

我讨厌爸爸的固执和迂腐、妈妈的软弱和无助、哥哥的贪婪和冷漠、高中李老师的凶狠和小气、国企老总的霸道和强势、David的奸诈和忘恩负义、老婆的自以为是和不解风情，等等。

后来导师让我们把自己写的负面特质用“我是一个 ×× 的人”的形式读出来。我们一听就傻了，根本不相信这些特质都是自己有的。突然，有一个匪里匪气、三天都穿着同一件衬衣的同学站起来挑战老师了。当他念到“我是一个匪气的人”和“我是一个邋遢的人”的时候，全场同学都笑翻了。他却根本不承认，导师就让他看看自己的样子，还问他：“你这件衬衣穿了几天了？”这哥们儿马上就服了，乖乖地坐下来了。

后来，又有两三个学员不承认，同样很快被驯服，乖乖地坐下了。所谓“响鼓不用重锤”，我这才认认真真地找起自己的毛病来。关于其他的特质，我很快找到了自己对应的负面行为。只是“忘恩负义”和“不解风情”这两项，我怎么也对应不起来，所以不太愿意承认，但自己又很“狡猾和势利”地说：“对对，自己都有！”这样就应付过去了。

当然，这些后来在跟W导师的合作中我通过“反求诸己”都慢慢地找到了。其实，我当时去MBG公司是Tomas挖我去的，结果我反而抢了人家的位置，这不是忘恩负义是什么！W导师对我用心良苦，我很多时候却不理解，也不领情，这不是不解风情是什么！其实，当年没有真心去读懂David送给我的书，不就是不解风情吗？

2013年，我在大学同学聚会中扮演自己原来最厌恶的形象

2014年7月，经过W导师的同意，我暂时终止了跟W导师的原有合作模式，去跟校友孙强谈合作。他当时正好要启动一个国家级的工艺品项目，正在到处物色该项目的领军人物，一见我去了，估计心中不禁暗喜。

我先跟他说了我的想法：我只跟三家企业合作，他的企业是第一家，因为大家都非常认可W导师的体系并愿意立刻落实执行，所以有得天独厚的实施基础。孙强可是见过不少世面的人，他反应神速，立刻说："好！那你先来给我们做一次培训吧！只要我们的管理团队认可你，我们就按你说的合作！"

于是，我去做了一次培训。那次培训很成功，因为我把他们公司的几个刺儿头都给驯服了。特别是一个姓春的副总，他上来大声朗读"我是一个装×的人"的时候，整个公司都嗨翻了。因为他的确很装，经常谁都不服。他之前也上过 W 导师的课，但觉得 W 导师讲的东西不实用，所以不服气。

结果，主要就是这个家伙，这个让我本能地有些排斥的家伙，跟孙强一“串通”，就建议我再参加他们 7 月初的半年总结会，就是在这次会议上，他们一起发力把我从顾问变成了全职合伙人。

于是，我又开始一段躲都躲不过的新的磨砺和成长。

后来的事实证明，虽然我一开始就知道自己很不喜欢这个春总，可我真的很感激他。因为在我知道了恶己这个概念后，我知道碰到自己特别不喜欢的人，不能躲，而是要直接面对磨合，只要自己挺过去了，自己对自己的接纳程度就会有巨大的提升。

而这个春总，就是上天送给我的一份最好的礼物。客观地说，诚泉文化和 W 导师给我的理论和意识更多一些，而春总和孙强给我的实践磨砺则是最大的，特别是关于恶己的醒悟和磨砺。

读者懂得了恶己有什么好处

相信大家已经从开篇的小测试和上面的故事里懂得了恶己的内涵。懂得了恶己主要有两个好处，第一个好处就是：找对方向，根治毛病。

2013 年的一个早上，我们一家三口急急忙忙锁上门，风风火火地去按电梯，结果电梯好半天都不来。这时，儿子忍不住了，冲上去，对着电梯就是一脚，嘴里嘟嘟囔囔：“怎么回事呀？啥情况？”

我和老婆惊讶地对视了一下，我们同时想起大概一两个月前，我干过一次同样的事情。我立刻走过去，蹲下来跟儿子说：“儿子，很抱歉，爸爸给你道歉！因为爸爸在一两个月前做过类似的举动，可是，这是不对的，爸爸已经改正了。你也和爸爸一起改正好吗？”老婆也蹲下来，满是鼓励地看着儿子。

儿子点点头说："嗯，好吧！我们文明地等电梯就好了！"说完，他就规规矩矩地站在了电梯门的旁边。我赶紧跟着儿子在他后面站着，老婆凑了过来，悄悄地亲了我一下。

很显然，如果我们自己没有觉察，就很容易把矛头指向别人，特别是我们的下属和孩子。最麻烦的是，方向完全错了！如果我不改，我儿子这样的行为就永远不可能改，因为他也不知道这个方向和规律。

其次，就是原谅别人，解脱自己。

我有一个家境非常好的富豪同学。2016年，我托他帮别人打听过三次事情，他每次在电话和微信里都答应得特别爽快，结果每次都杳无音信，毫无下文。就这样，我再也不敢把他当成我的人脉资源了。

虽然2016年我早就知道恶己的概念了，但他这样口是心非让我很难释怀，因为我们毕竟一起上过很多这样完全相同的心灵成长的课程，而且我不想简单把他归到"人家有钱的富豪都这样"的类别中去，因为那样的话，我就没有找到自己需要注意和提升的根本原因。

后来，纠结整整一个星期后，我终于想起，他曾经认真地给我提过不下三次建议。我当时其实并不完全认同，但觉得人家有钱有势，所以嘴上就应付说："啊，太好了，太好了！感谢，感谢！你说得太对啦！我一定好好琢磨，尽快调整。"很显然，对于他这样的高手来说，用此"口是心非"回敬彼"口是心非"就是最好的结果。

所以，当我想通之后，不但没有记恨他，心里反而开心极了。因为我还知道了一个跟人打交道要注意的准则：切忌口是心非！

小提示　本篇发现的心智模式和实修正悟是：恶己。

23．全我：我的缺点总是改不了怎么办？

小测试 23：朋友或“仇人”指数

想三个你特别喜欢的人，把你和他们相同的好的特质，和相同的不好的特质写下来。

再想三个你特别讨厌的人，把你和他们相同的好的特质和相同的不好的特质写下来。

回答选项：A. 发现了，和喜欢的人相同的优点多　B. 发现了，和讨厌的人相同的缺点多　C. 自己的优点和缺点都不少啊　D. 没有发现什么规律

选项说明：

选了 A，是的，所以你们关系近！选了 B，没错，所以你们不对路！选了 C，太对了，每个人都是这样！选了 D，你如果好好看看本节内容，或许还有得救，哈哈。

另外，为了便于准确评估，读者可以扫码发“小测试 23”进行互动咨询。

全我——很少有人能真切悟到的解脱秘密

2012 年春节，就是我裸辞后进行自我疗愈的第一个春节。在老婆和儿子的期盼和要求下，我从汶川途经云南（帮德国 MBG 公司谈判一个项目），最后回到上海过年。我和老婆为了照顾双方老人，从我们结

婚以后，每年春节都是在双方老人家里轮流过的。

那一年大家本来非常高兴，因为我家小姨子和妹夫要一起回来过年。我和老婆到上海后，他们小两口还没有回来，于是岳母和老婆就经常在一起拉家常。我在聊天中得知，有两件事让她们对妹夫有些看法，比较着急。

我这个家伙呢，受我爸爸影响比较大，用同学曹容的话说就是“嫉恶如仇”，当时就在心里琢磨着应该做点什么。我岳父是家里的老大，他还有两个弟弟和一个妹妹。他们每家都生了一个女儿，加上我老婆和小姨子，正好“五朵金花”。我作为大女婿，就像家族的长子一样，总觉得有一种责任感。现在有一个二女婿了，咱兄弟的队伍壮大了，哥们儿我也可以多翻翻身了，心里还是挺期待的。

大年初二是我岳父的生日，我们在外边订了餐，全家人都在一起吃饭并给岳父庆生，气氛非常融洽。因为是新女婿，所以大家就都劝他喝酒。不知道为什么，我内心的某种责任心就“腾”地一下升起来了。外人不知道，我那几个妹妹虽说是上海人，喝起酒来可都是对瓶吹的主。我心想，妹夫头一回来，别让她们给灌多了。况且，他一米八几的个儿，比我还壮几圈，喝多了咱也弄不动呀！

眼看他去妹妹在的那一桌就回不来了，我赶紧去帮他挡酒，把他给换回来了。结果，他们就开始灌我酒。喝着喝着，这妹夫又偷偷跑回来跟她们一起给我灌酒，而且还灌得特别起劲。我跟他使眼色，他不在意，一下子把我给激怒了，和他较上劲了。我一旦在酒桌上被激怒和谁较上劲，就会把酒当水一样喝。要不是长辈们及时劝阻，估计当时我就喝断片了。

从饭店回到家里后，我摇摇晃晃地把妹夫叫了出来。一出家门，我就告诉他：“我要教训你，因为几件事！”说完，没等他反应过来，我就跳起来用拳头打他的脸。为什么要跳啊？因为他比我高，比我壮很多。他当然不知道我心里憋的是什么事，当我要继续跳起来打他时，他一脚把我踹倒了。这时候，家里人都跑出来了，把我们拉进屋里，问是怎么回事。我那时候已经迷迷糊糊了，不知道有没有说清楚，反正当时折腾累了，就睡着了。

第二天早上醒来，我才知道自己闯大祸了。妹夫不明白我为什么会打他，很生气，住在酒店不愿意回来了。妹妹回来找我算账，她咬牙切齿地说："如果你毁了我的幸福，我一辈子跟你没完！"我一听，天哪！肠子都悔青了！你说我装什么蒜呀！岳母呢，手心手背都是肉，左右为难。她说："不管怎么说，你不应该动手打人！没事，我去跟他说明情况，向他道歉！"

我一听，一咬牙，"扑通"一声给岳母双膝跪下。我跟岳母说："妈妈！您放心！我犯的错！我来处理！我去给妹夫解释和道歉！"岳母怕再起冲突，就跟我们一起去了。其实，妹夫是一个非常明事理的人，大家一见面就立刻和好如初了。

可是，这件事却勾起了我对过去太多醉酒后劣迹的回忆：失忆断片、狂妄自大、耍横撒野、折腾进医院，等等。这些让我想起了那个自卑自负，又不能自拔的自己！这也是我厌倦了商业应酬，惧怕喝酒并产生抑郁的主要原因之一。那天，我终于下定决心戒酒，并流着眼泪写下一首诗。

咏　酒

自古无它不成席，酒过百态不足奇。
纵你斗酒诗百篇，害人误事亲善离。

其实，大家都知道酒后吐真言，酒醉心明。我每次喝多了酒，当大脑失去意识之后，那些压抑在心里的压能就会立刻失衡并爆发出来。同时，自己没有意识去维护自己的光辉形象了，那个长期被压抑的负面形象就出来了。所以这时候，我的优点没有了，缺点和坏毛病全都出来了。

但是，越是这样，自己就越不敢喝酒，越不敢喝酒就越会碰到喝酒的场面。这是为什么呢？

实修正悟 23（全我）：其实，我们每个人在成长的过程中都会慢慢地具有人类所有的优点和缺点。只不过这些优缺点的呈现程度和表现形式会根据自己的情绪、对方的情绪和环境状况、参照标准的不同而有所不同。在求存规律的驱使下，我们会本能地跟那些与自己优点重合度高的，而缺点重合度低的人亲密和亲近；也会本能地跟那些与自己缺点重合度高的，而优点重合度低的人争辩和疏远。从表面上看，是外面的人本身就分了几类，本质上却是自己的内在发生了不认可和撕裂。本书简称其为全我。

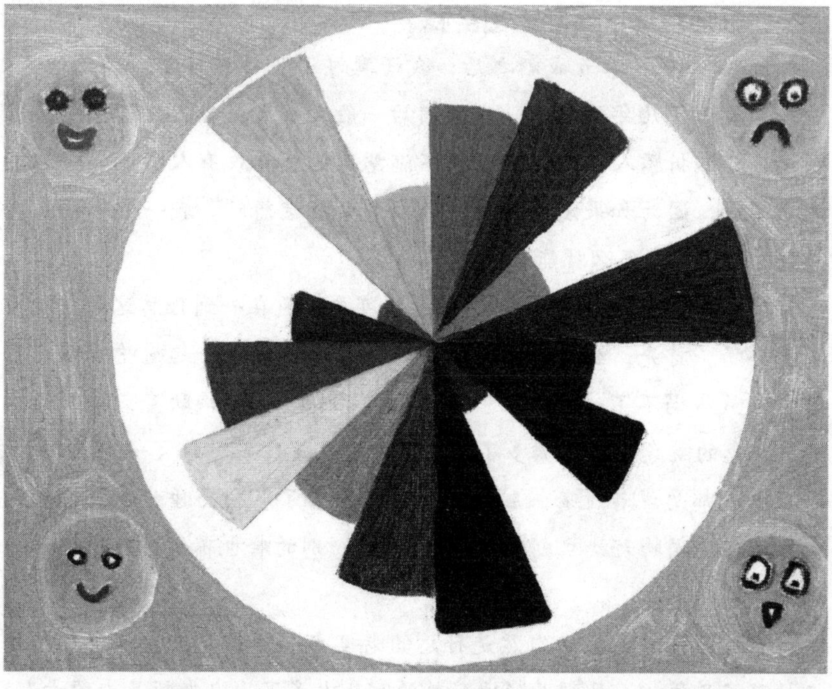

全我：每个人就像一个颜色齐全的调色板，
有暖色的，也有冷色的，只不过每个人各种颜色的比例不同而已

其实，很简单。本来我们每个人都是全我，都会有优点和缺点，这就像我们有穿着衣服的时候和光着身子的时候一样。但如果我们总是不喜欢光着身子的自己，觉得耻辱和害怕，就会穿各种衣服来掩饰自己。

所以，你越掩饰，别人就越好奇；别人越好奇，你就越恐惧；越恐惧就越累，越容易失衡。事实上，这种掩饰是毫无意义的，因为大家都有一个光着的身体，都知道彼此是怎么回事。只不过，大家都总是捂着自己的，看别人的笑话而已。

我对自己阴暗面的掩藏、排斥和唾弃，这种酒前酒后行为的巨大反差，就是一种典型的撕裂全我的幼稚行为。但是，当时的我并不知道，只是以为戒了酒就好。

在千锤百炼下逐渐活出全我

自从2012年春节戒酒之后，我还真过了几年好日子。确切地说，是我老婆过了几年好日子。我醉酒后一般又吐又抽搐，又爱嚷嚷又很怕死，非常折腾人。即使我老爸不满意（他总喜欢有人陪他喝一杯），我也不管，因为如果没有应酬，我闻到白酒就想吐。我一直不明白在应酬的时候，我怎么就能喝进去。

我最喜欢W导师不喝酒这一点。可是，现在一到孙总这边，就大不一样了。首先，公司的文化很不错，大家经常在一起吃吃喝喝。孙总本人虽然喝不了一斤八两，可是他酒品好。他性格耿直，该说的就说，该急的就急，所以喝多了酒，最多也就是比平时自大一点点而已，而且一般都是说着说着，脑袋一耷拉就睡着了。一会睡醒了，他看见大家还在吃喝聊天就立刻又投入"战斗"。别的啥也不说，光这酒品咱就彻底服了。

不过比孙总更猛的当然是孙总的老婆冉老师了。冉老师同样跟史玉柱混了几年，而且刚开始比孙总的官儿大多了。冉老师是内蒙古人，喝起酒来绝不含糊，一般男人三四个加起来也抵不过她一个人。不仅如此，冉老师豪放的性格有一种说不出的魅力，只要她一劝酒，就没有人不喝。

春总也能喝，他不仅能喝，还特别能侃。几个人喝酒，只要大伙不散，他就能跟你说个一宿不睡觉，又比又画，绝不重复。为啥呀？因为春总打小就是在新街口胡同里混大的，而且天不怕，地不怕，经常被父亲吊起来打。后来，他做志高空调的代理，为了争夺市场和人打架，在整个北京城都算得上有名的狠主儿。我上网搜他的名字，还真能搜到这家伙过去辉煌的一两篇报道。

不过，这春总也蛮可怜的。有一天早晨，他满脸伤痕地就来上班了。我问他咋了，他说骑车摔的，我就劝他下回注意点。可是，过了一阵，他又“挂彩”了。我觉得不对劲就去问孙总，孙总说：“唉！他老婆抓的。对了，你不是教练方面挺厉害的吗？你帮帮他，他会感激你的！”于是，我约他们两口子聊了两次。春总觉得很无辜，他说自己不懂爱是什么，也不会爱任何人。他老婆当然很委屈、无助和抓狂了。所以，她经常在早上醒来的四五点钟就把春总摇醒，问他：“你说，你爱我吗？”

我的疏导好像用处也不大。有一次，春总又满脸带伤地来了。我就在一次喝完酒后，带着酒劲把他的老婆给狠狠训了一顿。我说：“弟妹呀！你生气可以踢他屁股！这脸可是男人的面子和尊严呀！你不在乎！我们还要在乎呢！他是我们公司的副总！是我们的哥们儿！我们绝不允许你再这样对待他了！”我越说越激动。反正还好，从那以后，春总的脸就再也没有“花”过了。

除此之外，这个春总还有一个很大的特点，绝对是一个偏才！他想要搞清楚的事情，就一定会搞个水落石出；他想搞定的人，就一定不会失手；他想完成的项目，就一定会准时完成。所以，他能力贼强，经验贼多，眼光贼准，说话贼狠。有一次，他唯一的下属，一个二十多岁的膀大腰圆的小伙子开车陪我出去。突然，小伙的电话铃响了，他一看是春总打来的电话，脸色立刻变得煞白，哆哆嗦嗦的，不敢接电话。后来没过多久，这个小伙子就辞职走了。

所以，正因如此，我说春总是上天送给我的一份最好的礼物。好在2012年，在诚泉文化的“里程”课程里，有一个叫彭薇的美女曾经劈头盖脸地批评了我三个月，把我的面子包袱和形象负担卸去了不少。而且，我又经历了W导师的指导和打磨。否则，我估计见了春总，肯定立刻躲到银河系外边去了。

大家可以想象一下，我去孙总那里担任常务副总经理，主持一个新公司的新业务，难度有多大。隔行如隔山，我没有工艺品方面的行业经验，没有零售行业的经验，也没有一个认识的有工艺品、零售行业经验的熟人。而春总，作为新公司的副总，同时也是一个已经对工艺品、零售行业研究了三年的老手，每天都要私下或当众对我的工作进行各种点评和说教。

而且，公司里的其他人，有说风凉话的，有等着看笑话的。有人就直说了：“就想看看这个Michael老师能坚持多久！”不仅如此，孙总之前答应给我配备的有行业经验的运营经理也没有下文了。好不容易来人了，却是孙总的同学，比我的年龄还要大，资格还要老。此人不仅没有经验，还是政府里混得不好出来的，或者是新转行来的。

在2014年9月至12月期间，我每天都要在这种煎熬中度过。孙总和春总习惯了他们的模式，认为我很装，所以每天都会挑战我。我有一种“秀才遇见兵”的巨大委屈，但是，我跟自己说了，我绝对不会退缩，永不！

不过，我还是在2014年12月的一天爆发了。那天，我们在一起喝酒。我喝醉了，又喝得断片了。第二天听他们讲，我跟春总叫板，动手打了手下的琪哥，还骂了冉老师和别的同事，还给孙总下跪认错……反正是一次性把脸丢尽了。

这次醉酒虽然让我在大家面前丢尽了脸面，但在酒醒之后我反倒很轻松。因为我知道春总并不坏，他在业务上的点评是公正合理的。我还觉得孙总和春总对我的指责是对的。是的，我就是很能装，像我从小就以好学生的形象示人，有时就是很装。

因为我们从小就无意识地被家长和老师塑造成了某个光辉的形象，然后为了迎合家长和老师，我们就不断地去维护这个形象，同时还不承认、打压并粉饰自己那个负面的形象。现在，我终于可以不压制自己的负面形象了！我可以理直气壮地跟大家说："别惹我，我人品不好，我酒品更不好！看见了吗？惹急了我，我也会打人的！"

我很庆幸这次醉酒让我真正开始了全我的认知模式。

读者如何不再压抑，开启轻松的全我模式

主要有两点，一是不要老觉得别人是坏人，二是不要总标榜和心理暗示自己是好人。

其实，从我看到春总的第一眼，脑袋里面就立刻出现了我哥的形象，同时配了字幕："坏人"！我哥叫张发春，太巧了，他们的名字都有个"春"字。我哥小时候特别调皮，天不怕地不怕，连喝药投河的事都干过。而且，还不能说他，一说他，他就会摔东西走人，从来不顾及别人的感受。

我从小就"恨"我哥，恨着恨着就把自己给"恨"成好人了！到现在我总算明白了，为什么都说"好人命不长，祸害遗千年"，是因为好人总顾及别人的感受，老是憋着不说，而且也不敢展现出自己不好的一面。我最喜欢的小姨夫就是憋出肝癌，36 岁就死了。我之前为啥抑郁了，不就是憋出来的吗？用孙总和春总的话说，就是装的！

我发现孙总和春总他们俩在工作中都喜欢说自己是"坏人"，有啥事让他们不爽了，根本不含糊，也不吃亏，立刻就说出来，甚至吵起来也不怕。有时候吵的动静那个大，我都以为是外面的人来砸场子了。于是，我便开始学着以“坏人”自居，开始说话不留情面了。

有一次，我、孙总和春总一起吃火锅。他们又开始挑战我，我就用他们的语气和不留情面的方式回敬了他们。孙总有些惊讶地指着我，看着春总说：“他真的没有感情！”春总说：“是的，要是小叶，绝对不敢这么说话！”

从那天起，我发现自己完全不一样了，我可以是“好人”，也可以是“坏人”。我就是完整的我！有趣的是，这样一变，公司的管理效率反而高了，我的人缘也好了不少。

我真的很感激孙总和春总，他们让我开启了全我之旅。确切地说，是可以多做一些假坏人（真爱），少做一些假好人（爱欲）。这样的收获，让我至今都感恩不已。

另外，系统化的疗愈是释放压抑，恢复全我的最好方式。在我即将完成本书的前几天，春总的一位发小温强慕名（发了拜帖）来工作室找我。我跟他聊了四个多小时，他回去后写了一篇分享。

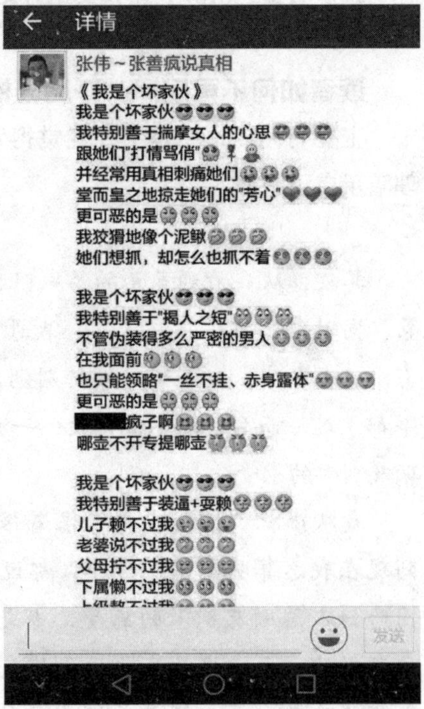

我在微信朋友圈发的散文诗《我是个坏家伙》

大家好！我是1群中的“自在”。这是我第一次在群中跟大家做分享。一直在“喜马拉雅”APP持续收听“善疯”老师的“疯说真相”，从中获益良多。上周六第一次来到“善疯”老师的工作室，做了一次可能会影响我一生的咨询与疗愈。

首先，从“自我认识”方面入手，“善疯”老师给我做了很多相关的测试，让我初步了解自己的心智模式以及自己负面情绪的深层次成因。其次，“善疯”老师运用《黄帝内经》中的理论让我了解到心智模式、情绪和思维习惯对身体的客观影响。所有这些，无论是从之前“疯说真相”收听的内容，还是这次“一对一”的咨询疗愈，让我得出以下的体会：

一、科学系统性：“善疯”老师的“真相体系”包含了“心理学”“行为学”“哲学”很多理论，以及中国传统儒释道文化的精髓。能够做到如此融会贯通和深入浅出，实在令人钦佩！从科学角度看，所有的观点、方法都是有据可查、有理可依的！

二、针对性：所有对我的测试结果，对我性格以及情绪成因的分析和梳理都可谓丝丝入扣、在情在理。包括各种情绪的交织影响，有很多分析和推演就连我自己都没意识到，真是令人心悦诚服！

三、实用性：咨询、疗愈的整个过程，不仅对我的心理层面，而且对我生活和工作层面都有极大的帮助。整个疗愈的过程不仅是对我心理压力的纾解过程，而且还让我明白这些方面绝不是割裂开的个体，而是各方面交织在一起，相互作用、相互影响的整体。而最深层面的核心问题是，如何改善自己的心智模式。对此，“善疯”老师根据我的情况制订了有针对性的持续干预方案。相信这对改变我后半生的人生质量，一定会起到至关重要的、正面积极的作用。

四、客观效果：这篇分享是我有意在咨询和疗愈两天后写出来的，这样会更加客观、全面。首先，在睡眠质量上比前一阶段有了显著改善，这两天，烦躁不安的情绪也少了很多。“善疯”老师根据我的个人情况还为我列出了阅读书目，相信对自我提高和改善一定会起到持续的促进作用。

五、深刻印象：在开始咨询和疗愈前，我有幸见到了“善疯”老师家公子和他的好朋友。两个小朋友彬彬有礼，还有“善疯”老师介绍他们的方式（他把孩子们以大人间见面的礼仪标准，很正式地介绍给我。这一定能让孩子们感到平等和尊重）都给我留下了深刻印象。这说明“善疯”老师不仅具有深厚的理论功底和文化底蕴，更是个有“体证”的践行者！

春总的发小温强

另外，就是饭后“善疯”老师和孩子们的嬉戏。“善疯”没有采取大多数家长的做法，不是以成年人的身份自居，在形式上“蹲下来”，与孩子们玩耍。他充分地释放了自己的天性，使自己变成了孩子，这就成了“孩子们间的嬉闹”——相信只有这样，才能真正成为孩子们的朋友吧……

“善疯”老师的体系绝不是形而上的，而是“有趣味”“可感知”“可触摸”“可追溯”的。

最后，我想说的是：我认同！我参与！我感恩！遣词造句并非我的强项，粗陋笨拙之处还请群友海涵指正！

温强的父亲是一名归国华侨，对国内环境一生都很不适应，极不满意（恶己），这对温强产生了很大的影响，使他的人格从小就开始撕裂，产生了黑白分明的悦己和恶己。虽然他在事业和感情上曾经取得过巨大的双丰收，可内在分裂很快又让这些付之东流。

感恩温强给我的信任，也相信他会很快回到全我的状态，开启人生新的辉煌篇章。

小提示 本篇发现的心智模式和实修正悟是：全我。

24．性愈：如何处理自己难以启齿的“性”事？

小测试 24：难以启齿的“性”指数

你小时候是否遭遇过性骚扰？你是否不敢跟任何人说“性”问题，是否有过尴尬的“性”经历？

回答选项：A. 绝对没有　B. 有一些吧，不记得了　C. 有，心里特别害怕，但是从来都不敢说　D. 有，它毁了我的一生，现在都难以自拔

选项说明：

选了 A，恭喜你，你太幸运了！选了 B，也不错！不记得最好！选了 C，抱抱你，你可以做一些自我释放和疗愈！选了 D，理解你，你最好尽快接受专业的辅导和疗愈！

另外，为了便于准确评估，读者可以扫码发“小测试 24”进行互动咨询。

性愈——人类一直不敢正视的性误区

大概我五六岁的时候，有一天，一个小伙伴兴冲冲地告诉我们可以玩一个新的游戏。她让我们把衣服、裤子全部脱掉，然后让男生爬到女生身上，学着大人的样子“爱爱”，结果大家都说不好玩，没意思。她觉得特别奇怪和委屈，正好有大人来了，大家就抓起衣服一哄而散了。

有一次，跟爸爸一起去尿尿，我突然发现爸爸的“丁丁”和我的

不一样，就惊讶地叫了一声“哇”，结果被爸爸狠狠地瞪了一眼。当时，我觉得莫名其妙，同时也有了很强的好奇感。

后来，我们村里住了几个石匠，其中有一个人姓贺，大家都管他叫贺石匠。我们特别讨厌他，因为他总是怪笑，一不注意就悄悄地从后面把我们的裤子给扒了。旁边的大人不但不管，还跟着一起哈哈大笑。后来，我们也觉得好玩，就用这一招去欺负我们的男伙伴或者比我们更小的男孩子。

再后来，就会自己把一些小豆豆放进包皮里，越放越多，还捏着包皮不让豆豆出来，觉得有一种奇怪的舒服的感觉。那时候，有的小女孩也会把一些小花瓣放进尿道里，然后再尿出来，也觉得挺好玩的。

不过，最难受的是有时候会被一些大男孩抓住，他们会来回捏你的隐私部位，被捏得很疼也不敢叫。随着年龄再大一些，就会偶尔听见那些大男孩们在讨论和争执小孩是怎么生出来的。那时我觉得男的和女的只要在一起就自然会有小宝宝了，其他小伙伴问为什么，我说看看家里养的鸡不就知道了吗，他们都将信将疑。结果有一天，一个小伙伴神神秘秘地说我的理论不对，我问他为啥，他说他刚结婚的哥哥告诉他了，说要跟老婆“那个”才会有宝宝的。那“那个”是什么呢？大家还是不知道。

13 岁的时候，有一天，我去地里割韭菜，突然发现自己的那个部位慢慢鼓起来了，而且还有一种特别舒服的感觉。我用手摸一摸，发现它硬硬的，烫乎乎的。我既欣喜，又害怕。两天后，一个小伙伴家的父母不在，我们就去他家，然后在他家的被窝里，用手电筒照着，第一次学会了“打飞机”。

那个时候，我们才恍然大悟，原来我们村里那个小儿麻痹症患者就一直在给我们做“性教育”，但我们之前根本都不懂。他的外号叫“大脑壳”，那时候已经快 40 岁了，智商极低，一年四季戴着个毡帽子，歪着嘴，手脚有些颤抖。谁家孩子不听话了都会被大人威胁说，你要是不听话，以后就会跟“大脑壳”一样。

只要有人给他一分钱，他就立刻在马路上表演两个固定的“节目”。在其中一个“节目”中，他还会认真地让给钱的人蹲下来，模仿螃蟹那样扯下他的裤腿。我们小时经常欺负他，因为他是唯一可以被我们随意欺负的成年人。欺负他的方式也只有一种，就是偷偷从后面把他的帽子捅掉，帽子滚得越远，我们就觉得越爽。然后，他就会一边像熊一样笨重而艰难地去捡帽子，一边狠狠地朝我们骂道：“熊娃儿们，还敢欺负老子，老子要不是得了病，早就能娶个婆娘干了那事，生个娃，娃现在都比你们大了！”

那件让我羞愧了二十多年的事情就发生在这个时候。事情发生后，我心里特别害怕，特别指望能在上生理课的时候，从老师那里得到一些答案和安慰。可是，终于盼到该讲那部分内容的时候，老师却说：“这一章，我就不讲了，大家自己看书学习！”

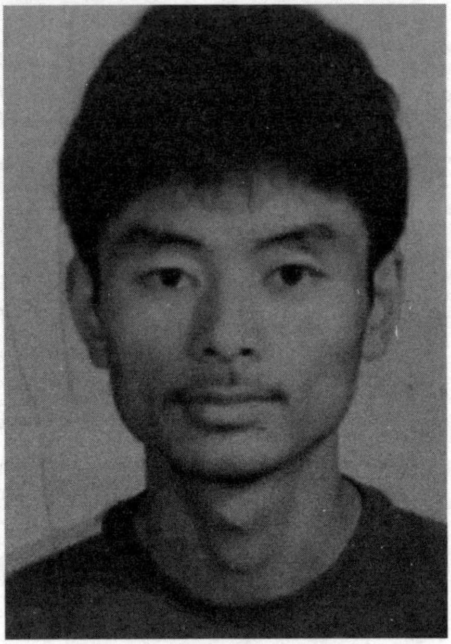

年轻时瘦弱的我。
有一次在朋友圈发了这张照片，
有朋友评论说本来中午有点犯困，
结果一看这张照片，就给吓醒了

老师的敷衍让我很绝望，没办法，只能自己偷偷地找一些书看，而找到的书却都是辅导成年人怎么过性生活的，所以越看就越喜欢“打飞机”。“打飞机”次数多了就会身体虚弱，很容易被大男孩看出来，被嘲讽和吓唬，说什么“一滴精十滴血，这个孩子肯定完蛋了”。

这种情况让我的心理压力特别大……

我在写到这里的时候，突然无可奈何地笑了。因为我突然发现一个人能平安健康地长大，是一件多么不容易的事情！是的，我们中国人性教育的缺失，不知道让多少人遭受了跟我一样的压力和折磨！我们真的不能再这样愚昧下去了！

实修正悟 24（性愈）：人类的性早就已经超越了繁殖后代的范畴，性根本不是人类简单的生理需求，而是一种最深层次的心理需求，是一种期望回归完整的心灵疗愈。本书简称其为性愈。

大家都知道，在自然界中，生存环境越是恶劣，生存能力越是低下的动物，它们的繁殖能力越强。这就是自然选择的必然结果。

因为生存能力越低下的动物，它们遭受的惊吓和恐惧就越多，这会极大地刺激它们体内分泌促进性发育的物质，从而提升其繁殖能力，以保证它们的存活率，否则该物种就会灭绝。

也就是说，在自然进化的过程中，动物逐渐具备了把惊吓和恐惧等情绪转化成性能力（繁殖能力）的本能。很显然，人类作为动物的一种，也同样具备这种本能。

不仅如此，相比动物，人类有了思想和意识，有了更多的心理活动，从而产生了担心、恐惧等更多的负面情绪，这种不安情绪又形成了性能力，在进行性交以后又获得了一种非常神奇的感受。

在达到性高潮的时候，人的大脑会出现一片空白，所有的意识都会停止，从而体验到一种没有痛苦、没有烦恼，彼此交融、混沌合一的状态。这个状态的能量值高达 600 以上，是无我合一的状态，也是一个完整的新生命诞生时的状态。

所以，人类的性行为早已超越了繁殖的范畴，如果能够引导得当，不仅不是坏的事情，反而还能对人的生理和心理产生非常积极的作用，这就是性愈。从更高的角度说，性愈甚至还可以超越对性器官的依赖而独立存在，这就是柏拉图式的性爱、佛学里的“缘起性空”和本书里的全我。

性愈：人类的性交看起来是生殖器的交合，
并产生各种幻想，其实更是为了形成完整合一的内心

相反，如果处理不当，则会成为普遍的社会问题和新的生活方式问题，最主要的表现有以下六类。

第一类，随着社会心理压力的逐渐增大，人类的同性恋现象会越来越多。很显然，在除去繁衍后代和生理需求以外，同性的心理需求更容易趋同，所以是最能简单实现性愈的方式之一。

第二类，孩子性早熟发生的年龄会越来越小。原因很简单，孩子们承受各种压力的年龄越来越早，承受的压力也越来越大，这就导致他们体内的负面情绪和负能量大量集聚，必然会促进他们性早熟。

第三类，性的商品化。人们的压力在不断增大，导致性需求变大。同时，人们的活动半径也在不断扩大，而性伴侣的唯一性显然跟需求产生了不小的矛盾。这种矛盾的存在必然会导致性的商品化，而商品化的性并不具备心理上性愈的功能，所以只能靠其释放生理压力，还容易对其形成依赖。

第四类，性的自足化趋势会越来越强。对于那些收入较低、忠于自己性伴侣的人，或思想前卫、有性洁癖的人们来说，自慰可能会是他们最好的选择，而且会被越来越多的人接纳和认可。

第五类，爱情和婚姻的贬值。说白了，人类爱情和婚姻的产生，起初主要是为了合理、合法地拥有性，让性和情感合为一体，就是性愈。如果性逐渐同性化了、早熟化了、商品化了、自足化了，爱情和婚姻也就相对贬值了。

第六类，不婚不孕族的诞生。随着“丁克家族”的出现，不育早已不是什么新鲜事了。随着人们对性愈理解的加深，不婚不育也会是人们向往的一种新的生活方式。其实出家人和神父就是对性愈和全我理解最深的代表。

我的啼笑皆非的性愈过程

初中时期过度的自慰让我的身体发育受到了巨大的影响，我的身体变得十分单薄，从上高中起就被人嘲笑是没有胸肌的男人。同时，自慰产生的更大影响就是心理上的羞愧和自责，这种影响大到连正常的遗精都会让我恐惧和担心。这让我对自己的身体和性格产生了巨大的怀疑和否定。

这种内在的自我否定，逼迫我在别人面前表现得特别好。这样一内一外的痛苦，就在无形之中让我承担了双倍的压力。我清晰地记得在高考的时候，我的脑袋里几乎一片空白，平时学的东西都记不得了，手也不听使唤，写字都挺费劲。在第二天考化学的时候，我紧张得滑精了，裤子湿了一大片。

工作后，我更怕自己有毛病，偷偷跑去看医生。我不敢去大医院，也不敢找小郎中，就上网查了一个军医，觉得这样的医院应该靠谱。结果被那些大夫一阵阵吓唬，很简单，就是要唬住你，赚你的钱！

被他们吓唬一次以后，我觉得上了当，就跟一个同学说了自己对遗精的担心。结果，那个同学狠狠把我嘲笑了一通。他笑坏了，却把我给笑好了。我这才知道：当心理有了问题后，人会变得多么傻。

我特别感谢我的老婆，因为我的经历是会让我有巨大的性自卑的，在我刚开始表现不好的时候，她没有嫌弃和抱怨我，让我逐渐得到了自信和疗愈。可能认识我的很多人都不会相信，我的老婆会是我的第一个性伴侣。

我最痛苦的时候，就是在老婆生孩子前后半年的时候，因为没有了性生活，这可把我给憋坏了。搞笑的是，我年轻时因自慰过度带来的阴影还没有完全排除，硬是把自己憋出了前列腺炎。我赶紧跑去看某著名男科医院，结果又挨了一顿让人啼笑皆非的吓唬和痛宰。

我实在是郁闷，就跟几个哥们儿说了。有人像嘲笑白痴一样对我说："你傻呀！你不会用手啊！"也有人故弄玄虚地说："你得再找个性伴侣！"

后来，我才逐渐意识到了自己憋得慌的最主要原因是觉得自己失宠了，从原来老婆心目中的"皇帝"变成了现在的"仆人"。这种失宠导致我的心理压力成倍增加，从而激发了更强的性欲，但又不能得到满足，所以就觉得特别憋屈了。其实，只要自己也跟老婆一样把注意力转移到孩子身上，这部分增加的心理压力就没有了，而且在老婆不方便的时候，自慰也是一种释放生理压力的健康方式。

2013年，在诚泉文化的智泉课程里处理"13岁事件"以前，我在公众场合或者是有老婆以外的人在的时候，就会特别在乎自己的形象，绝对不能让人感觉到自己对异性或性有喜好。但是，在一个人独处特别是独自出差的时候，就会在夜里想入非非，来释放自己对性的压抑。

但是，在处理完"13岁事件"之后，我可以大大方方地承认自己是个好色之徒。我喜欢美女，偶尔会有性幻想，就像看到美丽的鲜花会停下来欣赏并凑近闻闻香味一样，并不会去采摘，如此而已。这样，我自己跟异性相处就变得非常轻松自在了。

现在在篮球场上健壮的我（持球者）

2014 年，我在 40 岁时开始器械健身，并用近两年的时间练出了一些肌肉块，疗愈了自己多年来对身体不自信的伤痛。2016 年，我有幸上了孔伟良导师主讲的新课程“亲密关系”。他在课程中关于性困惑的一系列解答和指引让我有了更多的顿悟，有了如今的领悟和体会。

这就是我的性愈过程，一个从身体到心灵的疗愈过程。在这个过程中随着对性的神秘感的逐渐消失，各种歪曲的理解和偏颇的心态也得到了矫正。

合德合法的性是美好的，不仅能保持身体健康，还是进行心理疗愈的最佳途径。相反，违法和不道德的性不仅会增加染病的风险，还会导致更大的心理压力，从而形成恶性循环，从而使人自甘堕落、难以自拔。

说实话，每当我看到那些漫天的性能力增强广告的时候，心里就觉得可笑和无奈。很简单，那些广告其实全是骗人的东西。有经验的人都会知道，真正的性愈跟男人性器官的尺寸和做爱时间的长短根本没有必然的联系，甚至跟性器官都没有必然的关系，所以这种为了赚钱的鼓吹只会把性更加动物化和狭隘化，从而失去了美感和心灵疗愈的作用。

如何用性愈处理生活中的各种性问题

第一，要立刻更新自己的性观念。性真的是人生中非常有益的、美好的生活内容和体验。

其实，男性的精液里含有一种重要的抗菌物质——精液胞浆素，它是一种具有特殊功能的蛋白质，一旦进入菌体细胞内，就能阻止细菌核糖核酸的合成。核糖核酸是构成蛋白质必不可少的生化物质，它的合成受阻使细菌无法生长。所以，不采取任何节育措施的性生活对女性的妇科系统有非常好的保健作用，特别是对痛经和经期紊乱的症状有非常好的疗效。

现在回看，我自己原来最大的问题就是因为性观念出现了巨大的偏差。现在的网络很发达，如果有疑问可以上网多看一看。我曾经把我的经历跟一些“80后”和“90后”聊过，他们听了觉得不可思议，因为他们早就知道了这些知识，而且网上到处都是。但是，对我们“70后”和一些“80后”来说，这还是一个很致命的问题。

有一次，我在群里发了“疯说真相 27”中的《性到底是什么》，结果有人回复说：“孩子都不小了，还用看这个吗？”我差点没有晕倒，就认真地回复说：“不仅需要，而且非常需要！”

第二，重要的事情说三遍，真正的性愈是不局限于通过性器官的接触和身体功能来实现的，但性器官的交合是最直接有效的方式。

对于女性来说，特别是对有痛经和经期紊乱困扰的年轻女性来说，不要避孕，趁早跟自己心仪的男人结婚生子就是一种很好的选择。在生完孩子后，如果不打算再生，最好安装宫内节育环，这样可以拥有安全而稳定的性生活。

对于男性来说，很多人在年轻的时候都会错误地以为性交只是生理需求，后来才会逐渐发现满足女性的心理需求才是性和谐的基础。而且，只有跟自己妻子合法的性交才是最安全有效的心理释放和心灵疗愈。这样的规律，越是成熟的男人才会懂得去感悟和领会。

在日常生活中，除了互相满足生理需求，夫妻之间还可以在发生以下情况时用性来进行释放和疗愈：一、自己或配偶压力很大，心情烦躁、睡不着觉的时候；二、有特别大的喜事，或不尽兴的时候；三、配偶身体不舒服（跟性无关的疾病）的时候；四、两人吵了架，心情不好需要及时和解的时候。

实践经验证明，这样的性生活不仅对各自的身体有益，而且还对夫妻双方压力和情绪的调节有非常显著的作用。

第三，对于跟性相关的问题，一定要敢于直接面对和解决。

在来找我咨询的学员中，当他们说夫妻感情不合的时候，我都会问他们的性生活情况。当然，不用说，几乎没有一个是很和谐的。

女人一旦对老公不信任了，就首先不想让老公再碰自己的身体了。

而老公呢，因为总是被数落，所以就没了心情，一没心情就表现不好，表现不好就又挨数落。事实上，夫妻性生活不和谐带来的伤害是最厉害的，因为它的伤害是双倍的，不仅没有疗愈以前的伤痛，反而又受到了新的伤害。

所以，凡是夫妻关系不好的，我都会让他们回去直接面对并补齐性愈的功课，并鼓励他们多跟自己信任的人在合德合法的范畴内进行探讨和交流。

我很感激很多学员对我的信任，祝愿大家都拥有美好的性愈和幸福的家庭。

小提示　本篇发现的心智模式和实修正悟是：性愈。

25．火山期：如何面对和疗愈青春期的伤痛？

小测试 25：青春期伤痛指数

你在青春期受到过父母、老师、朋友或者其他人的伤害吗？

回答选项：A．一点儿也没有　B．有一些吧，不过早忘了 C．有，现在都很痛　D．太多了，自己都不敢回忆

选项说明：

选了 A，恭喜你，你很幸运！选了 B，你的自我疗愈能力不错哟！选了 C，提醒你，你需要做一些疗愈！选了 D，警示你，你一定很容易发脾气！需要尽快疗愈。

另外，为了便于准确评估，读者可以扫码发“小测试 25”进行互动咨询。

火山期——父母和老师必须知道的常识

我的青春期总的来说还是比较平静的，没有跟父母和老师发生什么激烈的冲突。

先说我跟妈妈的关系。妈妈从小就比较信任我，我受到的打压很少，经常受到打骂只有两个原因：一个是尿床，一个是不做作业或犯错误。

尿床嘛，那时候不懂原因，觉得是自己不好。我尿床的水平极高，经常不仅能把自己尿湿，还能把睡在旁边的人一起尿湿。更绝的是，我睡在楼上也能让尿渗透过楼板把楼下的人尿湿，所以我小时候有“尿

班长”的大号。因为尿尿挨打，我是绝对心服口服，这个不会让我积累负能量。

因为不做作业或犯错误而挨打（骂）。这个嘛，我在正悟20（教化）中讲过了。我上了初一后，就通过当面抗议，并销毁妈妈的打人工具——黄荆条，迫使妈妈不再打我和压制我了。妈妈对我的管理策略从管束变成了引导和利用，我初中的时候利用午饭、晚饭和周末的时间还真干了不少农活呢！以前下河洗个澡妈妈不允许，现在说干活出汗了要洗洗，妈妈说好，快去吧。所以，这基本上也避免了冲突，没有积累什么负能量。

再说爸爸这边。爸爸在家很少，他一在家我们都比较乖，出现对抗的机会很少。爸爸平时几乎不发脾气，总是乐呵呵的样子，还会跟我们一起在院子里踢球。不过爸爸有一个几十年如一日的固定套路，就是在喝酒的时候，只要一杯酒下肚，就开始给我们上“政治课”。

他会像做报告一样，说一说我们家的实际情况，最近有哪些收入，添了什么家具，有什么新的想法，等等。然后，他就开始歌颂毛主席，只要我们谁有不同意见，立刻就青筋暴露，火冒三丈，揪住你不放，必须把你说到点头认输为止。如果没有人有不同意见，他就会一个一个地点评和数落，中间谁要是跑掉，他会追着你给你补课，你扫地他就一边帮你捡垃圾一边说教，你刷碗他就站在你旁边说教，陪你刷。最后说累了，说爽了，他就到床上躺下睡一觉，醒来后又笑容可掬了。

上初中后，因为自慰和“13岁事件”（实修正悟7，心魔），我不自信，开始有意躲着我爸。有一天中午吃完饭，我正想悄悄溜走，被爸爸看见了。他很不高兴地问：“不睡午觉干吗去？”我蔫蔫地说：“去学校里睡。”“不许去，在家里睡！”我梗着脖子，站着不动，也不敢看他。大概过了半分钟，我听见他不耐烦的声音：“滚吧！滚吧！”我瞬间满血复活，哧溜一下就跑了。

从那以后，我发现自己在爸爸那里失宠了。他开始对三姐特别好，吃饭的时候总夸她，并给她夹菜。他看我的眼神也跟以前不一样了，就跟看我哥的眼神差不多。其实，那时候的我是很有失落感的。这时候，有一个漂亮的女同学总是跟我示好，我没有拒绝，因为这种朦朦胧胧的感觉弥补了爸爸对我减少的爱。

后来三姐两次高考都落榜了，而我的成绩非常好，爸爸突然又对我好起来，在中考期间甚至还专门给我买了营养品。当我考上省重点高中以后，爸爸每天端起酒杯的第一句话就是："亚运会是我们国家的重点工程，你现在就是我们家的'重点工程'……"

不过，遗憾的是，以前在家是妈妈和哥哥姐姐们一起接受政治课，现在是我一个人了，而且每天两次，因为爸爸中午和晚上要各喝一杯酒。好在他有一些同事会经常来串门，总算能缓解不少我的压力。我知道，在爸爸喝酒的时候除了顺从，我根本没有其他选择，所以就选择在他清醒的时候用化学实验（实修正悟 20 中提到过）来向他显能和挑战。

我在高中时跟爸爸的最大冲突，就是每周六我想打篮球，他却要求我按时回家吃饭（实修正悟 6 中说过），这是我最撮火和不能理解的。我甚至想跟爸爸说我宁愿不吃饭也要打篮球，因为我不打球就会疯的，所以那时候觉得跟他说不通的时候，我就会用瞪眼睛和摔门等方式来发泄自己的不满。为此，爸爸酒后的固定套路也被迫中断了很久。现在想想，知道他为什么不喜欢我打球了，因为酒后释放情绪的通路没有了，所以释放情绪的方式就改变了。好在后来三姐也来县城，她经常两边和稀泥，我和我爸之间的关系就缓和了很多。

后来，我考上了北京的大学，这让爸爸很开心。他专门设宴招待我的几个老师，席间给老师敬酒的时候，他还哽咽着哭了好几回。妈妈有时候有些看不起爸爸爱哭，总嘲笑说："那是因为你爷爷死得早，他被奶奶惯的，就像裤裆片包着长大的一样，没出息！老爱哭！"我从不这么看，我喜欢爸爸的柔情和真情流露。

从大二到大学毕业，跟爸爸之间发生冲突的原因主要有三个：一个是在我入党这件事情上的分歧，我不愿意入党，爸爸觉得我不懂事；第二个是我一上大学就公开了跟高中女朋友的恋情，他们很不赞同，觉得我们谈恋爱还太早；第三个是快毕业时我想放弃已经到手的留京工作指标，到女朋友所在的成都工作，这可把爸爸气坏了。

那段时间，我和爸爸几乎不说话，我们一说话就会发生火星撞地球般激烈的争吵。1995 年春节后，眼看要开学了，我就背着包去爸爸工作的地方找他，想要点钱赶紧回北京。他正在忙，我就在旁边等了一会儿，最后终于鼓起勇气说："爸爸，我要走了。"爸爸根本没有抬头看我，几乎是吼着说："走你的呀！关我屁事！"

爸爸这样的举动是我从来没有看到过的，我流着眼泪头也不回地走了。我以为爸爸会像以前一样把我叫住，然后给我路费，可是他没有……

其实，现在想想，我爸爸真的很不容易。虽然我们小的时候他不在老家，可是等他 1982 年转业回到县城后，他就既当爹又当妈，先后抚养过四个子女。先是我大姐去县城学艺一年；然后是二哥在县城打工、做生意一年；接着就是我高中三年，都和爸爸住在一起；最后是三姐，她在县城工作了 5 年，直至出嫁才离开爸爸。

大家看了我这么多故事，也一定知道像我这样的家伙有多拧，我在写本节内容的时候还在跟我的助理海龙感慨：我的爸爸因为我青春期，就这么活活地从一个笑容可掬的人变成了凶神恶煞的人。

实修正悟 24（火山期）：人到了青春期后，生理和心理欲望会逐渐增多、变强，而且会变得更加持久。同时，这些欲望也很容易被父母、老师、他人和自己的意识打压，并不断在内心积压形成负能量。这些负能量越积越多，就把年轻人变成一座座一触即发的"活火山"。本书

简称其为火山期。

我最早对爸爸的不满是觉得他在我最脆弱和无助（沉溺于自慰和陷入“13岁事件”的可怕阴影，有了心魔）的时候，不但不能懂我和帮助我，反而还嫌弃我并把给我的那份爱转移给了三姐（爸爸不懂真爱，听随了爱欲），让我有了被抛弃的感觉（有了心魔）。

后来我考上了省重点高中和大学的时候，每次看到他对我好就觉得有些势利的成分了（心魔驱使）。后来因为打篮球和吃饭时间冲突的事，我内心就不断地产生压能并持续地积累这些负能量，最终形成了火山期。在这段时间内，我和爸爸不能碰，一碰我们俩就都会“着”。

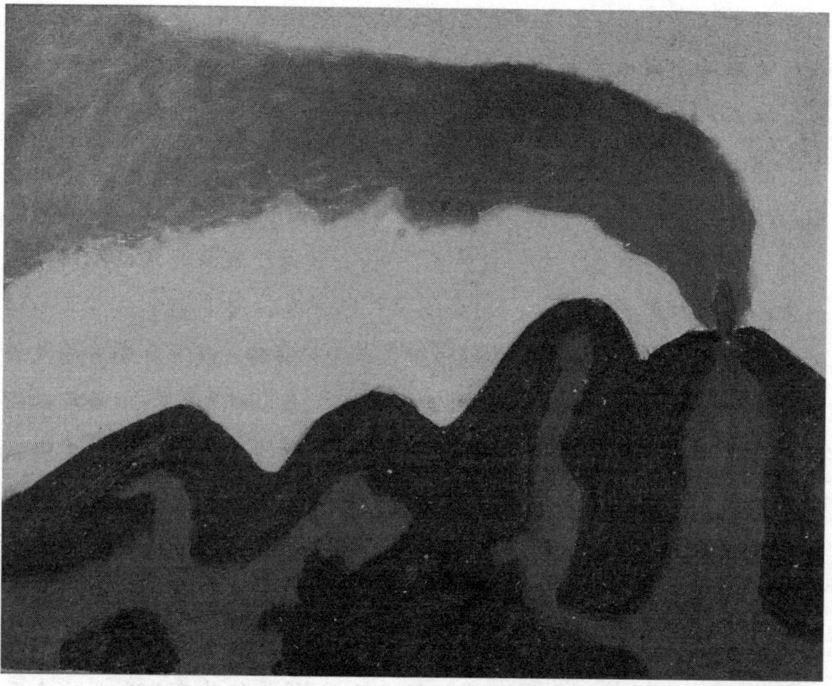

火山期：青春期的孩子就像一座“活火山”，
内在涌动着滚烫的岩浆，有一个山口正在喷发，其他山口也可能会一触即发

在这种情况下，随着入党、恋爱和留京工作等新问题不断出现，我的火山期就变得更加危险和碰不得了。有这么一个碰又不能碰，管又管不着的烫手山芋在手上，我爸爸也被迫积压了大量的压能，随时可能失衡，因此逐渐从一个笑容可掬的人变成了一个凶神恶煞的人了。

但是，当时的我并不知道这一规律，所以对爸爸在大二时对我的那种绝情还是很在乎和心痛的，又有一种深深的被抛弃的感觉。

父母的愧疚促进了我火山期伤痛的疗愈

当我回到大学后，很快就收到了爸爸的汇款，比以往的生活费多了50元。这让我对爸爸的不满缓和了一些。后来我入了党，而且因为大学班主任、数学老师和个别同学的强力劝阻，我选择了留在北京工作，成都的女朋友也因此对我产生误会，主动跟我分了手。这样，我和我爸爸之间的冲突就因为矛盾的消失而灰飞烟灭了。

2012年7月，爸爸妈妈第一次来北京，他们非常开心。在我们上班的时候，他们就跑到楼下河边的小市场去买东西。我们下班一回家，爸爸妈妈就一边哼着“当！当！当！”，一边像变戏法一样把他们买的好东西给我们看。

爸爸先“当”的一声，“变”出了一瓶灭蚊剂。我一看那劣质包装瓶就火了，直接像训孩子一样冲着爸爸喊：“谁让你们去小市场买东西的！这劣质玩意儿不能用！有毒！”因为当时爸爸凑得很近，又比我矮半头，我能亲眼看到他被我呵斥时，因为恐惧而本能地闭上又睁开眼睛的样子。爸爸瞬间愣住了，整张脸因为委屈憋得铁青。那种像小孩子一样的委屈、无助和心酸一下子涌上我的心头。我立刻意识到自己太过分了，马上缓和语气说：“爸爸妈妈，你们不知道，那里卖的东西几乎都是假的。以后最好别去那买了。”爸爸仍然有些失落地走开了，他一边喷着杀虫剂，一边嘟嘟囔囔：“怎么会是假的呢？怎么会是假的呢？”

有一天，好像是我老婆的一个什么东西坏了，我说不要了。爸爸喝完酒，兴冲冲地非要打开我的工具箱，找出502胶水给她修理，结果把一大滴胶液洒在白枫面的餐桌上了。我提醒爸爸，他说没事，待会儿再擦，结果一会儿擦的时候就擦不掉了。后来，爸爸像个做了错事的小孩子一样，拿个小刀片在那里嘟嘟囔囔地划了很久。结果胶液刮掉了，桌子的一块表皮也一起被刮掉了，留下一个非常难看的“疤痕”。

后来，我感觉爸爸妈妈没有刚来的时候那样自在了，他们老说这是你们的家。我们说也是你们的家呀，他们说不是，这不是我们的家，是你们的家。每当这个时候，我的心里就泛起一阵痛楚。因为我能理解他们的感觉，就是我们小时候有的那种感觉。我们知道父母对我们很好，但我们不自由，会被说教和指责。这就是有一个属于自己但又做不了主的家，心里有委屈却不可能伸张的那种惆怅的感觉。

2012年，爸爸得了“肺纤维化”来北京看病。当时爸爸因病已经戒酒了。我正好学了诚泉的“探索”“蜕变”“大师”课程，并在课程期间已经释放了积压的负能量。我发现我对爸爸妈妈共同的不满意就是觉得他们在我青春期最脆弱的时候不懂我，没能帮到我。我对爸爸还有一点不满，就是大二我离家前，他对我的绝情怒吼。

于是，有一天，我和老婆一起叫爸爸妈妈聊天，主题就是回顾自己做过的最对不起别人的事情。我先开始讲我自己的种种劣行，对爸爸的，对妈妈的，对老婆的。大家也都讲了各自的事情。当然爸爸也自然讲了大二那年对我的无情，他说自己也很懊悔，当时真的不应该那样对我。我听了也很感动，彻底原谅了爸爸。除此之外，妈妈还给我讲了一件我根本没留意却让她非常难过的一件事情，我听了赶紧给妈妈赔礼道歉。

我和爸爸妈妈躺在一起聊天

当然，在后来的学习中，我知道了萨提亚家庭治疗和家庭序列排序，就更能原谅和理解爸爸妈妈了。他们也没有办法，他们也会受自己父母的影响和控制。而且，我还有一个只适合在心里窃喜而不便于说出来的发现：在我参加的疗愈活动中，跟其他所有的学员相比，我在青春期受到的来自父母的伤害，已经是最少、最小、最浅的了。

衷心感谢我的父母和支持我成长的每位老师和同学！我的火山期伤痛疗愈相对容易多了。

读者如何面对和疗愈火山期的伤痛

火山期的伤痛很容易影响和改变人的心智模式，从而形成心魔，并持续对人的一生产生各种负面影响，所以一定要积极发现和主动疗愈。现在可以帮助人们疗愈的机构和课程很多，除了专业心理咨询，还有例如萨提亚、家庭序列排序、三阶段教练技术（诚泉文化的课程是其中的一种）和浩途家庭俱乐部的一些课程，等等。

从 2016 年起，我也给数百名学员公益疗愈过这样的伤痛。

2017 年 3 月的一天，有人突然加我微信并说："张老师，求求您！救救我！"我赶紧通过了她的微信请求。她在一个外地的小城市，是通过朋友知道我的。

她今年 30 岁，在 19 岁那年，父母给她相中了一门亲事。对方家境很好，因为她们家很穷，所以就希望通过这门亲事拉扯一下家里，好供她和妹妹读大学。她当是正在读大学，根本看不起那个男的。结果在她寒假回家的时候，他的父母把她和那个男的锁在了房间里，她被迫与那个男的发生了性关系。

这件事对她的打击很大，最后她是在自杀未果、被救活的情况下，父母才放弃了这门亲事。不过父母说不管她了，让她自己解决上学的所有费用。于是，她就靠打工和跟同学借钱完成了两年的大专学业。

毕业后她自己找了工作，干得也挺好，而且还买了房子。可是，她发现自己的心理和生理出了大问题。一是对父母非常痛恨，根本不想见他们。二是自己不敢交男朋友，尤其不敢有性行为，因为她觉得自己很脏。

几年前，她好不容易碰到了一个非常懂她、疼她，也不嫌弃她的男人，并和他结了婚。但是，她却经常被噩梦惊醒，梦中的场景就是自己当年被侵犯的样子，而且老公为了保护她还被杀死了。现在她做这样的梦越来越频繁，甚至严重影响到了她和丈夫的生活。丈夫也帮不上她，只好整天喝闷酒。她说自己天天胸闷气短，就要崩溃了，希望我救救她。

我建议她来一趟北京，她和爱人如期过来了。我找了一间完全封闭和隔音的宣泄室，让她用最粗暴的语言和拳打脚踢的方式把她对父母和那个男人的怨恨发泄出来。她哭着、喊着、踢着、打着，一上午整整发泄近三个小时，直到最后筋疲力尽。然后，我让她回宾馆洗个澡，想象把自己那些不好的记忆和认为肮脏的东西都洗掉，最后把之前穿的内衣烧掉，换上新的衣服。下午，我带他们去了没有人在场的河边，让她老公给她捡石头。她一边扔石头，一边把所有不好的记忆和想法一个个地尽力扔出去，整整扔了两个小时。

那天晚上，她上吐下泻，吐出了一些黄黄的黏液，还有些发低烧，但却浑身通畅，神采奕奕，就像换了个人似的。两口子高兴坏了，对我感激不尽，说我是大善人、活菩萨。

当然，如果我们已经为人父母了，就要赶紧对火山期有个清楚的认识，并立刻进行沟通和宣泄处理。最好的方式跟我上面提到的故事一样，经常跟孩子一起聊天，主题就是回顾自己做过的最对不起别人的事情，而且要主动从自己开始。

还有一个很好的办法，就是一边学习，一边辅导别人。刚刚看到李晶老师的分享：

“今天上午辅导了一位朋友，电话刚刚接通，对方听到我的声音就哭了，我听了也特别心酸。听完她的故事，真的很心疼她，就像张老师说的，辅导做得越多，越会发现心中满满的都是慈悲之心。这位朋友的故事也触动了我的内心，让我想起了自己经历的一些事。在听完她的经历之后，我也分享了自己的类似经历，有时候已经分不清是在为对方做辅导还是在为自己做疗愈了。感谢每一位找到我倾诉的朋友！”

小提示 本篇发现的心智模式和实修正悟是：火山期。

第六章
收获爱情：使用者匹配

2013年1月23日，当电视画面里出现了一个脚受了伤、拄着双拐的男孩的时候，我的记忆不经意就回到了5年前的一天：那天我自己因为打篮球受了伤，也拄着双拐去上班，后来一个美丽的女孩帮我开了门。我在博文里写道：

“后来我的脚好了，常常希望能在上下班时再次见到那个美丽女孩，再次表达我的谢意。遗憾的是，我那天根本没有看清楚她的长相，即使再次见到她也不可能认出来。所以，我决定每天上下班都怀着感恩的心去面对在这个写字楼里见到的每一个女孩，直到最后我们公司搬离雨霖大厦……”

“我的思绪飞了回来，想起了这几天上的‘萨提亚’课程。是的，一个爱自己的人，才会懂得和珍惜别人的爱，也才会去爱别人。我是幸运的，从小在一个充满了爱的家庭里长大，我爱自己，心里自然而然地充满了爱。我会对别人给我的爱非常敏感并一直心存感激，这让我很喜悦，很幸福。”

“我真诚地感谢你！衷心地祝福你！那位熟悉而陌生的美丽女孩，其实你一直就住在我的心里。”

我从小就是一个情感细腻丰富的人，这给我带来了很多的困惑和纠结。所以，我也给自己的情感经历做了一次彻底的清理和处理。

这就好比我们要给一台电脑挑一个最合适的使用者一样。

26．被爱听：如何轻而易举地获取女性的芳心？

小测试 26：女人缘指数

你觉得自己对女性的心理需求的了解有多少？你认识的女性朋友愿意跟你沟通吗？

回答选项：A. 太了解啦！我就是女性之友　B. 能了解，女性朋友不少　C. 不太懂，女的都不爱搭理我　D. 一窍不通，我是女性的“绝缘体”

选项说明：

选了 A，恭喜你！选了 B，还不错！选了 C，提醒你，一定要把本篇本节内容读 3 遍以上！选了 D，心疼你，最好把本节内容背下来！

另外，为了便于准确评估，读者可以扫码发“小测试 26”进行互动咨询。

被爱听——叩开女友心门的密钥

我的第一段恋情发生在初二的时候。那时候，我是班上的团支部书记，而且学习成绩总能排在全年级的前两名，所以喜欢我的女生很多。但是，我却没有什么想法，一方面是自己觉得不应该早恋，同时也因为 13 岁时发生的那件事情让我的内心并不自信。

我们班里有一个特别漂亮的女生，她叫 Mary，比我大，个子跟我差不多高，胆子很大。她敢大大方方地喜欢我。她经常趁人不注意的时候塞给我一些小东西，例如手织的毛线枕巾、笔、卡片和零花钱，甚至还有剥了皮用糖拌好的西红柿，等等。她对我的好让我产生了愧疚感，所以就不得不也对她好。后来，我考上了省重点高中，Mary 就主动写信跟我分手了。我收到信时没有流眼泪，也没有太难过，反而有一种特别轻松和解脱的感觉。

我的第二段恋情是从高二开始的。女孩叫 Amy，比我小一岁，是班上的英语科代表，是那种有点调皮的女生。我之前觉得她天真得像个小孩子，所以就没太在意她。因为我们的父亲是同事，我们住在同一个院里，又因为我第一学期的成绩考得非常好，所以班主任命令我这个团支部书记多给她做做思想工作。

我从小不喜欢老师们说教的方式，我做思想工作的方式是走“亲民路线”，所以就对 Amy 百般关爱呵护。每天早上醒来后，我的第一件事就是去她家敲门叫她起床，所以只要我早上睡过了，她也一定会迟到。我经常带她和男生一起打篮球，就连课间十分钟也是一样。我拼命地多抢篮板球，然后把球传给她，让她投篮，我再去抢，再给她。我每天都会给她找新的英语题，并写在一个小本上让她做，等她做完了再把本要回来，再写新的题给她。结果到了高二，Amy 的学习成绩就从我们班的二十几名突然升到了第一名。

我呢，对 Amy 帮着帮着就神不知鬼不觉地迷恋上她了。我每天的心思都在她的身上，她要是在，我就安好；她要是不在，我就跟丢了魂似的；她要是病了，我也感同身受，跟自己病了一样难受；周日的下午她会在家呼呼睡大觉，我就跑到山上远远地对着她们家的窗户唱各种情歌……

高考前的一小时，我突然抱着篮球去了球场，Amy 想都没想就跟着我来了。我们俩挥汗如雨，跟偌大的空球场和校园里犹如大敌当前的紧张气氛形成了巨大的反差。结果，我们俩都没有考好。对于未来的前程，我内心坚定的誓言是：如果她的录取结果比我好，我就主动放开她，让她自由飞翔。如果我的录取结果比她好，我就必须要好好爱她，照顾她一辈子！

结果我考上了北京的大专，先离开家乡去上学了，Amy 后来才接到一所成都中专的录取通知书。我心里既难过又高兴，便决定履行我的誓言。大学第一学期回家后，我就立刻找到她，把她约到嘉陵江边，让她做最后一道英语题：David is saying “I love you” to Amy，Amy will say：A.Yes，I love you too. B.No，I don’t love you. C.Yes，but I am still too young（我那时候的英文名是 David）. Amy 事先并不知道我写的内容，一看就立刻害羞得把那个熟悉的小本扔回给我，并第一次和我紧紧地抱在了一起。有些尴尬的是，正好被旁边一个大约五六岁的小女孩看见了，她说：“骚货！不要脸！”我们没有理她，反而开心地拉着手走开了。

上大学后，我们每周都会至少互相写一封信。她会在信里告诉我她对我的每一个思念，她所经历的喜怒哀乐。1994 年国庆节，我给她写了一封整整 10 页纸的信，信里诗歌、散文、漫画、海报应有尽有，可把她的室友给羡慕死了。就这样，虽然相隔数千里，我们的心却是如此的近，近到我们能感受到彼此的每一个呼吸。

在我毕业前的寒假，我费尽周折终于在成都找好了工作，晚上回家后却发现她生重病住进了医院。我本来想立刻就去医院看她，她父母心疼我，让我先回家休息，明天再去。我哪里能安心回家，就一个人在大街上来来回回地走了整整一夜。我想对她好，想给她准备一个看见了就会感到爱和幸福的礼物。第二天，当她醒来的时候，我把一张粉红色的小手绢按在了她的手心里，那是我没有睡觉，想了整整一个晚上，逛遍了整个县城买来的……

后来的几天里，我天天去医院看她，陪她。因为去医院给她送饭时把三姐的自行车给弄丢了，爸爸妈妈非常生气，很讨厌我为了一个女孩子整天不归家的样子。

春节后，我把还没有完全康复的 Amy 送回了成都的学校，照顾她两天后才回到了北京。因为爸爸生气没理我，我用的都是 Amy 给我的钱。几个月后，在家人、老师和同学的诸多劝说下，我打算留在北京。Amy 的这次生病让我深刻地意识到了没有钱的自卑、脆弱和无助！我首先要多挣钱，才能有资本和条件对她好。我给她写信，请求她一定给我来个电话，或者给我个电话号码，我要在电话里好好跟她商量一下。当我在焦急的期盼中，终于等到那封薄得不能再薄的回信时，我的心碎了。我暴跳着把那仅有一句话“Wish you have a nice future ...”的信撕得粉碎……

学校安排的实习一结束，我就赶紧回家去找她。在等了整整一个星期以后，她和一个男生一起回来了。这个男生我认识，是 Amy 众多、长期的追求者中，条件比我优越的一个。我们没有一句争吵，甚至还能像以往一样在一起聊天、打牌和唱歌。她让我忘了她。我失望至极，但又很理解她在生病期间的无助和脆弱。我回到家里躺在床上，欲哭无泪。妈妈心疼坏了，她一边不停地给我揉脚心，一边说：“你哭嘛！哭出来就好了！”那次回北京后，我差点儿用酒把自己给喝死，整整躺了三天才活过来。后来，我回家后听妈妈说，Amy 在我走后给我写了一封长长的信，却因为地址不对被退回去了，结果被单位一个跟我同名的人误收后毁掉了。妈妈说：“都怪你爸那个死老头子！我让他去给你要回来，他就不去！”我一听就想：“真是报应！”我在高一时也误收过他的一封信，也是一个女的写的关于感情的事，因为当时已经被我拆开了，不敢还给人家，所以就偷偷烧掉了。

此后的一年，我一心工作，再也不敢想感情的事，心里却总是期望有一天 Amy 会改变主意，来到北京，突然出现在我的面前，就像上高中时突然出现在篮球场上一样。有一天，我的一个下属，一个 35 岁左右的北京老爷们儿，突然像中了彩票似的从商场跑到我的办公室，异常激动地说："来了！来了！你照片上的那个女朋友来找你了！"我故作镇定地说"不可能！"，脚下却已经飞跑起来了。那女孩的确和Amy很像，不过却是一位慕名而来的供应商！

不过，我的期盼还是有效果的，1996年一个夏天的下午，大约3点左右，我在办公室突然接到了Amy的电话。非常不巧的是，那时候有两个从内蒙古来的大客户正坐在对面跟我谈订单，他们还要赶下午5点多的火车回去。于是，我恳请Amy给我留一个能联系她的电话，或者5点以后再给我打过来。结果，她可能又误会了，挂了电话以后再也没有联系过我……

从高中到大学，我和Amy的爱情故事让很多人羡慕、感动，甚至嫉妒，包括我们共同的高中同学、我的大专同学、我的国企同事、她的中专同学和我们各自的一些家人，特别是我的三姐和她的姐姐。

Amy曾经在信中跟我说："当你考上北京的大学后，我就已经放弃了，是为了让你可以有更好的选择，所以第一学期就没有给你回信。可是，当寒假回来在舞厅里见到你以后，我才发现原来自己身上的每一个细胞都在那么深深地爱着你……"

其实，Amy是一个非常体贴、智慧的女生，在我们公开恋情后，她就经常示意我，愿意把自己的一切都给我，只不过我总是傻傻的，笨笨的，始终不敢要。

实修正悟26（爱听）：女性的生理结构决定了其在性交的过程中是处于被动和配合的角色；同时，在进化发展中，女性在家庭中的地位也是长期处于被动和辅助的角色。这就使女性在跟男性的关系中处于被动和弱势的位置。当女性在数千万年的进化中处于被动和弱势的位置时，其遗传下来的本能的心理需求就是希望强势的一方能关心、爱护自己，并能听取自己的内心诉求，所以女人天生的首要心理需求就是被关爱和被倾听。本书简称其为被爱听。

被爱听：每个女性都像一架华丽的钢琴，
总是会期望每天有人呵护和触碰，并听懂她优美的声乐

我的第一段恋情显然是一段懵懵懂懂的姐弟恋，我主动给 Mary 的关爱和倾听其实非常少。同时因为主动追求 Mary 的男生很多，所以只要我们一分开，Mary 就从我这里得不到被爱听了，心理需求得不到满足，她主动提出分手就是必然的了。因为这样她可以很轻易地立刻从别的追求者那里得到被爱听。

反观我的第二段恋情，我几乎是把高中后两年半和大专前一年半的时间都用来关爱和倾听 Amy 了。在这段时间里，Amy 的被爱听在我这里得到了极大的满足，她充分感受到了爱情和幸福，所以也就把全部的信任和爱给了我。

但是，我不顾她的感受，用“先斩后奏”的方式决定留在北京，而且是在她身体虚弱、孤单无助的时候。她可能用尽所有的勇气主动给我打来电话，却被我在那一刻以业务重要而推辞了。如此，她所期望的被爱听没有从我这里得到，这样就会让她感到极度失望。在悲伤和无助中，她会本能地用身边的追求者来满足自己的被爱听，并逐渐用新的恋情替代了我们之间的恋情。

意外懂得的被爱听让我的女人缘奇好无比

我跟 Amy 凄婉的爱情结局让我的内心增加了一份极浓的悲情色彩和沧桑感，也让我变得多愁善感，比一般的男人多了一些感性。在国企工作的三年中，我每天都要频繁地跟财务和会计们在一起对账和做数据分析，被动地听一堆女人闲聊。听到让我伤感的事的时候，我也会跟她们讲讲我的悲惨爱情故事。她们也都特别喜欢跟我聊天，并总是张罗着要给我介绍对象。我说不要，没准儿哪天 Amy 就来北京了呢。

这样的时间一长，我就发现了一个非常奇怪的现象：我必须刻意对所有的单身女孩子冷漠一些。因为如果我稍不留神对谁的关爱多了一些，跟谁聊得多了一些，谁就会很快地喜欢上我，而我根本没有任何想法，这会让我们彼此都很尴尬。

1998 年 8 月，在经理多次强烈要求和不断督促下，我去见了一个北京女孩小雪，她是经理的大姐介绍给我认识的。说实话，我对她根本没有感觉，但大家都劝我说：“你在北京也没有个亲戚，就先处着呗！不合适的话再说！”小雪她妈妈特别喜欢我，总是一口一个“儿子”地叫我，我就跟小雪像小孩子过家家一样地相处着。

2000 年 9 月，我被一家德国公司挖走了，薪水翻了 2.5 倍，不过必须要去上海总部培训 3 个月。我的哥们儿张志宇知道了就给我打电话，说可以介绍几个他们上海的同事给我，无聊的时候，可以一起吃吃饭，聊聊天。他把一个同事的电话号码发给了我。我到上海后，每天白天参加公司的培训和实习，晚上报了英语口语班，还要应付小雪的查岗电话，天天忙得要死，就把这事给忘了。

我的直接上级叫王刚，西北人，长得特别像周恩来总理，人也特别好。他经常叫我去他家里吃饭喝酒。我们一边吃，一边和他的老婆、4 岁多的女儿聊天，那种氛围和感觉特别幸福和温馨。他总给我讲他和他老婆的爱情故事，说找老婆不能单看长相，温柔贤惠才是最重要的。他这么说后，我也确实发现他的老婆长得不算漂亮，不过真的很体贴，很会来事，不管是在家里还是在单位的活动中，都让他很有面，绝对属于那种“上得了厅堂，下得了厨房”的贤惠女人。

我们和王刚经理（右二）一家的合影，前排从右至左分别是他的母亲、夫人和女儿

转眼间就到了 11 月 18 日，3 个月的时间已经过了一半多了。哥们儿张志宇又打电话问我有没有跟他的同事联系。我说一直忙，没空。他觉得自己的一片好心我没有用上，就有些生气地说：“行，行，行，那你自己看着办吧！”说完就把电话挂了。我觉得有些不好意思，就立刻给对方（就是我现在的老婆 Stella）打了个电话。正好第二天是周日，我们就约好 11 月 19 日下午 5 点在肇嘉浜路的一个火锅店里见面。

我记得第一次见面的时候，Stella 穿了一件白色的羽绒服，感觉跟很多上海的女生一样，脸圆圆的，眼睛不大，有一点点胖，虽然不算很漂亮，但是大大方方，很会来事，又是同济大学的高才生，极像王刚经理老婆那样的贤惠女人。

于是，我便拿出自己已经掩藏了好几年的真心和热情，频繁地约Stella打牌、打乒乓球、看电影、唱歌、去大学里跳舞、逛商场、逛公园、陪她加班、一起吃早餐，等等。结果，Stella很快喜欢上我了。不仅如此，她还在年后就接受我的提议，只身从上海来到了北京。

现在看来，我的第二段恋情让我深深地体会到了：只要持续地满足所喜爱的女人的被爱听，就一定可以获得她的芳心，而且我的国企工作经历也更加强化了我对女人的倾听能力，这让我具备了更好地满足女人被爱听的能力（对女人真爱的能力）。这样自然就会很招女人喜欢了。

当然，我的这种能力也会受我的意愿控制和左右。在受王刚经理的幸福爱情熏陶之前，我因为Amy而掩藏了真心和满足女人被爱听的能力。在被他启发后，就立刻对Stella使出了自己的能力。对于没有什么感情经验的Stella来说，怎么可能抵挡我如此强大的攻势呢？她的芳心自然被我摘到了。

如何让你喜欢的女性对你依依不舍

第一，要清楚女人的被爱听需求是由关爱和倾听两部分组成的。大家很容易做到的是关爱，但往往会忽略倾听。关爱就是心里总是想着她，想对他好；倾听就要多听她说，多问她的真实想法和意见。

第二，要根据她自己说出来的真实想法和意见去对她好，并不断确认自己做的是否是她喜欢和想要的。如果是就继续做，如果不是就立刻按照她的想法和意见进行改变和调整。

其实，在我刚认识Stella的时候，除了关心她，我还会在吃饭和玩的过程中不经意地问她很多问题，例如：对工作的看法，对父母的看法，对爱情的看法，对婚姻的看法，对朋友的看法，对小孩的看法，对城市选择的看法，对自己优缺点的看法，等等。在得到她比较全面的信息之后，我不仅可以避免对她犯错误，还能轻松地投其所好。

事实上，当年我在跟Stella正式确立恋爱关系之前，就把自己从小到大的故事全部讲给了她听，还重点讲述了自己的三段感情经历，并让她选择是否愿意接受我。

第三，就是要随时反省和觉察。因为我们一旦把喜欢的女人追到手之后，就会本能地变得不在乎了。

某天早上吃饭的时候问老婆Stella，问她刚认识我的时候是啥感觉。她说："刚开始就是觉得你跟别人不一样，很实在，很疼爱我，不吹牛，后来才发现你其实比一般人吹得更厉害！"

是的，因为Stella到北京后，除了她的生日和一些大事以外，我逐渐不主动去满足她的被爱听需求了。她开始觉得委屈，没有了被疼爱的感觉，甚至觉得受骗上当了，所以就逐渐变得独立和强势起来。而我呢，就会觉得是Stella不好，是她变了。

大概是2007年，我在跟大学女同学韩娜诉苦的时候，她给我推荐了一本书，名字叫《男人来自火星，女人来自金星》。我看了以后如获至宝，但说实话，那时候我更多的是找到了自己受委屈和受害的原因，也就是找到了老婆需要改变的有力证据。

直到2012年我上了诚泉文化的课程把自己打开之后，才在各种接踵而来的训练和磨砺中逐渐有了随时反省和觉察的能力，并经常满足老婆的被爱听需求。

2012年12月4日，我在题为《老婆的生日》的博文里写道："从前年开始，我就不再给她买东西了，而是自己提前用心看完了《男人来自火星，女人来自金星》这本书，并在她的生日当天跟她分享自己的读后感，还对她承诺说，我要有所改变，做一个称职的好丈夫。”

这样，我的老婆 Stella 才慢慢地从独立和对抗的状态中放松下来，变成了一个有人疼的、可爱的、夫唱妇随的好老婆。

我的大学毕业合影，第三排从右数第五个是韩娜

我觉得倾听就好比是人的眼睛、耳朵和嘴巴，关爱就好比是人的手和脚。如果没有倾听，关爱就变成了“瞎子”“聋子”和“哑巴”，想做也不可能做好。所以只有两个结合起来才能满足女性的被爱听。同时，要随时反省并持之以恒，这样才能让女人对你心服口服、紧追不舍和不离不弃。其实，这个不仅适用于男女情侣之间，也完全适用于其他各种关系。

小提示 本篇发现的心智模式和实修正悟是：被爱听。

27. 被尊信：如何让优秀的男人对你俯首称臣？

小测试 27：男人缘指数

你觉得自己对男性的心理需求了解有多少？ 你认识的男性朋友愿意跟你沟通吗？

回答选项：A. 太了解啦！我就是男性之友　B. 能了解，男性朋友不少　C. 不太懂，男的都不爱搭理我　D. 一窍不通，我是男性的绝缘体

选项说明：

选了 A，恭喜你！选了 B，还不错！选了 C，提醒你，一定要把本节内容读 3 遍以上！选了 D，心疼你，最好把本节内容背下来！

另外，为了便于准确评估，读者可以扫码发“小测试 27”进行互动咨询。

被尊信——我对女友态度的风向标

在我的第一段和第二段恋情中，Mary 和 Amy 对我都非常信任、尊重，对我言听计从，我想除了我本身的原因以外，可能也因为我是团支部书记和学习最好的缘故吧。她们对我的这种态度让我觉得有力量和价值感，所以除非她们提出分手，否则我是不会主动和她们分手的，但对于北京的女朋友小雪，情况就有些不一样了。

小雪在“南航”工作，长得也很洋气。她对我非常好，每次去她

家，我都可以清楚地看到她欣喜万分地打开自家的房门，然后“咚咚”地跑过来打开两户公用的防盗门，最后像只欢快的小鹿一样，开心地扑进我的怀里。这让我感到特别幸福，让我找到了家的感觉。

小雪的父母对我更好了，简直把我当亲儿子一样地疼爱。在我离开国企后，他们就把家里的另一套房子的钥匙给我，让我住在里面。有时候，小雪在我那里玩的时候，如果太晚了或者天气不好，她妈妈就会主动打电话来让小雪就住在这里，不用回去了。

可是，随着相处时间一久，我就发现我们之间存在很多难以沟通的问题。首先小雪学习不好，脑子很笨，她父母希望我辅导她学习，让她可以拿到自考大专的文凭。结果，我辅导她一个月，就彻底放弃了。她很痛苦，我也快被气疯了。我想带她去运动，刚打几分钟羽毛球，她就说受不了，让我摸她的脉搏。我一摸的确跳得厉害，而对我来说连热身都算不上。我不能给她讲大一些或远一些的事情，因为她不感兴趣，而且会犯困，我瞬间就感到了莫名的孤独。我更不能提大学的事情和我的感情经历，因为她会不开心和吃醋，这让我有些压抑。她很自我，不管我们在外面跟谁一起吃饭和玩耍，只要她感觉不爽了，就会立刻耍起小性子，或者嚷着必须马上回去，这让我颇受打击。就连我骑自行车带着她时，如果不小心碾着石子把她颠一下，她都会大发雷霆，认定我是故意这样对她的……

这样的相处既让我感到失望，又让我感到憋屈和无奈。每当这时候，和 Amy 相处的那些开心时光就会像激情大片一样，一幕幕地从心底里狂涌出来，怎么压也压不住。更何况 Amy 的名字里也有个雪，所以这就让我恍惚地感觉到，自己似乎是在偿还对 Amy 的亏欠。这种亏欠就是自己当初没有如约回成都而留在北京对 Amy 造成的亏欠。于是，我想放弃这样没有意义的恋爱，就提出跟小雪分手。小雪不愿意分手，她妈妈流着眼泪规劝我。我最见不得人哭，对方又是一边哭着，一边一口一个“儿子”地叫着我，我的心软了，只好放弃了分手的念头。

最后完全让我绝望的事情有三件：一是性亲密的问题。在我们感情好的时候我会有性冲动，但她每次都不愿意给我，说万一她给我了，我又不要她怎么办。这跟我之前的恋爱感受完全不一样。跟Mary谈恋爱那会儿，我知道我们一定会分开的，所以自己从来没想过要她的身体。Amy是完全信任我并主动示意我可以要她的身体的，可是我告诉自己要等实现了自己的誓言，到成都工作以后再要她。所以，小雪的这种自私和保守让我深感失望，觉得已经伤害到我的人品和信誉。

第二件事情是家庭关系。1999年和2000年春节我带她回了两次老家，我的家人对她万般宠爱，并送给她一些在我家当地买的普通小饰品。回到北京后，她就像从难民营里逃出来一样，皱着眉头，面带嫌弃地给她父母描述我家的惨状，还用鄙视的语气说："哎呀妈呀，您可不知道，他妈妈和姐姐把那些从小店里买的破玩意儿给了我一堆，我要也不是，不要也不是。您说，这些破玩意儿拿回来有什么用？"小雪这样的无知和无情直接伤害了我的尊严和我家人的尊严。

第三件事情是隐私。有一天，趁我不在的时候，小雪终于翻出了在大学期间Amy写给我的信。她觉得自己找到了我对她不好的真正原因。我一进家门，就发现她哭得像个泪人。她狠狠地说："我好嫉妒这个Amy！我好羡慕她！你们爱得那么真、那么深！我知道只要她来找你，你就会毫不犹豫地抛弃我，跟她走！我恨她！她都不要你了！为什么还要跟我抢你！你现在必须死了这条心，必须要当着我的面把这些信烧掉，否则我就跟你没完！"

一种深深的内疚感瞬间侵占了我的心，既有对Amy的，也有对小雪的。我没有说话，默默地把这些信一封一封地撕碎，全部扔进了楼道里的垃圾道里。我是那么不舍，甚至希望等小雪走后，再去把这些碎末一粒一粒地给刨出来，并带回来。后来，我万分悲痛无奈，就给在北京最懂我的初中同学打电话。他也很遗憾地跟我说：

“嗯，是很可惜！其实你在银行租一个保管箱就行啊！”我说：“嗯，是的，不过毁了也好！我不能总活在过去的记忆里呀！”他说：“那倒也是！”不过，小雪这样私翻信件和不依不饶的行为，让我非常反感和憋屈，觉得她侵占并剥夺了我的隐私空间，让我的思想没有了想象和回旋的余地。

我一定要跟她分手，只是需要找一个很好的时机和方式……

小雪做的这三件事情为什么会让我那么绝望，并让我下定决心一定要跟她分手？ 如果你是当时的我，你也会这样吗？

被尊信：每个男性都像支撑屋顶的顶梁柱，他必须占据最中正的位置，否则屋顶就会塌掉；如果他被替代或者被架空，就会倒下或者被挪作他用

实修正悟 26（被尊信）：男性的生理结构决定了其在性交的过程中处于主动和支配的角色；同时，在进化发展中，男性在家庭中的地位也

是长期处于主动和支配的角色。这就使男性在跟女性的关系中处于主导和强势的位置。当男性在数千万年的进化中处于主动和强势的位置时，其遗传下来的本能的心理需求就是希望弱势的一方能认可、尊重自己，并相信和顺从自己的想法及决定。所以男人天生的首要心理需求就是被尊重和被信任。本书简称其为被尊信。

一般来说，如果你是女性，你可能会觉得我没有必要一定要跟她分手。如果你是男性，你肯定会果断地支持我的做法。而这正是男女思考问题的巨大差异。

其实，我可以说得更直白一些。我们人都是由动物进化来的，所以也会跟其他高等动物一样，具备一些动物性的本能。

高等动物中的雄性是需要跟其他雄性进行决斗来争夺交配权的，获胜的雄性动物会圈占自己的领地，并自动拥有跟领地内多个雌性的交配权。如果有的雌性身上有其他雄性的气味，就会被无情地咬死。

这就是为什么男人会花心，女人爱专一的根本原因。因为雄性的花心基因会被自然选择强化并遗传下来，雌性的专一性基因也会被自然选择强化并遗传下来。

所以，从人的动物性本能上来说，如果女人对男人不尊重和不信任，不满足他的被尊信需求，女人就一定没有好果子吃。同时，如果男人想要像女人一样专一，就必须克服巨大的本能。如果女人想要像男人一样花心，就不得不接受来自自己、自己的男人和社会的道德审判。

很显然，小雪没有满足我被尊信的需求，所以我会跟她分手是一种源自本能的必然。

被尊信的满足让我决定抛弃很多拥有

我苦苦等待的好时机终于来到了。因为新的工作需要，我要到上海去培训三个月。太好了！这三个月我可以理所当然地离开北京，不用怕她的妈妈再来找我求情，不用住在她们家的房子里，这样会极大地减轻我的愧疚感，也不用直接面对激烈的情绪冲突。而且三个月的时间也足够长，让我有时间来处理和平复她们可能会产生的怨恨。

我计划得很好，可毕竟已经跟小雪和他们家好了近三年，产生了像亲人一样的亲密关系，所以我一到上海之后却发现，距离真的可以产生一些美。在繁忙的工作和学习之余，回到宿舍只有我孤独一人的时候，也会怀念小雪和她们家的好。所以，看到小雪来了电话，我居然还有一些感动和温暖。我都没有想到，当房东来找我时，我才知道一个月给小雪打电话的费用就花了一千多块钱。这也就是为什么哥们儿张志宇给了我 Stella 的电话号码，我却迟迟没有跟她联系的原因。

其实哥们儿张志宇的本意并不是要把 Stella 介绍给我做女朋友，只不过是作为普通朋友让我在上海的业余时间不孤单而已。不过，他和 Stella 都不知道我和小雪的实际情况。其实我在见 Stella 的时候，心里还是有一些目的，我有意地把 Stella 和小雪，甚至和 Amy、Mary 做对比。

有一次，我陪 Stella 在徐家汇的港汇广场逛街。当时耐克专卖店在广场的地下一层搞活动，活动的规则和内容是：参与者需要背上一个约 50 斤重的双肩背沙包，独自完成一段上下翻腾的障碍赛，最后把沙包卸下并扔在指定的位置，完成时间最短的是获胜者，奖励是一个耐克背包。我从小就喜欢挑战，一看就忍不住想去试试，于是便报了名，差一点就错过了最后一个名额。参加挑战的一共有十多个人，前面的个个都很厉害，我是最后一个出场的。我没有紧张，用舍我其谁的气势完成了挑战。不过，在最后从身上脱掉背带并扔掉沙包的那一刻，我右手手背被包上的金属扣划了一道深深的口子，鲜血立刻流了出来。主持人赶紧让人帮我包扎，遗憾地宣布我仅仅比第一名慢了 0.2 秒。

包扎完后，我看见 Stella 拿了一罐可乐给我，正心疼地看着我。我问她可乐是哪里来的，她说是主办方特别送给我的，因为第一名是个非常厉害的特种兵。Stella 在说这些的时候，我发现她的表情很不一样，就问她为什么。她红着脸着说："你知道吗？在那一刻，你在我心目中简直就是一个大英雄！" Stella 的这句话让我非常受用。是的，我本来就是个英雄，Mary 和 Amy 都是这样看我的。可是，要是小雪在场，她就会生气地骂我："你跑它干吗！你脑子有病啊！你看！手破了吧！你……" 那天，我发现 Stella 非常美丽和可爱。

有一次，Stella 说她晚上要在单位加班做一份标书。我很心疼她，就提出去陪她加班，她同意了。我们决定先在楼下见面，吃了晚饭再上去。吃完饭，我们一起走回办公楼。这栋楼很高，她的办公室在 33 层。到了电梯口，我就跟中了邪地突发奇想地说："嗨！Stella！我们不坐电梯，走上去怎么样？" 她想都没想就说："好呀！谁怕谁！来！跟我走！" 说完，她就奔楼梯去了。爬到 33 层真的不是一件容易的事情！我还好，因为体型偏瘦，而且从小就爬山，所以不觉得累。我一边走，一边给 Stella 讲故事。她实在走不动的时候，我就拉着她走。

终于爬到了 33 层，我觉得自己的两条腿又酸又疼，就知道 Stella 一定比我更难受。于是，我教她跟我学怎样放松腿部的肌肉，以防止乳酸堆积，否则明后天就走不动路了。Stella 觉得很有道理，就乖乖地跟着我学。我放松了一两分钟就没事了，Stella 说她的腿还是很酸很疼。我就自告奋勇要给她用揉捏的方式放松小腿，Stella 见我特别真诚就没有好意思拒绝。当我在给她放松小腿的时候，她的脸红得像个熟透的苹果，根本不敢看我的眼睛。

那天，我突然觉得好像我和 Stella 其实才是一对相爱了多年的恋人，现在经过许多苦难和周折才又终于见面了，就像我们前几天一起看的那部电影《花样年华》一样。我就是里面的梁朝伟，Stella 就是那个美丽的张曼玉。

电影《花样年华》

虽然那时候我跟 Stella 认识的时间还不到一个月，而且客观地说，她的容貌跟小雪、Amy 和 Mary 比起来相差不少，但由于她极大地满足了我的被尊信需求，所以从那天起，我便决定为了 Stella，我可以抛弃我拥有的许多东西，首先是小雪和她家给我带来的所有好处。

如何让你喜欢的男性对你忠心不二

首先要知道男人的被尊信需求是由尊重和信任两部分组成的，尊重更多是指心态，信任更多是指行为，两者相辅相成，缺一不可。

例如：本篇故事中 Stella 把我当成心目中的英雄，更多的是一种尊重，而她跟着我爬楼，让我给她放松小腿，就是对我的信任。

2005 年，在老婆 Stella 怀孕生孩子的时候，我的工作压力也很大。那时候为了孩子，她已经完全忽略了我的生理和心理需求了，我觉得自己非常憋屈。

那段时间我们公司在Gerhard的建议下，雇了一个刚来北京的女大学生Lucy，在帮忙做一些临时性的工作。这个女生Stella也认识，有一次周末Gerhard带着她和我们一起在公园玩过。我觉得这个女生既不招摇，也不随意，是属于比较安全的那种。

有一个周末，我心情特别烦躁，就跟老婆说："老婆，我最近憋屈死了，工作压力太大，你身体又不方便。我想约Lucy去爬香山。你放心！我绝对没有别的意思，只是想有人陪着我出出汗，运动一下。"

Stella听了，非常平静地对我说："老公！你放心！我绝对相信你！不过，我不能让你去，因为我不敢相信外面的那些女孩子！这是现在的社会现实。"

说实话，当时Stella的这个回答让我心服口服，立刻打消了那个念头。因为她既给足了我尊重和信任，满足了我的被尊信需求，同时也巧妙地利用实际的社会现实保护了她的被爱听需求，让我立刻警醒。

其实，我和Stella也有非常难熬的磨合过程。以前我出差的时候，就特别烦她给我打电话和发短信，因为我总觉得她是在故意试探和"查岗"。

后来当自己懂得了性愈的理念，并能让自己浮躁的心安定下来后，我在出差的时候就不但不讨厌她的"查岗"，反而能体会到她的关心和体贴了。在我不讨厌、不抗拒之后，Stella反而很少给我打电话或发短信了。不仅如此，她还总是会用"老公你现在方便吗？""已经没事了，你不用回了，你照顾好自己，我挺好的，你放心！"等温馨而充分满足我被尊信需求的话语。

当然，我跟很多朋友和学员都分享过，我特别佩服我的老婆Stella，她真的非常智慧和伟大，因为她仅用一句话就把我这个多年都难以驯顺的优秀男人给彻底“收买”了。那句经典的话就是：

“老公啊！你做什么我都信任你！支持你！因为绝大部分时间你的决定都是正确的！即使你的决定错了，你也会自己发现并走回来的！”

当时在说这句话的时候，Stella 还列举了我们当初买第一套房、买第一辆车、买第二套房的例子和我的“坦白认罪”等多种事例来证明她说的不是假话，而是真实可信的。我真的很幸运能碰到像 Stella 这样智慧的女人！

同样，不仅是男朋友和老公有被尊信的需求，所有的男人都有这样的需求，如果应用得当，你就可以获得所有男性的钟爱。这一点，我已经在很多人身上尝到了甜头，包括我的爸爸、岳父、儿子、哥哥、男老师、男学员，等等。

小提示 本篇发现的心智模式和实修正悟是：被尊信。

28. 情判：如何让自己变得人见人爱？

小测试 28：受宠指数

你希望自己成为一个受别人喜欢的人吗？ 你觉得在你的父母、亲人、朋友、老师、同学、同事和领导中，喜欢你的人大概有多少个？

回答选项：A. 当然喜欢！好多，数都数不过来　B. 喜欢，有几十个吧　C. 一般，不超过十个　D. 不喜欢，没几个

选项说明：

选了 A，恭喜你！选了 B，还不错！选了 C，提醒你，你有一些自闭哟！选了 D，抱抱你，你已经被深深地伤到了！需要做一些疗愈。

另外，为了便于准确评估，读者可以扫码发“小测试 28”进行互动咨询。

情判——让我在几天内深刻地体会到了人世间的冷暖

在得到 Stella 的信任以后，王刚经理和他老婆的爱情故事就常常出现在我的脑海里。王经理说他本来已经跟另外一个女人订了婚，都准备结婚了。结果在一次偶然的聚会中，他认识了现在的老婆王珊。当时，所有人都在疯玩，只有她一个人在默默地照顾着所有人。王经理很感动，觉得她特别贤惠，就主动跟她认识。王经理很快取消了原有的婚约，最终跟王珊结婚并有了今天的幸福生活。

这个童话般的爱情故事给了我无穷的力量。于是，我终于鼓起勇

气，打电话给小雪说我这次铁定要和她分手了。小雪一听“哇”地哭了，还哭喊着说：“妈——张伟说他真的不要我了！怎么办呀！妈——”“不要你活该！我都看不上你！”我在电话里都能听见她爸爸的怒吼。结果，她妈妈接过电话，一口一个“儿子”地劝我，并建议让小雪周六来上海看我，两个人好好玩玩，再好好商量一下。我心想也好，就算要分手的话，也要好好地分，就答应了她妈妈的建议。

2000 年 12 月 16 日周六上午接上小雪以后，我就不再提分手的事，带她到东方明珠电视塔和外滩一直玩到了晚上，吃饭的时候也一直哄她高兴。到晚上快睡觉的时候，我认真地跟小雪说：“小雪，这次你来上海是我最后一次以男朋友的身份陪你了。你很好，但是我们真的不合适。如果你愿意，我可以把你当成亲妹妹一样对你好，可以吗？”她根本不能接受，异常愤怒地打了我一记响亮的耳光，我的脸顿时觉得火辣辣的。我从小长这么大还从来没有人打过我的脸，我的心不痛，但是好凉好凉。

那天夜里，我们一直都没有睡着。我想了很多很多，想起了小雪和她父母对我的所有的好。我的心又软了，觉得她很委屈和可怜，不是她不好，而是她还小不懂事，我得多让着她和照顾她。于是，我就抱住她，想跟她亲热，跟她和好，好好过。可是，她却整晚都在抗拒和挣脱，这让我彻底绝望了。我觉得我已经做到仁至义尽了！

第二天，我带她一起去王刚经理家里吃午饭。她在吃饭的时候又耍起了大小姐脾气。我就赶紧吃完饭，把她送到了机场。在她登机以后，她妈妈兴冲冲地打电话问我怎么样。我满怀愧疚地说：“阿姨！真的很抱歉！我和小雪真的不合适！您就理解和原谅我吧！”估计她妈妈的忍耐也到了极点，一听我这么说，就直接爆发了：“张伟！你真让我寒心！你果然是只‘白眼狼’！我把你当儿子一样疼了三年！你还就是像别人说的那样！你滚吧！”说完，她把电话给挂了。

第二天是我的生日，我打电话约 Stella 在一家西式的牛排馆吃饭，而且只约了她一个人。她很惊讶，给我带了一个香甜的奶油蛋糕。其实，我内心的情绪非常低落。我一边喝着酒，一边把自己从小到大的故事全部讲给她听，尤其是声情并茂地讲述了自己的三段感情经历。Stella 被我的爱情故事和经历感动得都哭成了泪人。然后，我问她："这就是真实的我，一个有这么多伤痛和坎坷经历的我，你能接受这样的我吗？" Stella 想了想，用鼓励的眼神看着我，温柔地说："纠结于过去的事情没有意义，过好现在和未来的日子才有意义！"

过了两天，小雪给我发短信说："你既然要分手的话，就回北京来处理一下吧。"于是，12 月 23 日，是一个周六，我赶回了北京。在进她家门之前，我的心情很复杂，想了很多很多，要如何面对小雪，如何面对她妈妈，如何面对她爸爸，等等。当我在楼下转了数圈，做好准备，鼓足勇气按响她家的门铃以后，看到小雪一脸冰冷地开了门，和以往的欢快和热情形成了巨大的反差。

我进屋后发现只有她一个人，就问："叔叔阿姨呢？"小雪冷冷地说："他们不想见你！对了，分手可以，你还欠我爸妈四万块钱，你打算怎么办？"她这么一说，我才想起去年我跟他们家借钱，给我父母在老家的县城买了套房。为了让她家放心，我还特地让爸爸在房本上写了我和小雪两个人的名字。一种现实的凄凉和作为一个穷人的自卑立刻侵占了我的心头。我虽然内心很迷茫和无助，但我知道明天还要赶回上海，就咬咬牙说："好吧，你放心，我会在明天中午十二点之前还给你们！"说完，我像个斗士一样走出他们家门。

那几年，我挣的钱都补贴给父母和哥哥姐姐们了，自己没有一点积蓄。从她家出来以后，我立刻给我的兄弟朋友们打电话，跟他们说明情况，希望他们帮我在当天晚上，最晚第二天上午 11 点前凑齐这些钱。让我特别感动的是，我打过电话的朋友都一个个很快就给我送钱来了。阿宝送来 1.5 万块，毛毛姐 1 万块，张志宇 6000 块，刘文 5000 块，张春发 3000 块。当徐清平送来钱的时候，就已经有 3.9 万了。徐清平安慰我说没事，再给你3000块，你现在也需要花钱，就先留着吧！有一两个朋友还怕我难过，就陪着我一起吃饭，并开导我。徐清平还陪我住了一个晚上。

我和原晓晴等环保行业同事的合影，前排左边的是张春发

第二天，我用一个牛皮纸袋把4万块钱装好，想了想，又把那两千块钱也放了进去，然后写了一张纸条装在里面："亲爱的叔叔阿姨：很遗憾，我这辈子跟小雪做不了夫妻。我辜负了你们的厚爱，我对不起你们和小雪！如果你们愿意接受的话，我愿意把小雪当成我的亲妹妹一样，会继续对她好。这两千块就算是4万块钱1年的利息，请你们收下。再次谢谢你们！再一次请求你们原谅！你们的儿子张伟敬上，2000年12月24日。"

我把钱送到了小雪家，她父母还是不在。我把钱和那套房门的钥匙一起放在桌子上，让小雪清点一下钱数。她打开看了看，冰冷地说："谁稀罕你的这点利息！你走吧！"我给小雪说了声对不起，给她鞠了个躬，然后就头也不回地走出了他们的家门。我不记得我是怎么回到上海的，但我一定流了很多的眼泪。

我回到上海后，情绪一直很低落，小雪他们家并没有给我任何回应。我没有想象中那种解脱后的轻松和喜悦。元旦节，我约 Stella 一起去参加在南京路的新年敲钟万人聚会，这让我感觉到了一种新的开始。

那么，我在和小雪和 Stella 两种不同的相处模式中，会发生什么情况呢?

实修正悟 28（情判）：当我们有了需求，我们的内在会本能地对外在的人、事、物（有时候也包括自己）及其对我们需求的关注和满足程度进行评判，这种评判的结果就是情。本书简称其为情判。

如果一个人正好满足了我们所期望的需求，我们对他的情判就是“有情”，这种情判会让我们对他产生认可；如果他满足的程度超出了我们的预期，我们对他的情判就是“热情”，这种情判会让我们对他产生信任和尊重；如果他满足的程度总是持续不断地超出我们的预期，我们对他的情判就是“激情”，这种情判会促使我们对他迷恋、追随或崇拜。

相反，如果一个人对我们需求的满足程度低于我们的预期，我们对他的情判就是“寡情”（不够意思），这种情判会让我们对他产生怀疑；如果他满足的程度远远低于我们的预期，我们对他的情判就是“无情”，这种情判会让我们对他产生厌恶；如果他满足的程度总是持续且远远低于我们的预期，或者无视我们的需求，我们对他的情判就是“绝情”，这种情判会让我们对他产生愤恨，让我们想抛弃或远离他。

需要注意的是，这种情判不仅仅存在于人与人之间，还会存在于人与事物之间，例如：迷上手机、游戏、歌舞、某种运动、宠物、某种氛围和地点，等等。

情判：每个人都会有需求，这就像伸出的手一样；每个人也会满足别人的需求，就像送出的红心一样。如果一个人给出的大于其得到的，他就会觉得对方薄情或者无情；如果一个人得到的大于其给出的，就会觉得对方有情或盛情

很显然，在我和小雪之间，以及我跟她的父母之间，我们满足彼此需求的程度都持续地、远远地低于对方的预期，所以情判的结果就是无情和绝情，出现最后那样的结局是必然的。

我的朋友们也因为及时满足我的需求而得到了我的认可、尊重和信任。特别是阿宝和徐清平，他们让我最为感动，我心里会一直铭记着他们。而对于张志宇，因为我当时对他的期望值很高，所以就觉得他有点不够意思，借给我的钱太少。

我认识 Stella 后，对她的被爱听需求的满足程度应该是远远超出了她的预期，所以 Stella 就对我产生了“迷恋”的情判。而当时，Stella 对我的被尊信需求满足程度还没有超过之前 Amy 给我的感受，所以那时我对她还没有产生“迷恋”的情判。

情判助我最终收获了知心爱人

2001 年元旦过后，我很快就回北京工作了。为了省钱，公司已经提前给我订好了 1 月 13 日早上 7 点飞往北京的机票。我很舍不得 Stella，Stella 也像所有恋爱中的女人一样变得多愁善感起来。在我回北京的前一天，在我还没有下班的时候，她一副失魂落魄的样子，也不跟前台和任何人打招呼，就傻乎乎地站到了我跟前。那天晚上，我和 Stella 吃饭聊到了很晚。她回家后我们又互相发短信，聊到了夜里两点。

第二天早上 5 点钟，手机的闹铃把我给叫醒了。我赶紧穿好衣服，简单洗漱一下，准备出门去赶飞机。打开门的时候，我瞬间被震撼了。Stella 坐在我门外的台阶上，手里捧着一根蜡烛，靠在墙边等着我……

我的眼泪瞬间像洪水一样猛地冲了出来。我扔掉行李，心疼地捧起她的脸，嗔怪说："你来了多久啦？干吗不直接敲我的门呀！"她傻傻地、开心地说："没多久，没事，就是想让你多睡一会儿。"我一把把她搂进怀里，尽情地让泪水流到她的脸上……

我相信当我登机的时候，Stella 一定有肝肠寸断的感觉，因为我经历过。但是，我当时很压制自己的感情，因为我突然意识到自己回到北京已经无处可去，无家可归了。是呀，我去哪里呢？我住哪里呢？我直到下了飞机才想好要给大学的室友阿宝打电话，决定先去他们家凑合一宿。阿宝的老家是黑龙江，他虽然自己挣得不多，却已经把自己的父母和姐姐妹妹都拉扯到了北京。那时候，他在相对比较偏僻的豆各庄租了一套很破的小平房，而且又刚刚在通州按揭买了一套新房子。这次我有困难，他又是第一个主动借钱给我。可以说，在我"虎落平阳"的时候，阿宝和他的家人给了我最大的温暖。

第二天，我就开始到处找房子租，并在租上房子的当天就住了进去。毛毛姐也把我的一些物品给我送来了，是小雪和她妈妈扔到她那里去的。她们不想再见到我了，为了避免我回北京去拿自己的东西，就提前把我的东西扔到毛毛姐那里了。我估计她们没少拿毛毛姐和阿宝撒气，就问毛毛姐是不是这样。毛毛姐眼圈一红，说："是的，她们没少骂我和阿宝，因为她们觉得就是我和阿宝怂恿你跟小雪分手的。"

大学室友合影，后排右一是阿宝

2001 年春节，身无分文而且欠了很多债的我没有回家过年。Stella 的电话和短信几乎成了我全部的精神支柱。我很想念她，想让她到北京来。她很为难地说："不行啊！我的工作倒好办，可以跟领导申请调到北京办事处去。可是，我们家没有儿子，而且爸爸妈妈刚刚好不容易才从新疆建设兵团转回上海，他们绝对不会让我离开上海去北京的。"我想想也是，就先放弃了让她过来的想法。

春节后，有一次 Stella 要去泰兴出差。在从泰兴返回上海的时候，她没有回家，而是瞒着她爸爸妈妈悄悄坐上了来北京的火车。这可把我高兴坏了，我邀请阿宝一起跟我去火车站接她。Stella 在北京待了一天就匆匆忙忙地回上海了。在她回上海后，我便做了一个非常大胆的举动。我跟 Stella 要了她们家的电话，而且知道她们家是她妈妈做主，我就直接拨通了她们家的电话。我对她妈妈说："阿姨你好！我叫张伟，是 Stella 的男朋友。我非常非常喜欢她，并希望她能到北京来，您看可以吗？"在电话里，感觉 Stella 的妈妈很温和大度。她问了我一些基本情况以后，就说："行！我知道了。不过我从来没有听 Stella 说起过。等她回来我问问她，让她自己回答你吧。"

2001 年 4 月 23 日，Stella 终于离开上海来北京工作了。我约了常用的出租车（那时候，我们外企上下班和业务打车的费用全部可以报销）去首都机场接她。司机陈永生一听不仅早早地就来接我了，而且还说绝对不收钱，高兴得就像是去接他的女朋友似的……

在我写这本书，特别是从第 26 篇开始，我的写作进度就开始慢得离谱，因为我的眼泪总是会禁不住流下来。其中流泪最多的时候就是因为 Amy 和 Stella，虽然 Stella 现在已经是我的老婆了，而且我们还朝夕相伴，但在写到她捧着蜡烛在我门口等我的时候，我还是会泪如雨下，感动不已（当下也是这样）。

我很感动，因为 Stella 的那次凌晨送别，跟我有时候的行为一样地真，一样地傻，就像我当年熬了整整一夜，最后把一张小手绢按到 Amy 的手心里一样。不仅如此，她还悄悄地来北京看我，并为我来到北京工作，这些都大大地出乎我的意料，让我也对她产生了"迷恋"的情判。

读者如何成为一个人见人爱的有情人

当我们知道了情判的原理后，要做一个人见人爱的有情人就不难了，不仅如此，还能让认识你的人跟你越处越铁，对你终身不忘。

先给大家介绍一个我总结的小工具，叫“人见人爱五部曲”。第一部曲，肯定对方的身份并表达对他的欣赏和感激；第二部曲，告诉对方自己想跟他说的事情对他有什么好处；第三部曲，告诉对方这件事如果不做的话，对他有什么损失；第四部曲，询问对方的意愿度（也就是感兴趣的程度）；第五部曲，在对方意愿度极高的情况下，说出需要对方接纳、参与或执行的事项。

2014 年，我和老婆对儿子都很发愁，因为他老宅在家里玩电子游戏。我们想给他报个篮球班，可说了几回他死活都不愿意去。

于是，我花了很多心思，琢磨出一套话术。我跟他说：“儿子，爸爸觉得你是一个非常有篮球运动天赋的人！因为你知道爸爸打篮球打得不错，但我并没有你的天赋好。你看你乐感那么好，爸爸就不行。”儿子先是很怀疑，当听到乐感的时候，他非常认同地点点头：“嗯！对呀！”（一部曲完成并奏效了！）

我接着说：“如果你打篮球打得很好的话，将来就可以代表班级打比赛。你们班的男生女生就会像看到英雄一样对你喊：‘张宇轩好棒！张宇轩好样的！哇！太牛了！哇！太帅了！我喜欢！’比赛结束后，你最喜欢的班主任魏老师也会说：‘首先要感谢咱们班的篮球英雄张宇轩给班级做出的巨大贡献……’”（二部曲还没说完！）

我本来还要描述一段“他因为不会打篮球而在体育课上被同学和老师嫌弃和笑话”的场面（三部曲还没开演），儿子就立刻跟我们说：“好吧！快！立刻给我报个篮球班！”（四、五部曲已经免了。）

2017 年 4 月，我和儿子去陈经纶中学考察“小升初”的一些情况，我和儿子联手在篮球场上打赢了三个比他高一头的初中生。他们都惊呼：“哇，这小孩好厉害！”

儿子在参加专业篮球训练的照片

其实这个工具就是我根据情判的原理，并结合实际需求总结出来的，关键就是一句话，要多关注和满足别人的需求。至今已有数千人在使用这个简单高效的小工具，其中“北京启明幼教”的一些老师用了，特别有收获和体会。

当你用得熟了，就会发现这和佛学经典的思路是一样的。首先要认可每个人是有佛性的，接着把因果关系（好处和坏处）给他讲清楚，然后让他自己做选择，有意愿就让他做，没有意愿就等缘分到了再说（这也就是真爱）。这样的做法常常会超出他的预期，久而久之，他就会对你产生极高的信任、尊重，甚至崇拜、追随你（积极正面的情判）。

2016 年我自己创办了培训公司并开办“疯说真相”系列公益课程，

因为课程的价值远远超出学员们的预期，有很多学员对我非常尊重、信任和崇拜。

2016 年 12 月 24 日到 25 日，我邀请我老婆的闺蜜郇菲（实修正悟 8 和 19 中提到过）来北京参加我开办的“疯活年会”。她对学员的这种信任和崇拜很不理解，甚至有些排斥。

用她自己的话说就是：“我当时是以自己十多年对心灵成长的研究而自居的，开始是以一个旁观者的身份来参加你的年会的，想看看这个十几年前很自以为是的张伟，是不是又一次要在心灵成长上自以为是了。所以，在整个年会中，我一直拿张伟和之前我碰到的一些海外的大师（比如当代萨提亚模式的“泰斗”玛莉亚·葛茉莉（Dr. Maria Gomori）博士，冰山理论运用得最好的约翰·伯曼（John Banmen ）博士）做了比较。”

会后，她对闺蜜（我老婆）说：“我看到的那些能为人心理开刀，但缝不起来的咨询师太多了，所以我对心灵成长是非常敬畏的，越学越不敢说自己会。不过，看来你的老公是真的有功力，误人子弟是肯定不会了。虽然他没有那些世界著名的大师年长，也没有他们那一套完整的理论体系；但他确实整合了各个领域大师们的理论并能融会贯通，最难能可贵的是还都融入了自己的实战经验，确实够牛！”

这样的体验和感受也大大超出了她的心理预期，从此，她开始真正从心里尊重我的“疯说真相”，并体会它的实际应用。

她感叹道：“我是个很反权威、很讨厌个人崇拜的人。但当有了一些体悟，套用仓央嘉措《见与不见》诗中的描写就是：世界万物运行的规律（真相），你见或不见，它就在那里，不增不减。世界著名的大师也不是创造规律，而是把规律让大家体验到，而张伟做的也正是此事。既然我从他的“疯说真相”里，都和我自己的学习体系一一找到了对应，那么就没有必要执拗是谁呈现，而是要关注规律本身了。”

今年 3 月，我去上海并在她家举办了一次沙龙。在这三个月中，她已经开始使用我的很多方法去觉察了，结果发现自己和家人都很受益。她由衷地对我说："我终于发现，跟你相比，我自己仅仅是知道得多，而用得太少了！"于是，她开始虚心地跟我讨论并实践起很多问题了。

4月19日，她发微信说："我觉得我还是有几个坎儿突破不了：一、在众人面前分享会觉得不自在；二、担心自己的分享对别人没价值；三、不知道分享什么；四、不习惯lead整个过程，不习惯做leader，喜欢做合作者或倾听者……"

后来，邬菲明白了，不是我需要并制造了学员们对我的崇拜，而是我的沙龙和课程总能满足并超出他们的预期，所以使他们产生了追随和崇拜的情判。

这个"人见人爱五部曲"的工具，当我们用得很多的时候，就会把它变成一种本能，这就是恢复了我们的慧能。

5月20日那天，我在写书的时候累了，觉得头晕得厉害，就回家去了。老婆让我领红包，我一看是5.20元。我假装不知道，偷偷问儿子该怎么回发，儿子偷偷说就发131.4元，我就发了。我的文章正好写到爱情这一段，就一家三口一起回顾了我和老婆的恋爱经历，这样过"520"超出预期，一家人过得非常温馨和感动。

在写到阿宝对我的帮助时，我不禁泪流满面，给已经安家在天津的他打了一个电话。我们聊了半小时，都非常感动。聊完后，他又发来一条微信。

"其实，我也一直怀念我、你和毛毛姐三个人一起吃土豆丝、麻婆豆腐和红烧带鱼的日子。希望哪天毛毛姐不忙，我们三人聚在一起，一起重温一下那些难忘的时光。"

显然，我这样的举动也超出阿宝的意料，让他产生了极深的情判，我立刻回复说："好！"

这几年，我参与和指导了很多商家的产品和服务设计，其中就要用到情判的规律。设计大咖们常常挂在嘴边的话是："我们设计的产品和服务，一定要超出客户预期的体验和感受！只要做到这个，客户就会痴迷于我们！"还有自认为更牛的人会说："对，只有让客户痴迷了，即使我在睡觉的时候，他们都会拼命地帮我们挣钱！这就是躺着也能挣钱！"

说实话，这种赚钱的思路和商业模式是非常不错的，毕竟绝大部分人是不懂这个规律而会深陷其中的。而我的首要需求不是赚钱，而是帮助人，所以我用这个规律开办了"疯说真相"系列公益课程。在这个意义上，我的工作室和寺庙、教堂的功能是一样的，所以人气很旺就是必然的了。

今天，在我最后修改本书的时候，邬菲又给我留言说："张伟，我真的还想再补充一段我的真实感受。你的这套东西为什么会打动我，有两个原因。一是你讲的这些东西真的是存在的规律，我们需要去尊重和学习。二是我亲眼看到和感受到了你和 Stella 以及你们家庭的幸福，这让我感到这是可以成为事实的！我还想 7 月份在上海组织几次你的沙龙……"

小提示　本篇发现的心智模式和实修正悟是：情判。

29. 恋己：如何找到自己的最佳恋人？

小测试 29：恋人满意指数

你谈过恋爱吗？如果有，你对你的恋人满意吗？

回答选项：A. 谈过，我很满意　B. 没谈过，但是我想我会满意的　C. 谈过，不满意　D. 没谈过，也不想谈了

选项说明：

选了 A，恭喜你，你太幸福啦！选了 B，加油，你会体验到的！选了 C，提醒你，好好看看本节内容吧！选了 D，抱抱你，你受伤了，需要疗愈！

另外，为了便于准确评估，读者可以扫码发“小测试 29”进行互动咨询。

恋己——恋爱中唯一不变的规律

除了我上面讲述的四段相对长期的恋爱经历以外，在我的生命中，还有不少没有开始或者非常短期的恋爱经历。我相信很多人也会跟我一样，这些都是我们人生丰富而真实的经历。

我在刚上初一的时候，就有一个长得不漂亮，学习也差的女生（华）给我写了一封情书，托一位很漂亮的女生带给了我。我还以为是这个漂亮女生自己写的就收下了，后来一问不是，就立刻还给她了。

后来，班上还有一位同样长得不漂亮，学习也比较差的女生（梅）

一直很喜欢我，对我特别好。我本能地想狠狠地骂她一顿，让她不要异想天开了。但是，想想自己是团支部书记，而且她的朋友很少，也怪可怜的，就一直委婉地拒绝她。结果，她却一直执迷不悟，搞得我整个初中都被她的事搞得很郁闷，以至于20多年后她来北京跟大家聚会，我都不想见她。

2017年春节期间，我在老家牵头组织了一次高中同学聚会，有一个当初上学时很优秀和活跃的女生（颖）没有来。那天见我们喝酒唱歌，玩得很嗨，她觉得我们喝多了就在群里说，她在上高中的时候其实最在乎的就是我。当然，我那会儿心思全在Amy身上，对其他女生几乎视而不见。她说她很喜欢我，觉得我身上有一种贵族气质。她这么说我倒想起来了，她本身就是一个很洋气的女孩，有一种高贵的气质。记得有一次她来我家玩，我的一个初中同学夏寿斌（现在改名夏阳了）正好也在，三人一起翻看我的毕业留言册。当夏寿斌看到她的照片时，忍不住赞美说："这个女孩挺好！好像一个外国人似的！"我笑了，指着她说："嗯，就是她呀！"大家都乐了，笑成一团。不过，说实话，总体上感觉她在上高中的时候性格不够阳光，有些孤僻，而且情绪起伏很大。这跟她的家庭背景有很大的关系。

在大学的第一学期，开学一个月后我便给Amy写信，希望结束我们的"地下恋情"，正式跟她确认恋爱关系，结果她一直没有给我回信。当时我们宿舍里有两个哥们儿就天天在睡觉前谈论班上的一个漂亮女生（婉），简直对她暗恋得不得了。一方面我听得烦了，另一方面也引起了我的好奇。于是，我就约那个女生看电影、打乒乓球，并很快跟她好上了。在第一学期结束后，她送我坐火车回家时，我本来想亲吻她，却突然发现她的面部皮肤并不像从远处看着那么好，就立刻打住了。那次一回去，我就跟Amy明确了恋爱关系。我跟那个女生的恋爱关系就不了了之了，她也一直没有问过我。毕业时，她对我的评价是："你是一个坏人中的好人，好人中的坏人。"我觉得很对，这句话符合我，更符合她。因为她一方面对人很真诚，另一方面也总是让我看不懂，老是说一些让人不知是真是假的故事。

此外，在大学期间，有一个非常聪明的学霸女生（瑶）一直很喜欢我。我不喜欢她，因为她不仅长得胖，而且总是一副盛气凌人、压人一头的样子。她跟所有老师的关系都非常好，而且总会坐在第一排中间靠左的位置。而我呢，也从小就喜欢坐第一排中间的位置，所以就经常坐在她右侧的位置。同时，因为我是班长，经常要给一些思想有些偏颇或尖锐的同学做工作。这可能让她产生了误会，以为我也喜欢她，就经常来找我，这让我很烦。但是，跟对待初中那个女生一样，我会给她留一些面子。还好，大学毕业后她就明白了，我也解脱了。她对我的评价是，“你是一个永远不会让爱你的人省心的人”。我觉得很对，这句话符合我，也更符合她。因为她那时候每时每刻都没有停止过证明自己和挑战别人。

工作后向我表达过爱意的女孩比较多，为此，在我能做主的时候，我还特意不“录用”长得好看并容易动感情的女人。其中有一个女生（馨）在她说有些喜欢我的时候，我随口就把她推荐给了我的一个哥们儿，结果她很生气。她这一生气反而让我有些动心了，就想跟她好，结果她又嫌我学历不高，不理我了。在我找了三次她都不理我的时候，我的自尊心受伤了。后来，当她回过味来找我的时候，我已经对她没有感觉了。不过，她喜欢并推荐给我的世界名著《飘》和歌曲《祈祷》后来对我的人生启发极大，让我很受益。

当然，现在大家都人到中年，同学聚会的时候会爆很多的料，我才知道了原来当初喜欢我的女生居然那么多，不过这也跟我的学习成绩好和当时是班干部有非常大的关系。

特别有意思的是，当我把所有的恋爱经历放在一起对比和归纳时，就会发现一个令人惊讶的相同的规律。

世界名著《飘》

实修正悟 29（恋己）：当一个人对我们自己需求的满足程度总是持续不断地超出我们预期的时候，我们对他的情判就会很好、很高，就会本能地促使我们对他产生迷恋、追随或崇拜的行为，这个过程就是恋爱。如果是双向满足就是正常的恋爱，如果只是单方满足就是所谓的单相思。特别重要的是：我们的需求和预期完全是由我们自己的喜欢选择和决定的，所以恋爱的本质就是恋爱自己，恋人的好坏程度也就完全等于自己的好坏程度。因为比我们自己好的，人家看不上我们，比我们自己差的，我们又看不上他们。本书简称其为恋己。

很显然，上面故事里的女孩（名字分别为华、梅、颖、瑶），甚至还有小雪，都不能满足我的需求，她们不能让我恋己，但我的某些言行却会远远满足她们预期的心理需求，例如：她们内心会担心我可能会拒绝、讨厌、嫌弃或远离她们，而事实上我并没有，这就使她们产生了单方面的恋己。这种恋己往往不是我对她们好，而是她们对我的预期逐渐降低而形成的，这也是会出现追星族和单相思者的根本原因。

Mary 和馨不一样，她们是在我这里找到了恋己的感觉，然后就对我好，也让我在她们身上有了恋己的感觉，但只要我不持续满足她们，她们就离开了。

Amy 和、婉的情况正好与 Mary、馨的情况相反，我先在她们身上找到了恋己的感觉，然后就对她们好，也让她们在我身上有了恋己的感觉，但只要我不持续满足她们，她们也就离开了。

最终幸运的是碰到了 Stella，也就是我的老婆。我先在她身上找到了恋己的感觉，然后就对她好，也让她在我身上有了恋己的感觉，我们对彼此的感觉在一直持续，就终于走到了现在。

其实，对于这一点，我在实修正悟 21（悦己）中就说过，我在小时候特别喜欢两个人，一个是男生李小林，一个是女生（红德）。喜欢红德是因为她最像我妈，而最后才发现我的老婆 Stella，才是真正最像我妈的那个人。恋爱爱的并不是外表，而是人的内在，最终爱的是

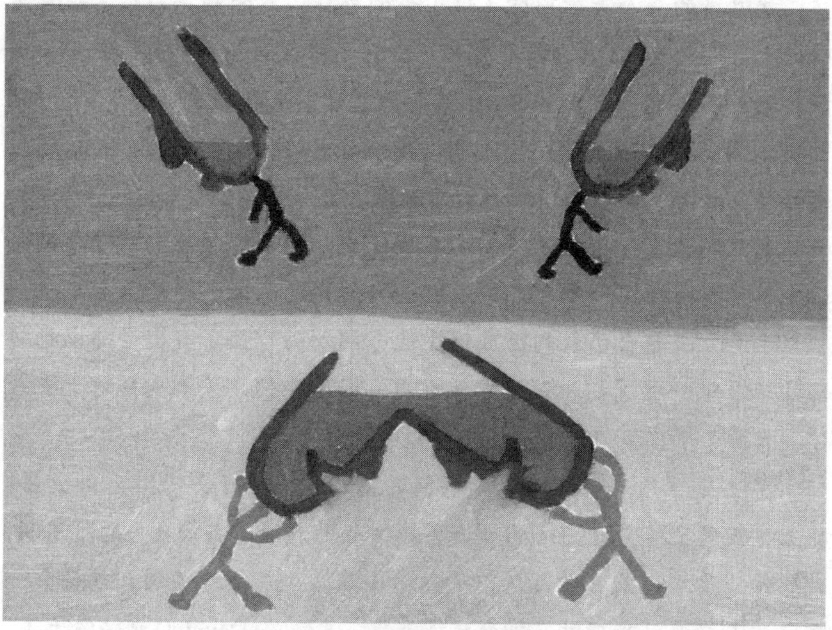

恋己：恋爱就像两个装了同样多水的杯子。如果水都很少，
就会互相争抢不欢而散，如果水都很多，就会互相给予相依相伴

自己的内在。“红德”这个名字虽然有偶然性，但也很能解释一些内在的规律。

更深地说，恋己就是最亲密的一种悦己，是可以让身体和心灵通过性完全融合的悦己。悦己就是广义的恋己，是超越了性和身体的一种升华了的恋己。

懂得恋己让我拨开了情感的迷雾

2011 年，我因为深度抑郁而被迫辞职，还有一个主要的原因就是感情的问题。因为我老婆 Stella 跟我说：“我得要保持优秀，努力挣钱！万一哪天你不要我了，我还可以养活自己和儿子！”她的话一方面让我很委屈和难过，另一方我也深深知道，她有这样的想法也是我造成的。

就像我的一个大学同学（瑶）说的那样，我的确是一个不让人省心的人。即使 Stella 的内在非常好，好到了跟我妈妈一样好的程度，可我却始终有些遗憾，就像 Stella 刚来北京时，很多朋友说的那样，“她长得不漂亮，配不上你，你还可以找一个更好的”。虽然跟 Stella 已经结婚多年，可我的这个遗憾和幻想始终没有放下过。这种感觉和幻想，虽然我从不说，Stella 也完全可以感受得到。这种事情在两口子之间是根本不可能藏得住的。这就是 Stella 会那样说的原因。

于是，我想自己找到彻底解决这个问题的办法。我去寺庙求神拜佛没用，跟一些哥们儿探讨更没有用，因为他们几乎都觉得这太正常了，只要干了坏事不让老婆抓住或知道就好了。

2011 年 9 月，我辞职后以顾问的身份陪 David 去四川乐山出差，晚上吃饭喝了不少酒。David 说非常感激我的栽培，要请我去歌厅唱歌，我欣然同意了，就在歌厅认识了姑娘小燕。小燕挺漂亮的，就是有一颗门牙不好看。我那时候抑郁症很严重，也不在 David 面前端架子了，就搂着小燕一边唱歌一边流泪，尽情地释放自己压抑的负能量。估计我这样的人小燕见得太多了，很会逢场作戏，她很配合我，像老婆一样顺着我，陪着我难过和释放。最后我唱爽了，也唱累了，就和 David 回宾馆了。

第二天，David 要回北京了，我却突然不知道要去哪里了。就是我在本书第一篇开始描述的那样，觉得很压抑，没有地方可去，没有地方可藏。我想起昨天留了小燕的电话，就打电话约她跟我一起去峨眉山，看看能否碰到个高僧给我点拨一下。小燕答应了，但她撒谎了，我等了她一天都没来。第二天我又给她打电话，她来了。我租了辆车，我们一起去爬峨眉山，玩得还不错，可我却没有碰到点拨我的高僧。我只好把小燕送回去，悻悻地去成都找我老婆的妹妹和妹夫玩去了。

他们俩见我来很开心，利用国庆节假期，开车带我去剑门关和昭化古城玩了一圈。最后，他们把我送回老家，跟我哥哥嫂嫂和父母玩了两天后就回去了。我在家待了一周，还是觉得心神不宁，就又打电话约小燕去九寨沟玩。小燕说可以，不过要带着她的亲妹妹一起去。我猜她是不放心，就同意了。这样我就在成都租了辆车，带着她们姐妹俩去了九寨沟。

我们在九寨沟游览了一天，沟里的风景太漂亮了。景区很大，占地面积约 64297 公顷，我们就想办法住在了景区里的藏民家里，这样第二天还可以接着游览。晚上，一大群人一起唱歌喝酒，很开心，很热闹。中途她妹妹说累了，不舒服，就先回去睡了。后来我们又约了几个人一起到我的房间里打牌，小燕在旁边看着我们打。等其他人打累了，都走了，我便邀请小燕去外面的寨子里走走。

九寨沟几乎没有任何污染，夜里月光皎洁，繁星满天，地上的景物清晰可见。我们在寨子里一边走一边聊天。我对小燕很信任，就开始倾诉自己的压抑，把自己的所有感情经历，做过的错事和现在跟老婆关系的困惑等等，都跟她说了。小燕一直认真地听着，并不时地被我的故事感动得流泪。等我说完后，她轻轻地说："大哥，我能理解你，你也不容易！不过，嫂子真的很好！你要对她好，不能做对不起她的事情！"小燕的这段话完全出乎我的意料，因为这根本不像一个在歌厅里工作的女孩子说的话。她语气虽然很轻，但分量却异常重，我也从内心深处对她产生了一股由衷的敬意。刚好自己也倾诉完了，心情好了很多，我就对她说谢谢，并把她送回她妹妹房间睡觉了。

第二天，我们接着游览九寨沟，可是没看多久，我们就渐渐地习惯了，不再像第一天一样尖叫个不停和觉得很稀奇了。最后游览完，我们脑中就剩下了一个字：累！于是，我们早早地出了景区，开车到九寨沟县城里，挑了家不错的宾馆住了下来。

那天夜里，小燕主动给我们讲她自己的故事。我们三个人就调暗了房间的灯光，喝着啤酒听小燕讲故事。原来小燕已经结婚了，并有一个孩子。本来她跟老公包了片地，种树挣了一些钱，过得还不错。

结果两年前她老公却喜欢上了酗酒和赌博，现在家里根本过不下去了。没有办法，她只好把孩子扔在家里出来打工挣钱，因为没有文化，就只好在歌厅里上班了。

那家酒店的屋顶中央有两片透明的玻璃瓦片，小燕的故事一直讲到了后半夜。月亮已经升了起来，清纯的月光穿过玻璃瓦片照下来，正好照在小燕的脸上，映射出她那伤感的样子，一切是那么朦胧，那么美……

那天我们一直聊到了凌晨5点，她们才回自己的房间去睡觉。我却一点也不累，反而非常兴奋和开心，因为我终于把多年来一直困扰和纠结自己的问题解决了。

我突然顿悟自己其实就一直活在虚幻当中：如果要说美，恐怕没有几处景色能比得上九寨沟了。可是，一旦你身临其境，就会很快适应它的美。不仅如此，当你身体走累了，就不仅不会欣赏，还会埋怨景区太大了、不方便，等等。相反，我明明知道小燕在歌厅上班，又没有什么文化，有颗很难看的门牙，而且看得出她的真睫毛都快被假睫毛给遮没了，但因为我和她之间有距离，我就会觉得她很好、很美。

那天的顿悟让我非常开心，让我突然明白了自己的幻想和所爱的人绝对是跟自己的意识和想法有关系的。我突然有了一种得道的喜悦，就突然很想回家了。第二天，我们就开车回了成都。在回北京的飞机上，我突然发现好像每一个女人都很漂亮，我似乎分不出美丑了。到家后，我欣喜地把我在九寨沟的收获，向老婆做了坦白和分享。

在这次神奇的旅途中，我一来一回两次经过汶川，也让我产生了去汶川支教的想法。可以说，这种对恋己的初步醒悟，不仅让我不再做恋爱（跟Stella）的逃兵，更是我自救和自我疗愈的一个重要的里程碑。

读者如何找到优质的恋人

首先要懂得恋己的概念，不要再把问题推给恋人，说是自己找错了对象，或者认为自己很倒霉，碰上了错的人。

2013年2月11日，当时我在诚泉文化的“里程”课程中担任教练。有一个叫常轩的学员在工作中碰到了大问题，他们公司代理的“萨提亚家庭治疗”课程18日就要开课了，这个课程需要有20个学员才能开班，但当时他们花了两个月，才有4名学员确定参加。

他觉得是他老板思路的问题，为此感到异常沮丧和无能为力。我一问，才知道他的老板就是我在浩途俱乐部的高级会员朋友彭焕文，于是就出手帮助他们，并最终在一周内创造了招满20名学员的奇迹。他们为了感谢我，就给了一个免费参加学习的机会。

在那次课程里，蔡敏莉老师通过形象的案例和比喻给学员展示了恋爱的实质就是爱自己的原理。她在白板上画了四个完全一样大的杯子，上面两个杯子里的水的刻度一样，都很少。下面两个杯子里的水的刻度也一样，都很多。

蔡敏莉老师指着白板说：“其实，每个人都像一杯装了水的杯子，里面水的多少就是你爱自己的多少。每个人都只能找到跟自己的水一样多的杯子，就像上面这两个和下面这两个一样。”

“如果你爱自己越少，你杯子里的水就越少，你找到的恋人的杯子里的水也就越少，你们就都缺少爱，都想跟对方要。但是，即使对方把他的水都倒给你，你的杯子却仍然填不满，你还会要，对方却根本没有了。这样的结果只有两个：一是一方被吓跑了，二是两个人互相指责而且不愿意主动付出了。”这时候，大家都惊呼说：“对呀！就是啊！”

“相反，如果你爱自己越多，你杯子里的水就越多，你找的恋人的杯子里的水也就越多，对方只要给你一部分，你的杯子就满了，你自然就会给他倒一些回去。这样两个人就会经常互相爱对方了，所以爱自己才是最根本的！”

说完，蔡老师还让我们拿着几个抱枕来模拟这个过程，大家全都一下明白了。

这次课程让我收获很大，不仅给我的实践感悟提供了理论支持和依据，还让我认识了赵学文老师和辜韦维老师，还跟海文颖老师做了同学，帮助人的结果是我赚大了。

我的两本人体知识工具书

事实上，在这次课程之前，关于什么是爱的探讨，我已经写了

五六篇博文。在这次课程以后，我便开始研究和探讨什么是爱自己，并也先后写下了四五篇博文和微信文章，最后终于形成了自己总结的真爱自己实际操作指导工具。

有一次，我在我的“疯说真相”公益沙龙中分享了什么是真爱，然后让大家做真爱自己的测试。我说一共有六条，每项满分为 100 分。

我说：“一、了解并掌握关于自己身体的规律和知识。”我刚说完就有人说：“这个我还行，能打个 50 分。”我就让助理海龙把我那两本工具书——《男性的身体》和《女性的身体》搬过来。每本书有 100 多页，光目录就把在场的人看服了。然后，就有人说只能给自己打 30 分、25 分，还有人说只能打 10 分。

当大家有了正确的领悟后，我带领大家逐条把其他五条测完。“二、正确使用和维护自己的身体。三、了解并掌握自己的心智模式和情绪变化规律。四、合理掌控自己的情绪并能熟练运用自己的情绪。五、只做让自己感到有价值并且符合规律和规则的事情。六、有信仰，对信仰能够做到完全相信和全然托付。”等大家测试完之后，我便给大家分享上面蔡敏莉老师教的那两个比喻。

自从我的公益沙龙开播以来，已经有数千人通过现场和直播而受益。今年 3 月，有一个叫周丽丽的学员来参加我的沙龙，她是北京优礼网络科技有限公司的高管人员。她参加完后很受启发，立刻对照执行并经常给别人分享。

4 月，她在我的“疯活微信群”和沙龙里分享说：“能遇到张老师，我太幸运了！现在我已经学会怎么真爱自己了！现在我的老板特别信任我，客户选定我们方案的比率也提升了，家人很喜欢跟我聊天，我的供应商们都争先恐后地邀请我给他们公司做培训和分享。关键是，我还找到真爱自己的人！这种感觉真是太美了！”

学员周丽丽，她还有一个双胞胎妹妹周玲玲，
跟她长得一模一样。6月16日，她们来参加沙龙，我们根本分不出谁是谁

还有一位跟我学习了近半年的学员最近分享说：

“有一个男人给我发了一条信息，是一首诗。在诗里，他表达了困难中的人需要一个可以依靠的肩膀，需要安慰和力量。”

“我懂得，过度索取与过度自我牺牲的人，都是因为生命缺乏力量。”

“换作从前的我，一定母性大发，伸出手拉他，让他早日脱离水深火热，并需要在被别人认同中才能有自我存在感。这就是为什么有的人会被渣人拉入深渊！”

“今天我只倾听了他一下，然后淡然地引导他去思考。一个有力量的生命，不会依附他人而找到存在感，也不会靠索取他人来填充自己。”

很显然，通过半年的学习，她已经逐渐发现了自己的很多心智模式，提升了真爱自己的能力，当然就不再与她所谓的“渣人”同频了。

非常感谢我的学员们！在我闭关写书的一个多月里，我把像李晶和周丽丽这样的十多名学员（包括我老婆在内）推荐给了群友们，他们都已经可以很好地为别人提供公益辅导了。

小提示 本篇发现的心智模式和实修正悟是：恋己。

30．真爱情：怎样才能获得纯真的爱情？

小测试 30：爱情存在指数

你体验过纯真的爱情吗？如果没有，你相信有纯真的爱情吗？

回答选项：A. 体验过，我当然相信　B. 没体验过，但我相信有　C. 体验过，但现在没有了　D. 没体验过，也不相信会有

选项说明：

选了 A，恭喜你，你太幸福啦！选了 B，加油，你会体验到的！选了 C，提醒你，好好看看本节内容吧！选了 D，抱抱你，你受伤了，需要疗愈！

另外，为了便于准确评估，读者可以扫码发“小测试 30”进行互动咨询。

真爱情——我生命中最珍贵的礼物

在我个人珍藏的物品里，有一张盖满了五个鲜红印章的《毕业生申请计划表》，它一直默默地述说着我和 Amy 曾经的爱情誓言。

1995 年春节，因为心里有事，我过得不踏实。我盼着春节赶快过完，好马上去成都。因为我要履行我的爱情誓约，我要为了 Amy 回到成都工作。就在春节前，我已经找好工作单位，并已经盖齐了成华区主管部门的公章，只是没有得到成都市市级主管部门的审批通过。原来，负责的领导说我是大专生，学的专业又不是成都市急需引进的，

所以资格不够，不符合标准，不给盖章。我跟他说了好几遍，给他看了我被准许留京的工作批文也不管用，就只好先放弃，回家过年了。我决定再次出马，而且一定要把这个领导搞定，让他盖章。

在我去成都的前一天晚上，Amy 脸色煞白地来找我，我知道她肯定又是身体不舒服了。我那时候不太懂，只是知道她每个月都要生一次大病，而且每次都是脸色煞白，身体非常虚弱。我还问过她的姐姐，她姐姐很害羞地说就是痛经，每次都会流很多很多的血，不过我还是不懂。

那天 Amy 看起来非常虚弱和脆弱，她一见到我就开始掉眼泪。我第一次见到她这个样子，当时就吓坏了，有点不知所措，就赶紧去抱她。她抬起泪眼，哀婉地跟我说："我怕失去你！" 我更加不知所措了，赶紧问她："为什么呀！" 她从衣服兜里拿出了一张信纸。我赶紧打开一看，上面写着："I am afraid of I am going to die..." 我惊恐万分地说："我也害怕失去你！" 然后一把把她搂在了怀里。我们俩哭成了一团……

我不记得我们哭了多久，但我很清楚那种彼此珍爱，捧在手里怕掉了，含在嘴里怕化了的感觉。后来，我鼓励她要坚强，并告诉她等我的好消息，如果有特殊情况，我会给她打电话的。她把叠得很小的几张钱放进了我的手心里，让我去成都的时候用。我打开一看，整整 300 块，就不好意思要。她拉着我的手，轻松地说："放心吧！这只是我今年的压岁钱！我还有不动产呢！" 那时候爸爸因为我要回成都工作的事很不开心，不搭理我，要没这钱，我还真去不了。于是，我就满怀感激地收下了。

我带着对 Amy 满满的爱到了成都，找到了那个领导，他还是不给我盖章。我往他办公室的中间一站，做了一段非常慷慨激昂的即兴演讲："主任您好！首先，我既然能拿到留京工作的指标，就证明我是从全国考到北京的大学生中最优秀的那 10%！现在用人单位都已经同意了，而且现在成都的化工行业本来就很落后，作为一个四川人，我现在愿意主动放弃留在北京工作的机会，想回成都为家乡做一些贡献。您还要犹豫吗？”那位主任有些诧异地看着我，深深地吸了口气，拿起钢印，沾了沾印泥，重重地盖了下去。

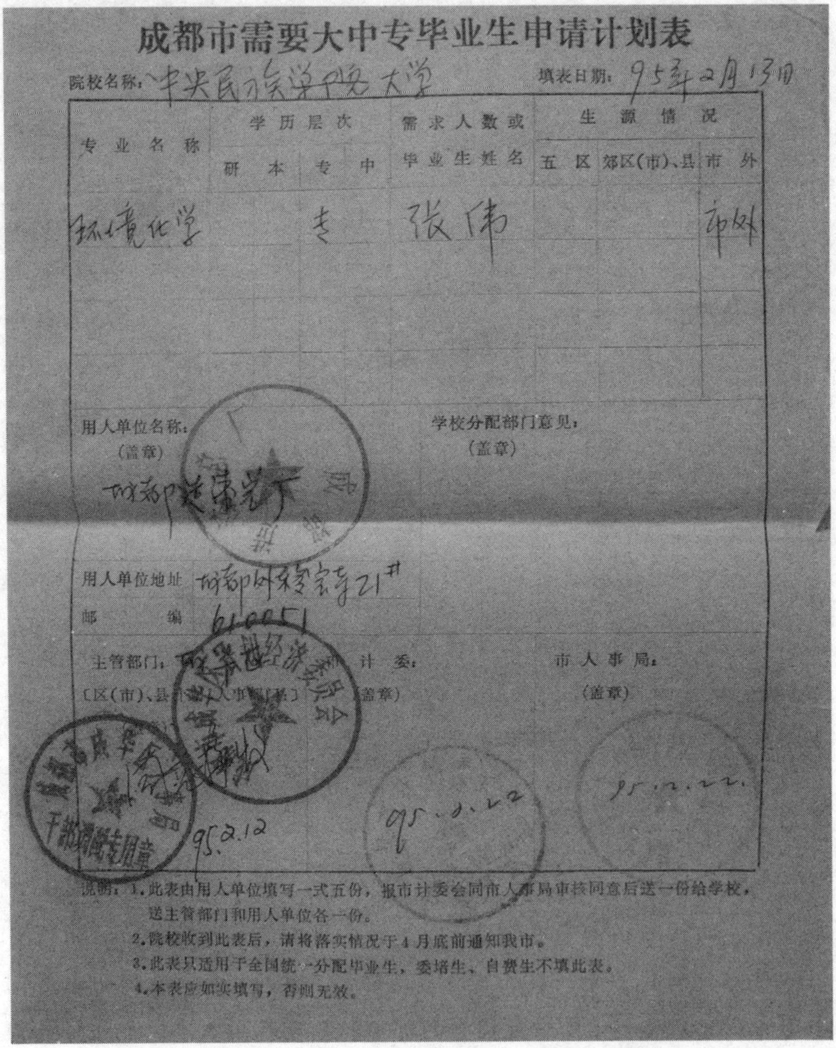

成都市需要大中专毕业生申请计划表

院校名称：中央民族学院大学　　填表日期：95年2月13日

专业名称	学历层次				需求人数或毕业生姓名	生源情况		
	研	本	专	中		五区	郊区(市)、县	市外
环境化学			专		張伟			市外

用人单位名称：（盖章）　　学校分配部门意见：（盖章）

用人单位地址

邮编 610051

主管部门：　计委：　市人事局：

〔区(市)、县〕人事局〔科〕（盖章）　（盖章）

95.2.12　95.2.22　95.2.22

说明：1.此表由用人单位填写一式五份，报市计委会同市人事局审核同意后送一份给学校，送主管部门和用人单位各一份。

2.院校收到此表后，请将落实情况于4月底前通知我市。

3.此表只适用于全国统一分配毕业生，委培生、自费生不填此表。

4.本表应如实填写，否则无效。

尘封的毕业生分配计划表

当天晚上，当我满怀欣喜地跑到她家，要告诉她这个好消息的时候，才知道她病得很严重，已经住院了。她妈妈说：“她昏迷了几次，每次醒来的第一句话就说你可能要打电话回来！”我本来想立刻就去医院看她，她妈妈心疼我，让我先回家休息，明天再去。我哪里能安心回家，一个人在大街上来来回回地走了整整一夜。我想对她好，想给她准备一个看见了就会感到爱和幸福的礼物。第二天，当她醒来的时候，我把一张粉红色的小手绢按在了她的手心里……

第三天，我去病房看她，她说想吃肥肠粉，我就去买了一份给她。回来的时候，我看见我的一个情敌在她的病房里，这个男生的家庭条件特别好。我一见到他就有些不自信了，那个男生偏偏一看见我就嫌弃地说：“这怎么能吃啊？那么油！”Amy一听就立刻对他说“你先走吧”，就把他给赶走了。

开学后，我把还没有痊愈的Amy送到了学校，她的同学们都上课去了，我就在她的宿舍里陪她，给她买大枣和红糖，还给她用水熬着喝。在我要回北京的那天，我抱着她，不停地亲吻她，我们越亲越投入。突然，她的呼吸变得非常急促起来。这立刻把我吓坏了，我以为她不舒服了，赶紧把手缩回来，睁开眼睛看着她。她也睁开眼睛，温情地看着我。我傻傻地说：“不好意思，我是不是有点过分了……”她说：“没事，反正……”“反正什么？”她一低头，害羞地扑到了我怀里说：“反正都是你的！”

后来，她坚持要去火车站送我。离别的时候，我心里特别难过，没敢回头看她就上了火车。后来，她在信中问我：“看到你离别时毅然决然的样子，是不是转身之后就流了很多眼泪呢？”她说对了，我一路流了很多眼泪，特别是在火车上听着苏芮的那首让人断魂的《牵手》。“因为爱着你的爱，因为梦着你的梦……”

今年春节同学聚会的时候，我开车去接Amy。吃饭的时候，我主动要求挨着她坐，还陪她打了一下午麻将。晚上当着所有同学的面，我用情地给 Amy 唱了好几首情歌，并跟她说："我只是很遗憾，当初没有能力多爱你一些，所以就用今天的陪伴和几首老歌来让你过好这个当下。"在整个聚会的过程中，我既没有掩饰自己的真心，也没有去牵她的手，做一些不合时宜的举动。当得知她老公要来接她的时候，我提前告辞先走了。

我为什么要这样做呢?

实修正悟 29（真爱情）：纯真的爱情是恋爱的最高境界，是在两个人都相互真爱对方，同时也各自真爱自己的过程中得到的一种心灵升华。在相互真爱对方的时候，两人的需求都会得到超出预期的满足，所以都有迷恋、追随和崇拜的情判。在各自真爱自己的时候，各自又会得到自尊、自信和自豪的情判。这种心灵升华的最终结果就是恋己，也是人类意识进化的顶端，就是能量值高于 600 的平和和开悟。本书简称其为真爱情。

我们在实修正悟 24 性愈中说过，当人们在达到性高潮的时候，会瞬间失去意识，达到近乎 600 的高能量状态，这就是为什么人们相爱了，就自然会发生性关系的根本原因，因为这是达到最高境界的最直接的方式。但是，人们却不可能，也不能长时间处于这种无意识的状态下，否则就很容易发生休克而死亡。这样的案例古今中外一直很多，我在这里就不列举了。

同时，我们在性愈中也说过，性的本质是一种最深层次的心理需求，甚至可以超越性器官和身体的范畴而存在，这也就是我们实修正悟 23 中讲过的追求全我的过程，上一篇中所说的恋己最终也是在追求全我。全我是跟外在没有关系的，这就像佛家说所的"看破红尘，出家修行"。我猜想有些得道高僧是否就是在修得全我之后，在长期处于无意识状态之下而无痛苦自然升天的呢?

所以真爱自己和真爱他人的最高境界就是不再外求，而最终转向内求，最终实现追求全我的过程，这就是真爱情。

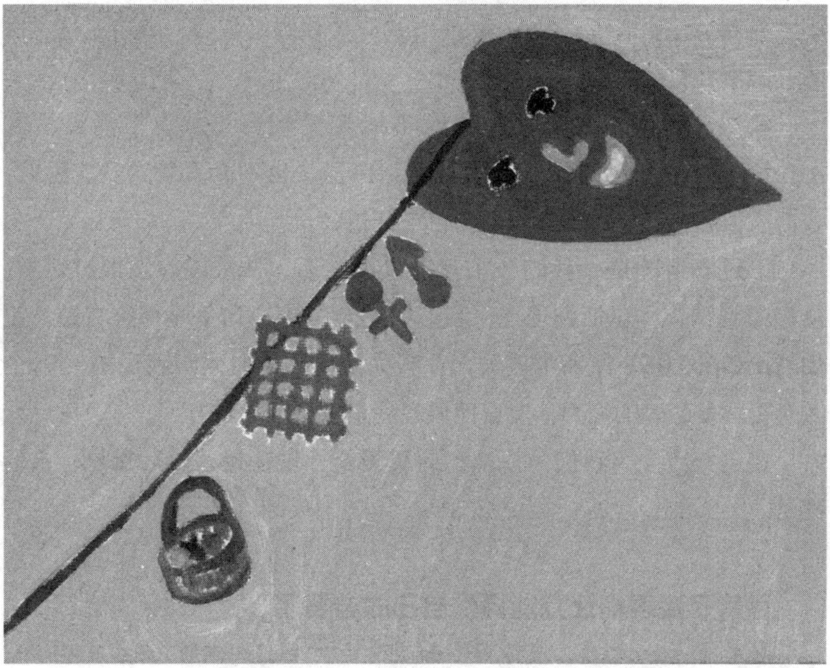

真爱情：爱情就像一个风筝，如果没有线的牵挂就失去了意义。在没有性的时候飞得最高，在有性的时候飞得最炫。如果它挂上了条条框框，就开始下坠了，一旦加上象征生活负担的篮子，它就立刻掉到地上了

其实，我和 Amy 自始至终都是相互在为对方考虑的。我在高中时每天叫她起床，带她打篮球，陪她练英语，知道她周末想休息，就不打扰她，即使对着她的窗户唱了几年的歌也从来没有告诉过她，就怕她知道了会睡不好。还有就是自己再有性冲动，也不敢去碰她，怕对她不好。如果自己的前程不好，就宁愿离开让她有更好的归属。后来自己考得比她好，就打算放弃留在北京而去成都工作，也是为了更好地照顾她。

Amy 也一直非常懂我、尊重我和信任我。她知道我们家条件不好，不仅没有任何嫌弃，还总是在各种场合给我留面子，并偷偷给我塞钱。我们经常在一起，我妈妈那会儿老担心我和 Amy 搞出孩子来，不太喜欢 Amy 来我家。Amy 还跟我说让我妈妈放心，她自己是学医的，做事会有分寸的。

结果，因为认识不足，我既不能真爱到自己，也不能真爱到 Amy。而 Amy 也同样既不能真爱到自己，也不能真爱到我。因此，我们就彼此错过了体验真爱情的一些好机会。

不过幸运的是，我们在相互错过了之后，从来没有怨恨过对方。从相爱到结束，包括到现在，我们自始至终连一句争吵都没有过。正如 Amy 在 1995 年那个夏天，在我失魂落魄的时候跟我说的："一个人是否具备恋爱的能力，要看他失恋后是否会埋怨对方。"

在这一点上，我们一直都拥有真爱情，现在是，以后也是，永远都是。

懂得了真爱情让我能真爱自己的老婆了

在失去 Amy 之后，我才逐渐知道自己对生理知识的无知。1999 年，当我在"ITT 公司"获得了销售技能冠军时，我就用获奖的 100 元图书卡，在上海书城里买了两本书——《男性的身体》和《女性的身体》。这两本都将近有 1000 页，很贵，几乎正好用完了整整 100 元。它们让我对自己和女人的身体有了了解，并具备了一些生理上的关爱能力。

很遗憾的是，那时候我们中国人对自己身体的知识都欠缺到了近乎愚昧的程度。当我把两本书带到公司后，好多同事都来问我买了什么好书。一看是这两本书，他们都带着有些鄙夷的神情走开了，特别是女同事。后来，我跟小雪处女朋友的时候，她也有很严重的痛经。我跟她讲了很多遍，她就是不相信，总怕我要了她的身体之后就把她抛弃了。没办法，这就是隧洞思维和无知的悲哀，所以我们最终分手也是必然的。

Stella来到北京以后，面对新的环境和我这个既熟悉又陌生的家伙，她也需要去逐渐适应。虽然之前我们都已经做好了很多的心理预期管理和准备，可是实际的磨合过程还是非常不容易的。

我觉得主要问题就是Stella到了北京以后，我给她的关爱少了。一方面是因为我的工作忙，另一方面是因为我觉得革命基本成功，咱不用太辛苦了，不仅可以少付出一些，而且还可以享受一下子啦。而Stella呢，我对她的关爱一少，她的不自信就表现出来了，总是一副讨好我、委屈自己和受气包的样子。这个样子让我觉得很不爽，就开始指责和挑剔她。

在忍受了一年的痛苦煎熬后，在2002年4月的一个深夜，当我们再次吵架的时候，Stella终于想放弃了，她拉上行李箱开门就要走。在那重要的一刻，我一把拉住她，没有让她走。后来，我们很快就在那年的6月18日领证结婚了。

其实，婚后的日子就像Stella所说的那样，也总是磕磕绊绊的，说不上多差，但也谈不上幸福。还好我积累的丰富的生理知识，对我们俩关系的稳定提供了重要的基础和保障。可是，后来我又因精神抑郁辞职了，所以Stella也过得很委屈和无助。感恩我的朋友推荐我上了诚泉文化的系列心灵成长课程，这也是我生命中一个重要的转折点。

当我在学习中逐渐知道了关于自己的心智模式和行为习惯之后，便逐渐拥有了从心理上关爱自己的能力。我的改变让老婆和儿子都非常喜悦和开心。不过，我又有了新的苦恼，就是我能看到Stella的固有心智模式和行为习惯。但是，她自己却看不到，我就建议她也去上诚泉文化的课程。她觉得我在挑剔她，死活不愿意去上课。

2012年8月的一个晚上，我们结婚以来最大的一次冲突爆发了。那天我在诚泉文化同学们的支持和挑战下，决定要以对老婆好的愿景为目标，一定要让Stella进入诚泉文化的课堂，并在课堂内通过互动的体验发现自己的固有心智模式和行为习惯。我把她叫到卧室里，给她准备好了课程表，让她填写并报名，可她就是不愿意。

于是，我坐在她旁边，做出一副誓不罢休的态势，就这样僵持了整整一个多小时。Stella 急了，她发狠地问：“看来我今天不报名就不行了是吗？”我坚定地说：“是的！”她一垂眼眉，冷冷地说：“那好吧！我们离婚吧！”她的这句话让我的胸口一阵发紧，本来好了很多的胸痛又发作起来了。我坚定地说：“老婆！我们结婚十年了！虽然我表现不好，但我从来没有说过一次离婚的字眼！我就算抑郁了，也天天在想解救和改变的办法，从来没有放弃过！你呢？你为什么要说离婚呢？”

Stella 听了以后无比哀怨地说：“好吧！那我填！”她一边哭泣一边填写起来。她极不情愿，但又表现出来要讨好我，一副委屈自己的受气包样子。我看到后，瞬间觉得自己的尊严和价值感全无！我终于被激怒了，一把夺过她正在填写的报名表，把它撕得粉碎，扔进了垃圾桶。我深深地吸了几口气，冷冷地对她说：“算了，不情愿就算了。你先睡吧。我没事了，我想下楼走走，一会儿就回来。”说完，我拿上钥匙，换了鞋，关上门走了。

当我进了电梯，当电梯门刚刚关上的那一刹那，我突然感到好害怕。我怕 Stella 会做傻事，我怕她会出意外，我情不自禁地大叫着她的名字，慌忙地按了电梯的最近几层，拍打着电梯让它赶紧停下来。当电梯停下来后，我几乎没等它完全打开就赶紧把门扒开，我“噔噔”地从楼梯跑上去，打开房门，冲进卧室，一把抱住还在发呆哭泣的 Stella，哭喊着说：“老婆，你没事就好！刚才我好害怕，怕你做傻事！我发现我真的好爱你！好爱好爱你！没关系的，你不想去就不去了！我不挑你了！你不用去学了！我自己多改就行！哇……”

老婆也被我感动了，我俩抱在一起哭了很久，我亲吻着她的脸和泪水……

第二天，我一觉醒来就看到我的教练在微信群里恭喜说我老婆已经报名了。我一问才知道老婆在上班前就赶去诚泉文化把名报了。一周后，老婆走进了诚泉文化的“探索”课程。虽然每天课程结束后都已经是后半夜了，但她每次回来都会流着眼泪紧紧地抱着我，就像生怕我跑了一样。她说：“老公，谢谢！我现在终于知道了，在我们俩之间，你才是那个不离不弃的、负责任的人！”我瞬间泪奔了，心里多年来的委屈和无助化解了一大半。我轻轻地在她耳边说：“嗯！我知道了，谢谢你对我的忍耐和耐心地等待我成长。”Stella把脸贴得更紧了，说：“谢谢我的好老公！我其实好幸运……”

我们一家三头鼎立

坦率地说，要了解人的各种生理、心理和心灵规律，真的不是容易的事情。绝大多数人一生也都只是生活在茫茫的无知和无助之中。人体生理的知识还好，可以借助科学来学习和了解，要掌握人的心理和意识规律，就很不容易了。

庆幸的是，我和Stella在生理和心理方面已经慢慢懂得很多真爱，并可以相互真爱到对方，可是关于心灵的部分，我才刚刚入门，Stella也开始起步。虽然已经有很多人羡慕我们的爱情和幸福，但对于真爱情来说，我们还在追寻的路上。

在我完成这本书稿后，老婆Stella特别支持我，跟我一起改稿。可是，书里的一些内容还是会令她悲痛欲绝，因为触碰到了她固有的心智模式和还没有疗愈的部分。我紧紧地抱着她，静静地听她倾诉。

我告诉她，我完全理解她的感受。其实，我在2012年就已经写完了第一版书稿，不过那时一方面我还没有实现自己疗愈，Stella也根本不了解她自己的心智模式，所以直到现在，我才重新写作和出版。不过，我也告诉她，现在的我完全不一样了，只要她介意的事，我都不会做，这本书也可以不出!

亲爱的Stella当然也懂得很多，她选择了既不委屈自己，也不让我受委屈的真爱方式。她说:“我知道你出书的目的就是为了疗愈更多的人！我百分之百支持你！不过我也知道自己还是一个普通的女人，也要根据实际情况保护自己！”于是，她标出了一些必须修改的意见，我也完全按照她的建议完成了修改。

在自我疗愈的过程中，Stella给了我很多普通人难以想象的尊重和信任。从2012年年底开始，Stella就经常以拯救我的女神形象出现在我的梦里。这次出书，她还提前给我的公司支付了几万块钱，并预定了几百本新书，而我也通过这本书把一个完全真实的自己交给了Stella。当然，我相信这也会对她具有极大的疗愈作用。

我坚信，我和Stella之间的真爱情已经超越了狭义的范畴，我们希望可以一起帮助到更多的人和家庭。

读者如何拥有甜蜜的真爱情

首先要懂得真爱情的内涵是什么，否则即使真爱就在你身边，你也会错过。

在真爱情中，两个人之间的爱不是利己（爱欲），也不是无我（爱欲），更不是舍己（爱欲），而是在懂得自己的生理、心理和心灵规律上的真爱自己，同时也懂得对方的生理、心理和心灵规律上的真爱对

方。简单地说，就是不委屈自己，与对方的互惠。

在我和 Amy 的故事中，如果当年在某些时候，双方都不压抑，自然而然地发生性爱，而且不要搞得没有选择，非回成都不可，就可能会体验到更美好的纯爱情。

在我和 Stella 的故事中，她最大的发现就是："我不能委屈自己去对老公好，因为那样既真爱不到老公，也真爱不到自己。家里的家务活，我想做就做，不想做就不做。这样不仅自己的委屈没有了，老公也慢慢变得爱做家务了。"

同时，当我们懂得了真爱情后，就知道爱情其实可以超越性和身体。这样我们还可以升华并拥有那些看起来已经失去的爱情。

我感恩大学同学（婉）给我的很中肯的一句提示和评价："你是一个好人中的坏人，坏人中的好人。"这对我的人生起了很大的作用，特别是在恢复全我的过程中，让我不再排斥那个不好的自己和推崇那个光辉的自己。

我也感恩大学同学（瑶）给我的、同样很中肯的一句提示和评价："你是一个永远不会让爱你的人省心的人"。这也对我的人生起了很大的作用，它一直提示我要解决这个无法回避和掩藏的问题。最后，我终于在九寨沟找到答案并一生践行。

我还要感恩大学同学（馨）给我推荐的世界名著《飘》。这本书让我知道了懂一个人是爱他的前提。同时，书中的男主角还曾经是我想要成为的榜样。

谢谢你们三位，我只想让你们知道，其实，我还一直真爱着你们。

还有，当懂得真爱情后，我们还可以升华并拥有那些跟亲情一样

真，比友情还要近的知己情感。

我要特别感恩 Stella 的闺蜜邬菲。谢谢你在我还没有醒觉和成熟之前给 Stella 的关爱和精神力量，并协助我和 Stella 更多地了解我们自己。你是 Stella 最亲近和最信任的闺蜜，也是我最真爱的人。

诚泉文化“里程”工作坊同学合影，最中间长“兔子耳朵”的就是彭薇

我要特别感恩我的大学同学韩娜。谢谢你在我还没有醒觉和成熟之前给我的建议和分享，并让我学习了《男人来自火星，女人来自金星》这本书。这让我提升了真爱的能力，也让 Stella 提升了一些真爱的能力。作为回报，我也会把你当成我最真爱的人。

我要特别感恩我在诚泉文化的同学彭薇。谢谢你在诚泉文化学习的过程中，能够一直不顾情面地让我直视并面对自己的各种伪装和好面子，让我有了勇气和力量接受真实的自我。作为回报，我也会把你当成我最真爱的人。

我要特别感恩小燕。谢谢你在我最不知所措的时候，给我的劝告，并在九寨沟一行中给我改变的力量和顿悟的机会。作为回报，我也会把你当成我最真爱的人。

我曾经对跟我学习的李晶老师说：“我的目标就是，有一天你们都不用来找我了。”她听了立刻很伤感，很不理解。我说：“因为来找我学习的女学员几乎都是女强人，一旦你们学好了，自然婚姻家庭就都幸福了，事业也顺利了，还要来找我做什么？”

我今天刚写到这里，就看见 2016 年 8 月还说自己要崩溃了的李晶老师又在秀恩爱了，摘录一些给大家看看。

“这两天和老公的沟通，让我感触特别多，因此今天想借这个机会秀秀恩爱。”

“我不是想要赞美我的老公有多好，我们同样也有很多需要解决的问题，他也不是十全十美。我也曾经觉得我老公这不好，那不好，有过后悔遇到这样的人的想法。不过，自从我换了一个角度看事情以后，我老公对我的好，我才开始慢慢发现，也才觉得能够遇到他真的很幸运。同样，我也能够感受到我老公对我是什么样的感受，当然是最好的老婆啦！哈哈……”

“其实，有时候不满老公的言行，也是对我们自己的不认可，老公的言行只是我们意识形态的折射而已。有感于自己对于老公的感观的转变，分享自己的收获。不是在秀恩爱，只是在用自己的故事给予大家启示而已。愿天下夫妻和谐恩爱！”

真爱自己和真爱他人的最高境界就是不再外求，而最终转向内求，最终实现追求全我的过程，这就是真爱情。

我衷心地感谢并祝福每一位来找我请教问题和跟我学习的学员，

我也会真爱你们。如果你们也可以真爱我的话，我们之间就会有真爱情。

最后还是要特别感谢我的灵魂伴侣——我的老婆 Stella，想说的太多，仅以我 2011 年的诗作来结束这整本书：

致 Stella，我的爱人

你是我千年修来的福分，
缔结了此生幸福的姻缘，
2000 年 11 月 19 日的上海，
见证了我们初次的相识。

我喜欢你那自信的样子，
和自信时微微翘起的嘴唇，
就像山涧里婷婷的百合，
清新、浪漫而又悠然自得。

肇嘉浜路 33 层的高楼，
阻挡不了我们一同攀爬的脚步，
清晨路边简陋的弄堂，
抹不去我们相伴早餐的依恋。

我不禁做了一个决定，
为了你立即清空了自己的心灵，
在我离别上海的那个拂晓，
痴情送别的你让我刻骨铭心。

缠绵的电话是如此多情，

紧紧地连着你我的心，
风尘仆仆的你终于从天而降，
为我带来一个崭新的北京。

或许是我习惯了太多的漂泊，
远航的船儿不知该如何靠岸，
曾经的任性带给你阵阵的伤痛，
刺痛了你也令自己懊悔不已。

感谢你那“傻傻”的、默默的坚持，
你就像是满怀着爱的圣洁的天使，
当我喝下你奶奶的那杯浑浑的、浓浓的糖水，
从此注定了你我今生不变的相随。

难忘你给我父母烧炖的牛肉，
至今仍泛着浓浓的香味，
你亲手给我爸爸缝制的杯套，
至今仍是我不灭的记忆。

可爱、智慧的儿子啊，
是我们相爱的幸福结晶，
话筒里传来的儿子清脆甜甜的话语，
谱写着你无数的操劳和无比的用心。

你的尊重是我人生的动力，
你的信任是我成功的基石，
你的宽容是我停泊的港湾，

你的快乐是我的幸福源泉。

2012 年 8 月底，在我和 Stella 拍结婚纪念照时，
正好拍到了一对美丽的蝴蝶，它们也见证了我们的蜕变和爱情升级

我至亲至爱的人啊，
无论我身在他乡，梦在何处，
我的心都永远地、紧紧地贴着你的心，
你可否听到那凌晨的钟声已经悄悄地敲响，
那正是我守候在你的身旁，在你生日的第一秒
轻轻地、柔柔地对你说："亲爱的，生日快乐！"

小提示 本篇发现的心智模式和实修正悟是：真爱情。

附　录

人类意识和电脑操作说明书对照表

章　节	人类的意识操作说明	类比的电脑操作说明
第 1 章	抑郁生病了，进行病因分析、身体检查和心理疏导	系统崩溃死机了，进行原因排查、硬件检测和系统还原
第 2 章	发现心智模式、性格测试和解析	系统漏洞检测，查杀病毒和安装防毒软件
第 3 章	受教育状况的了解和评估	应用软件安装和插件清理
第 4 章	个人能力的测试、评估和指导	应用软件调试和更新
第 5 章	情感、交友的分析和指导	兼容性测试和联网通信交流
第 6 章	恋爱的分析和指导	电脑使用者的匹配和选择
第 7 章	职场态势分析和攻略	作为子机联网完成分配的工作
第 8 章	自主创业的分析和指导	作为主机联网指挥子机完成工作
第 9 章	婚姻态势的分析、策划和保鲜	锁定电脑的唯一使用者和责任人
第 10 章	家庭关系态势的分析和指导	对电脑使用者的环境维护和清理
第 11 章	育儿前的学习和心理准备	备份文件的挑选和制作

续　表

章　节	人类的意识操作说明	类比的电脑操作说明
第 12 章	育儿辅导和亲子教练	增加新的电脑并进行系统复制
第 13 章	成功的秘诀和实践指引	创造最能满足网络用户需求的应用
第 14 章	财富的创造和保有指南	让访问本机的网络客户数量最多且持续和关注时间最久
第 15 章	心灵成长和修炼方法	主板和系统升级、增加内存和硬盘容量，杀毒提速，软件的卸载、升级和更新
第 16 章	健康维护和保养方案	硬件除尘、维修、更换和维护
第 17 章	文化休闲的鉴赏指引	桌面、显示、音效的选择和更新
第 18 章	主要制度解析	C 盘系统文件的学习和维护
第 19 章	退休心态分析和生活指引	被新电脑替换，退出主流应用
第 20 章	遗产和临终关怀	文件导出和电脑的回收利用

后 记

心灵疗愈是一个螺旋上升、永无止境的过程

在本书的写作过程中，为了还原我自己的疗愈过程，我又回到了自己曾经的伤痛和低能量的状态里。我没有任何抗拒，而是平静地去接纳和享受这个过程。

在回顾那些压抑而悲愤的故事时，我的心痛也很快回到了我的身上；在回顾那些自卑、恐惧而不能自拔的个人心路时，我还是会感到深深的无助和无奈；在回顾那些悲婉而感伤的感情经历时，我还是会情不自禁，泪如雨下；在回顾那些感人至深的场景时，我同样也会泪如泉涌，并给他们打去一个问候的电话，发一条感恩的微信，又或者给他们一个深深的拥抱。

同时，我还经历了一段更加深刻的过程。在5月闭关写作的前十多天，我每天都非常兴奋，一直在工作室里写到夜里三四点，然后倒头便睡，睡醒后又接着写。

结果，虽然我的心灵一直很愉悦，可是我的心脏却提出了非常强烈的抗议，我患上了比较严重的心脏早搏和心悸。我身体的某个部位，例如脚、腿、肩等，甚至会无意识地随着心脏的搏动而偶尔搏动一下，这让我对自己的身体健康产生了巨大的担心，这又形成了一个新的心魔。我从写书前无忧无虑、悠闲自得的状态一下又回到了那个每天都感觉要死掉的抑郁状态。所以，我就又运用本书中的实修正悟（包括未写完的其他70个）进行

验证和疗愈。这些具体的过程我会在中册和下册中详细讲述。

另外，在上册中，我们主要讲了前 30 个实修正悟并对个人的自我认知和亲密关系进行了疗愈。但是，从那个特制的人形书签上可以看出（左手上的负能量东西更多），光有这些实修正悟是不能很好地保持能量的平衡的，还需要更多的东西。同时，还有关于工作关系、婚姻家庭关系、亲子关系和社会关系等很多的实际问题，我们会在中册和下册中进行分享和探讨。

衷心感谢大家的抬爱和认可，期待我们很快在本书的中册里再见。